浙江文化艺术发展基金资助项目
PROJECTS SUPPORTED BY ZHEJIANG CULTURE AND ARTS DEVELOPMENT FUND

涡轮机械与推进系统出版项目
航天推进前沿丛书

国 家 科 学 技 术 学 术 著 作 出 版 基 金 资 助 出 版

液体火箭发动机涡轮泵
流体激振及抑制

陈 晖 李 斌 杨宝锋 项 乐 著

Flow-Induced Vibrations and Suppression
in Turbopumps of Liquid Rocket Engines

ZHEJIANG UNIVERSITY PRESS
浙江大学出版社
·杭州·

图书在版编目(CIP)数据

液体火箭发动机涡轮泵流体激振及抑制 / 陈晖等著.
杭州：浙江大学出版社，2024.7. -- ISBN 978-7-308
-25097-9

Ⅰ. V434

中国国家版本馆 CIP 数据核字第 2024BK8536 号

液体火箭发动机涡轮泵流体激振及抑制

陈　晖　李　斌　杨宝锋　项　乐　著

策　　划	许佳颖
责任编辑	金佩雯　李　琰
责任校对	汪淑芳
封面设计	续设计
出版发行	浙江大学出版社
	（杭州市天目山路 148 号　邮政编码 310007）
	（网址：http://www.zjupress.com）
排　　版	杭州星云光电图文制作有限公司
印　　刷	浙江全能工艺美术印刷有限公司
开　　本	710mm×1000mm　1/16
印　　张	18.25
字　　数	328 千
版 印 次	2024 年 7 月第 1 版　2024 年 7 月第 1 次印刷
书　　号	ISBN 978-7-308-25097-9
定　　价	168.00 元

浙江大学出版社市场运营中心联系方式:0571－88925591;http://zjdxcbs.tmall.com

涡轮机械与推进系统出版项目
顾问委员会

主任委员

张彦仲

委 员

（以姓氏笔画为序）

尹泽勇　乐嘉陵　朱　荻　刘大响　杜善义

李应红　张　泽　张立同　张彦仲　陈十一

陈懋章　闻雪友　宣益民　徐建中

涡轮机械与推进系统出版项目:航天推进前沿丛书

编委会

涡轮机械与推进系统出版项目

序

涡轮机械与推进系统涉及航空发动机、航天推进系统、燃气轮机等高端装备。其中每一种装备技术的突破都令国人激动、振奋，但是由于技术上存在鸿沟，国人一直为之魂牵梦绕。对于所有从事该领域的工作者，努力跨越技术鸿沟是历史赋予的使命和挑战。

动力系统作为航空、航天、舰船和能源工业的"心脏"，是一个国家科技、工业和国防实力的重要标志。我国已从最初的跟随仿制，向着独立设计制造发展，其中有些技术已与国外先进水平相当。但由于受到基础研究和条件等种种限制，我国在某些领域与世界先进水平仍有一定的差距。为此，国家决策实施"航空发动机及燃气轮机"重大专项。在此背景下，出版一套该领域反映国际先进水平、体现国内最新研究成果的丛书，既切合国家发展战略，又有益于我国涡轮机械与推进系统基础研究和学术水平的提升。"涡轮机械与推进系统出版项目"主要涉及航空发动机、航天推进系统、燃气轮机以及相应的基础研究。图书种类分为专著、译著、教材和工具书等，内容既包括领域内专家目前所应用的理论方法和技术成果，也包括一线设计人员的实践成果。

"涡轮机械与推进系统出版项目"分为四个方向：航空发动机技术、航天推进技术、燃气轮机技术和基础研究。出版项目分别由科学出版社和浙江大学出版社出版。

出版项目凝结了国内外该领域科研与教学人员的智慧和成果，具有较强的系统性、实用性、前沿性，既可作为实际工作的指导用书，也可作为相关专业人员的参考用书。希望出版项目能够促进该领域的人才培养和技术发展，特别是为航空发动机及燃气轮机的研究提供借鉴。

张彦仲

2019 年 3 月

涡轮机械与推进系统出版项目:航天推进前沿丛书

序

中国航天事业在载人航天、卫星通信、运载火箭、深空探测等多个领域取得了一系列举世瞩目的伟大成就,极大地增强了我国国防、经济、科技实力和民族自信心。习近平总书记在 2016 年 4 月 24 日首个"中国航天日"做出的重要指示"探索浩瀚宇宙,发展航天事业,建设航天强国,是我们不懈追求的航天梦",鼓舞着中华儿女为发展我国航天事业不懈地奋斗。

航天推进系统是航天领域国之重器的"心脏"。我国未来航天推进技术的突破,必将支撑我国航天事业的发展,也必将为把我国建设成为航天强国保驾护航。然而,我国航天推进技术中仍然有许多"拦路虎",研究的原创性还不足,基础和应用基础研究还不够,整体技术水平与国际先进水平还有一定的差距。

在空间进入、空间利用和空间控制方面持续提出的一系列重大战略需求,牵引着航天推进技术的战略方向。同时,航天推进技术在总体、气动、燃烧、传热、结构、强度、材料、控制、数值模拟、试验、制造等研究领域的创新,不断推动着航天技术的发展。航天推进技术就这样在"需求牵引,技术推动"的循环迭代中不断演进。

在张彦仲院士的带领和推动下,浙江大学出版社启动了涡轮机械与推进系统出版项目。该项目共设四个方向,"航天推进前沿丛书"为其中之一。

"航天推进前沿丛书"聚焦技术前沿与前瞻性研究,涵盖国内外固体火箭推进、液体火箭推进、核火箭推进、等离子体推进等多种推进系统的前沿研究进展,以及与航天推进相关的总体、燃烧、控制等基础科学问题和共性技术问题的最新研究成果。丛书包含全球尖端科研机构的一线研究人员撰写的中英文原创著作,以及部分介绍国外前沿技术的译著,其中英文原创著作由浙江大学出版社和施普林格·自然出版集团(Springer Nature)合作出版。丛书编委会专家主要来自国内几大重要研究机构,他们邀约了大部分选题,也欢迎相关领域研究人员投稿。

　　国家的需要，就是出版的需要。航天强国建设的迫切需要，就是出版航天推进前沿丛书的迫切需要。航天报国，正是该丛书的核心价值所在。航天强军，正是该丛书的重要社会价值所在。

　　长江后浪推前浪，人类对航天推进的前沿探索与创新永无止境。期待着"航天推进前沿丛书"成为学术交流的平台、人才培养的园地、创新智慧的源泉！

2020 年 9 月 23 日

前　言

　　液体火箭发动机是运载火箭的"心脏",是人类开展空间基础设施建设、深空探测、载人航天等航天活动的动力基础,决定着一个国家航天活动的规模与进出空间的能力。与发生器循环系统发动机相比,高压补燃循环系统发动机具有高比冲等特点,代表了当今世界高性能液体火箭发动机技术的领先水平,已成为先进航天运载大推力主动力的最佳选择和发展方向。但是对于液体火箭发动机可靠性影响最大的部件——涡轮泵,其工作环境极端性和技术复杂性也较传统发动机的涡轮泵大幅度提高。在我国新一代运载火箭发动机研制初期,涡轮泵流体激振(flow-induced vibration,又称流致振动)问题突出,发动机热试车中多次出现流体激振诱发的高量级振动和压力脉动冲击,涡轮泵结构因此遭到破坏。部分故障从振动增大到发生严重故障的时间极短,具有极强的突发性和隐蔽性。流体激振的危害性极大,由此引发的涡轮泵故障甚至发动机爆炸等灾难性事故在国内外屡有发生。因此,涡轮泵流体激振成为火箭推进的重大安全问题之一,也是火箭发动机性能及可靠性提升的瓶颈。

　　涡轮泵流体激振的机理非常复杂,是补燃循环系统发动机中理论性很强、研究难度很高的重大基础性课题。涡轮泵流体激振问题及其抑制技术涉及流体力学、传热学、结构力学和转子动力学等基础学科,涉及空化动力学等前沿领域,涉及流-固-热等多物理场耦合与多专业交叉。俄、美等航天强国从20世纪60年代相继开始进行涡轮泵流体激振与抑制研究,但由于系统及其影响因素复杂,其产生机理至今依然不明晰。该问题的发生呈现出"事前理论预示难度大、事后解决过程漫长曲折"的特点,因此涡轮泵流体激振与抑制问题是当今世界航天动力的研究难点和重点。

　　作者及其所在团队近年来从涡轮泵流体激振的机理认识出发,在相关领域开展了系统、深入的研究工作,在方法和技术两个层面上取得了一批突出的创新成果,已成功将其应用于多型重大工程产品设计并且效果显著,这为涡轮泵振动安全性设计从"定性"向"定量"转变奠定了重要基础。具体研究包含以下 3 个方面。①极端环境中涡轮泵复杂流体动力学规律的研究：分析得到了涡轮泵内部复杂流体脉动主要影响因素及表征方法；建立了高速剪切流的高精度数值模拟方法，结合先进的涡识别方法揭示了离心泵动静干涉流体激励的作用机理；建立了考虑热效应的诱导轮低温空化流动数值模拟方法，并且开展了可同时控制雷诺数、空化数、空化热效应相似数以及含气量的高速诱导轮可视化试验，揭示了诱导轮旋转空化不稳定现象的作用机理和特征。②流动与振动结构间相互作用关系以及能量传递机制的研究：建立了涡轮泵结构动力学分析的物理和数学模型以及密封-转子动力学特性分析模型；结合高速转子动力学特性试验，揭示了流体激励力向结构传递的方式和路径，初步探索了涡轮泵振动分析从单场到多场、从线性到非线性的跨越。③多物理场耦合下涡轮泵流体激振控制方法的研究：通过流场控制降低或消除振动能量的产生，通过间隙密封阻尼控制增强振动能量的耗散，建立了同时控制激振源和传递路径的先进减振设计方法。

本书力求反映液体火箭发动机涡轮泵流体激振机理及抑制技术研究的最新成果，旨在为从事相关基础理论研究、关键技术攻关和工程设计工作的教师及研究人员提供参考与借鉴，为用于我国载人登月、重型运载火箭等后续重大航天工程的先进大推力液体火箭发动机的研发工作提供技术支撑。本书也可以作为高校宇航动力、流体机械等专业高年级本科生和研究生的参考书。

本书涉及的研究工作得到了华东理工大学涂善东院士和张显程教授、清华大学刘树红教授和左志刚研究员、浙江理工大学朱祖超教授、北京理工大学王国玉教授和黄彪研究员、哈尔滨工业大学刘占生教授和张广辉教授、东南大学廖恒成教授等专家的大力支持；航天推进技术研究院张志涛副部长，西安航天动力研究所许开富主任、王晓锋副主任、黄道琼研究员、霍世慧副主任，以及金路、张聃、李雨濛、张亚太等科技人员直接参与了其中的具体工作，北京航空航天大学张振鹏教授给予了十分有价值的指导，陈泽灏博士参加了本书的校对工作，在此一并表示衷心感谢！

本书内容涉及范围较广，由于作者水平有限，书中难免存在疏漏之处，恳请读者批评指正。

陈晖

2023 年 6 月 7 日

目　录

第 1 章　绪　论

本章介绍了液体火箭发动机涡轮泵流体激振的研究背景与意义以及涡轮泵流体激振的主要类型,对离心泵动静干涉流动、诱导轮空化流动、密封动力学特性以及离心泵流体激振特性研究进行了综述。

1.1　研究背景与意义

液体火箭发动机由于推力大、可调节范围广等优势,通常作为大型空间运载工具的主动力系统。随着载人登月、深空探测、重型运载火箭等重大航天工程的逐步开展,航天事业对液体火箭发动机的性能及可靠性提出了更高的要求。其中,高压补燃循环发动机具有高比冲等特点,代表了当今世界高性能液体火箭发动机技术的领先水平,已成为先进航天运载大推力主动力的最佳选择和发展方向[1]。

大推力液体火箭发动机的动力循环方式一般包括补燃循环(又称分级燃烧循环)和燃气发生器循环。在补燃循环中,燃气驱动涡轮后进入燃烧室进行二次燃烧(补燃),因此全部推进剂均经过推力室的燃烧产生推力,推进剂的化学能量得到更充分的释放;而在燃气发生器循环中,燃气经涡轮做功后直接排放至发动机外或者引至推力室喷管扩张段,由于这部分燃气未完全燃烧,推进剂的化学能没有得到充分利用。补燃循环系统可使发动机的比冲性能提高 5% 左右;同时,补燃循环发动机的涡轮驱动工质为全部流量的一种推进剂和部分或全部流量的另一种推进剂在燃气发生器中燃烧产生的燃气,其有效利用可以增加涡轮的工质流量和功率,有助于发动机选择较高的燃烧室压力,可使发动机的比冲性能提高 10% 左右。这两个因素叠加,使得补燃循环发动机的比冲性能提高 15% 左右,可大幅度增加运载火箭的发射能力。

涡轮泵是泵压式液体火箭发动机中涡轮和泵的合称,是液体火箭发动机中结构与内流动最复杂的元件之一，也是影响发动机可靠性的最主要部件。涡轮泵是发动机燃料供应系统的核心组件，素有发动机的"心脏"之称。其主要功能是将来自贮箱的低压推进剂组元的压力提高，按发动机系统所要求的参数，把推进剂输送到主推力室中并生成燃气，这些燃气以高速从喷管中排出而产生推力(图 1.1)[2]。推进剂组元部分或全部输入燃气发生器，燃烧后的高温高压燃气成为驱动涡轮的工质。

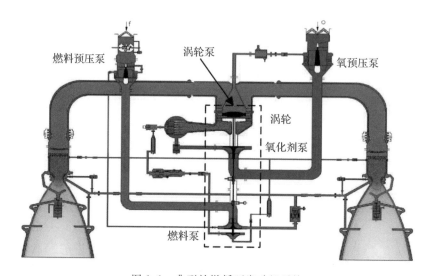

图 1.1　典型补燃循环发动机系统

与航空发动机、燃气轮机及其他工业用能量转换装置相比，液体火箭发动机涡轮泵具有以下 3 个突出的特点[2]。

(1)比功率大

涡轮泵比功率为涡轮输出功率与涡轮泵结构质量之比，表征涡轮泵的功率密度。我国 120 吨液氧煤油发动机涡轮泵的功率为 20MW，涡轮盘径仅有 400mm，而同样功率的工业燃气轮机涡轮尺寸达 1500mm。正在研制的某型火箭发动机涡轮泵的功率为 120MW，与一个中型水电站的装机容量相当。由此可见，在同样面积上，涡轮泵部件要承受更大的载荷。

(2)热环境复杂

由于空间和重量的限制，涡轮和泵必须是一体化紧凑设计，高温区(500℃富氧环境)的涡轮燃气路和低温区(－180℃液氧环境)的增压泵流路紧密相连，热应力十分突出，因此涡轮泵的结构可靠性分析与评估必须充分考虑复杂温度场的影响。

（3）高压力、高转速

想要提高发动机比冲，需要提高燃烧室压力，就必然需要增加涡轮泵的出口压力，涡轮泵将承受更大的载荷。提高涡轮泵的压力可以通过两种方式：一是在尺寸、重量不变的前提下，通过提高涡轮泵的转速增加泵的扬程；二是在转速一定的条件下，加大泵轮的径向几何尺寸。涡轮泵的结构重量约占发动机重量的 1/3，特别是对于上面级发动机，涡轮泵重量每增加 1kg 就会使有效载荷减小 1kg，因此提高转速一直是涡轮泵技术的发展方向。

随着发动机推力不断提升，涡轮泵工作环境的极端性和技术复杂性大幅度提升，高压力、高转速以及大功率要求使得涡轮泵内不稳定流动引起的结构振动幅度激增，从而严重影响发动机的工作可靠性。俄罗斯、美国和日本等国研制的液体火箭发动机涡轮泵都曾出现过特征各异的振动故障，这些振动故障导致试车失败、飞行失利，严重影响了各自原定的航天计划进展，造成了重大损失。在我国新一代运载火箭发动机涡轮泵的研制过程中也多次发生流体激振引起的高量级振动及压力脉动冲击进而造成热试车破坏的情况。补燃循环发动机涡轮泵的振动机理、影响因素以及控制措施，是当今世界各国大推力液体火箭发动机研制中亟待攻克的重大技术难题。

1.2　涡轮泵流体激振主要类型

涡轮泵流体激振属于典型的流固耦合问题。在高压力、高转速下，涡轮泵内的流动异常复杂，极易诱发流动不稳定并通过流固相互作用激励结构发生振动，从而对发动机的可靠性造成威胁。常见的涡轮泵流体激振现象主要有以下几种类型。

（1）动静干涉激振

动静干涉（rotor-stator interaction，RSI）是叶轮旋转机械中常见的一种现象，它是由于旋转机械内部转子与静子之间相对位置变化而产生的非定常流动现象。随着叶轮的旋转，一方面叶轮出口尾流影响静子导叶的内部流动，叶轮出口的旋转压力场、速度场会与下游的静子部件发生干涉，引起周期性的压力脉动；另一方面，静子部件的存在会周期性地改变叶轮出口的流动边界，进而干扰叶轮的内部流动，诱使旋涡的发生[3]。动静干涉现象最早在压气机以及涡轮气动设计中受到关注，之后国内外众多学者十分重视该现象，并针对各类型旋转机械的动静干涉现象开展了广泛研究[4-6]。

液体火箭发动机涡轮泵是涡轮和离心泵组合的一种旋转机械,其动静干涉现象主要发生于两个位置:涡轮端涡轮动叶与静子导叶之间、泵端离心轮与扩压器之间。其中涡轮动叶与静子导叶之间的动静干涉所引起的非定常气动力能量相对较小,对转子和壳体振动的影响较小;而在高压力、高转速下,泵端离心轮与扩压器之间的动静干涉所引起的非定常液动力能量巨大,会引起涡轮泵结构发生剧烈振动,进而对发动机的安全可靠性造成威胁。在我国大推力火箭发动机研制初期,因为泵端动静干涉激振过大,扩压器叶片出现裂纹,甚至发生过涡轮泵爆炸等事故,这些问题严重影响了发动机的研制进程。

涡轮泵动静干涉激振研究重点关注泵端离心轮与扩压器之间的动静干涉现象所诱发的结构振动问题。然而,对于火箭发动机推进剂泵这类高速复杂离心泵,由诱导轮、离心轮、扩压器和蜗壳组成的流道较为复杂,高剪切、大曲率效应以及逆压梯度等作用使得离心泵内的流动不仅具有复杂的空间结构,同时在时间上表现出高度的非定常性,这给动静干涉现象的数值模拟以及试验研究工作造成了极大困难,也是目前大功率高压涡轮泵低振动设计所面临的难点问题。

(2)空化激振

空化(cavitation)是液体流场中压力低于饱和蒸气压时发生相变,形成蒸气空泡的过程。从某些方面来看,空化与沸腾相似,两者的不同之处在于:沸腾主要是温度升高的结果,而空化是压力降低的结果。空化现象普遍存在于水力机械中,如涡轮泵、水轮机、螺旋桨、喷嘴等。

在水力机械中,空化的危害主要体现在3个方面:①空泡溃灭形成的局部高压和微射流会导致材料表面的侵蚀破坏,因此工程中空化也被称为"汽蚀";②较严重的空化会导致水力机械的做功能力大幅下降,即发生性能断裂;③空化不仅受流动的影响,反过来还会影响流动的非定常特性,诱发流动不稳定现象。空化不稳定现象的特征频率与结构固有频率耦合,将引起振动幅值大幅增加,也就是空化激振。由于空化流动现象的极端复杂性,目前空化激振相关研究主要集中于振源,即对空化物理过程的研究。在航天用高速涡轮泵中,空化激振的主要表现形式为空化不稳定。例如,1.1倍叶轮转频的超同步旋转空化(super-synchronous rotating cavitation,SSRC)是涡轮泵振动量级过高的重要激振源;8~10 Hz的空化喘振(cavitation surge,CS)可能与发动机整机发生共振,甚至可能诱发火箭箭体的纵向耦合振动(POGO vibration)。因此,本书针对空化激振的介绍以空化不稳定为主。目前针对空化不稳定现象的研究还未形成成熟的理论体系,主要依赖于大量试验的观察和分析。涡轮泵在低温介质、高压力、高转速等极端环境中运转时，涡轮泵的空化及空化所引起的复杂流体动力等问题是当今火箭推进领域的研究热点和前沿课题。

（3）间隙密封流体激振

液体火箭发动机涡轮泵通常采用环形小间隙密封来控制流体介质的泄漏，以提高涡轮泵的工作效率。然而密封在减少泄漏的同时，还会产生流体激励力。对于采用柔性转子系统的涡轮泵，该激励力引入的交叉刚度作用于转子涡动轨迹方向，不断为转子提供能量，在一定条件下会诱发转子次同步振动，导致转子失稳现象的发生，即间隙密封流体激振现象[7]。

我国新一代液氧煤油补燃循环发动机涡轮泵采用刚性转子系统，涡轮泵流体激振主要表现为前两种激振类型，不会发生间隙密封流体激振现象。但在高压力、高转速下，泵内间隙密封流动会引入一定的刚度和阻尼，提高了转子系统的支承作用，进而对前两种激振响应产生一定影响。尤其对于使用低温介质的涡轮泵转子系统而言，在轴承阻尼不足的条件下，密封几乎是唯一可以引入合适阻尼的部件，因此在对前两种流体激振的研究中必须考虑间隙密封流动的影响。

本书重点针对动静干涉激振以及空化激振两种流体激振现象进行研究，未将间隙密封流体激振现象纳入本书研究范围，但在非定常流体激振响应的研究中考虑了间隙密封流动的影响。

1.3　离心泵动静干涉流动研究现状

从 20 世纪 90 年代至今，离心泵动静干涉流动的相关研究从未间断，国内外学者在理论、数值模拟以及试验方面进行了充分的研究，取得了丰富的研究成果。

（1）理论方面

早期 Dring 等[8]在研究涡轮内部动静干涉效应时就指出，动静干涉非定常效应的来源可分为两类：一类是可同时向上下游流道传播的势流效应，由于无黏势流中扰动耗散较快，影响范围较小，因此主要影响动静间隙区域附近的流动；另一类是向下游传播的尾流效应，由于黏性作用，尾流往下游传播耗散较慢，因此对整个下游流道都会产生影响。1983 年，Kubota 等[9]通过对动静干涉流动引起的结构 N 阶模态振动进行理论分析，提出了振动阶数 N 与转子叶片数 Z_B 以及静子叶片数 Z_V 的数学关系，即 $hZ_V \pm N = qZ_B$，其中 h 与 q 为给定的正整数。该方法在离心泵设计中关于转子-静子叶片数匹配方面得到了广泛的应用，合理的转子-静子叶片数匹配可显著降低离心泵内的动静干涉压力脉动能量。在 Kubota 研究的基础上，Rodriguez 等[10]充分考虑叶轮旋转过程中转子-静子叶片干涉先后次序引起的相位差以及叶轮安装偏心等引起的压力分布不均的情况，对上述表达式进行了修正，并将其应用到某型水泵水轮机实际案例中，对其动静干涉引起的振动特性进行了新的解释。

（2）数值模拟方面

早期由于计算流体动力学理论以及计算机硬件的限制，学者们主要采用二维数值方法对离心泵内部的动静干涉效应进行模拟。Badie 等[11]和 Bert 等[12]采用二维有限元法（finite element method，FEM）对离心泵内叶轮、隔舌以及叶轮与导叶之间的动静干涉流动进行了研究，并与试验进行了对比。Qin 等[13,14]采用奇点法对泵内叶轮与导叶之间的动静干涉效应进行了研究，从非定常涡的角度分析了不同涡结构对压力脉动的影响，并且进一步分析了不同流量、叶轮与导叶间隙以及蜗壳对压力脉动的影响。Wang 等[15]采用二维涡方法对不同流量下离心泵内的压力脉动进行了计算并与试验进行了对比，揭示了该涡方法在离心泵动静干涉流动分析方面的有效性。Croba 等[16]采用二维不可压缩雷诺平均纳维-斯托克斯（Reynolds-averaged Navier-Stokes，RANS）方法（也称雷诺时均方法）对离心泵内叶轮与隔舌之间的动静干涉进行了模拟，利用实测数据进行了验证。

21 世纪以来，随着计算流体动力学的发展以及计算机硬件设施的不断完善，利用商业软件对离心泵进行三维全流场非定常数值模拟成为研究离心泵动静干涉流动的主要方法。在数值模拟方法方面，学者们主要采用 RANS 方法并结合不同湍流模型对具体流动问题进行数值模拟研究。Gonzalez 等[17]采用标准 k-ε 模型对离心泵内叶轮与隔舌动静干涉引起的压力脉动进行了数值模拟，研究了叶轮与隔舌间隙对转子径向流体激励力的影响，并与试验进行了对比，揭示了三维数值模拟能够有效捕捉动静干涉压力脉动频率特性。Barrio 等[18]同样采用标准 k-ε 模型对叶轮与蜗壳动静干涉现象进行了数值模拟研究。Majidi 等[19]采用剪切应力输运（shear stress transport，SST）k-ω 模型对离心泵全流场进行了数值模拟，揭示了叶轮与蜗壳动静干涉效应是引起泵内压力脉动的主要原因。Yan 等[20]采用 Realizable（可实现）k-ε 模型对某型振动状况恶劣的双蜗壳离心泵及相应改进泵进行了数值模拟，利用试验结果验证了数值模拟的可靠性，结果表明，通过增加分流叶片、采用单蜗壳以及增加叶轮与隔舌间隙，能够显著减弱动静干涉效应，降低泵内压力脉动及径向力水平。上述研究均表明 RANS 方法能够有效捕捉离心泵内的动静干涉现象。然而由于 RANS 方法对流场进行了时均化处理,因此其在流场精细化结构捕捉方面存在一定的局限性。为了解决该问题,大涡模拟(large eddy simulation,LES)方法在离心泵全流场数值模拟中开始被应用。Yamanishi 等[22]采用 LES 方法对 LE-7A 火箭发动机燃料涡轮泵水试工况全流场进行了非定常数值模拟,并与试验结果进行了对比,验证了 LES 方法在复杂离心泵内压力脉动捕捉方面的可靠性。2017 年,Ni 等[21]采用 LES 方法对某型核反应冷却泵进行了数值模拟,并与 RANS 方法进行了对比,结果表明,LES 方法在流场细节以及低频脉动的捕捉方面更具优势,但两种方法在动静干涉主导频率及幅值方面结果基本一致。Zhang 和 Gao 等[23-26]分别采用 LES 和试验方法对某一低比转速离心泵以及带侧壁式压水室的离心泵内的压力脉动特性进行了研究,并且采用经典的 Q-准则法对流场中非定常流动结构与压力脉动之间的关系进行了阐释。学者们的研究内容主要集中在不同结构参数、运行工况以及其他不稳定流动等对动静干涉效应的影响。Zhang 等[27]用数值方法研究了叶轮与导叶叶片数匹配对动静干涉效应的影响,结果表明,当叶轮与导叶叶片数相同时,动静干涉效应增强,压力脉动幅值增大,但由于周向对称作用,叶轮所受的径向力幅值显著减小。Long 等[28]研究了入口流动的不均匀性对离心泵内压力脉动特性的影响,指出来流不均匀性对泵内压力脉动的影响不可忽略,设计时应当予以考虑。Zhao 等[29]对离心泵内旋转失速现象及产生机理进行了数值研究,发现失速单元与隔舌之间的作用能够显著影响叶轮与隔舌之间的动静干涉效应。Jiang 等[30]和 Wang 等[31]分别对导叶与隔舌以及导叶与蜗壳周向匹配引起的离心泵性能以及压力脉动特性的变化进行了研究,给出了最佳的匹配位置。Spence 等[32]研究了双吸型离心泵中叶轮与隔舌间隙、叶轮两侧叶片交错布置方式以及前后腔间隙等参数对离心泵内压力脉动的影响。Ye 等[33]研究了叶轮中分流叶片的引入对压力脉动的影响。刘厚林等[34]研究了不等间距叶片对离心泵性能以及压力脉动的影响,指出叶片不等间距布置会使泵扬程降低,但效率有所提高。

(3)试验方面

由于动静干涉现象直观表现为周期性的压力脉动,其主导频率为叶片通过频率及其倍频,具有较高的可辨识度,因此试验研究多通过在离心泵不同位置布置压力传感器来提取压力信号并进行分析。Al-Qutub 和 Khalifa 等[35,36]采用在蜗壳周向均布压力传感器的方式研究了某一双蜗壳离心轮叶片带 V 形切口对泵内压力脉动特性的影响,结果表明,V 形切口的引入能够显著降低离心泵内压力脉动能量。Guo 等[37]通过在叶轮以及壳体上布置压力传感器研究了不同导叶结构、不同流量以及不同转速条件下离心泵内压力脉动、叶轮所受径向力以及转子振动之间的关系，揭示了动静干涉流体激励的典型规律。Arndt 等[38]通过试验研究了不同导叶配置对离心泵叶轮与导叶动静干涉压力脉动的影响，给出了导叶叶片数以及导叶与叶轮间隙对压力脉动的影响规律。姚志峰等[39]通过在吸水室和压水室壁面布置压力传感器研究了不同叶轮形式对双吸离心泵压力脉动特性的影响，获得了不同叶片形式下泵内压力脉动的分布规律。上述布置压力测点的方式能够有效分析动静干涉引起的压力脉动特性，但均只能获得单点压力信息，无法反映离心泵内部压力场及速度场。为更好地解释泵内流动现象，流场可视化技术得到了广泛应用。Sinha 等[40]使用粒子图像测速（particle image velocimetry，PIV）方法对离心泵内部非定常流动进行了研究，指出泵内动静干涉主要由叶轮出口射流与尾迹所致。Feng 等[41]采用 PIV 方法和激光多普勒测速（laser Doppler velocimetry，LDV）方法分别对离心泵运行过程中叶轮和导叶的内部流动进行了研究，结果表明，叶轮与导叶之间的动静干涉作用造成泵内压力以及速度场发生显著波动，并且 LDV 方法在捕捉泵内湍流效应时更具优势。Eisele 等[42]采用 LDV 方法和粒子追踪测速（particle tracing velocimetry，PTV）技术分别对离心泵扩压器内部速度场进行测量，较好地捕捉到泵内流动分离等现象。

　　动静干涉流动是离心泵结构振动最为重要的激励源之一，并且伴随离心泵整个运行过程，无法彻底消除，因此得到相关学者的广泛关注与研究。现阶段，研究方法主要集中在数值模拟和试验方面；研究内容主要集中在不同结构类型以及运行工况对泵内动静干涉效应的影响，以获得最优结构形式，尽可能降低泵内压力脉动；研究对象主要集中在结构相对简单的低转速离心泵，关于带诱导轮的高速复杂离心泵（如液体火箭发动机涡轮泵）的研究较少，因此学者们对相关机理的认识还不够深入。事实上，诱导轮的引入会对离心泵内的动静干涉现象及机理产生影响，需要进一步探索研究。

1.4　诱导轮空化流动研究现状

　　采用诱导轮提高涡轮泵的抗空化能力已经成为现代航天工业中一种常见的技术手段。诱导轮是安装在涡轮泵主泵入口处的一种轴流叶轮，通过对来流进行适当增压，避免在离心轮内部发生空化。由于具有叶片稠度较大、安装角较小、载荷较小等特点，诱导轮能在低入口压力下工作而扬程无明显下降，其最大的降压点发生在离叶片入口边较远、流体压力较高的区域，因此，诱导轮比一般的轴流叶轮具有更高的抗空化性能。这些特性决定了诱导轮能够在一定程度的空化条件下工作。在涡轮泵中,空化带来的危害主要集中在诱导轮上或者通过诱导轮向涡轮泵乃至发动机整机传递。

在液体火箭发动机中,空化不稳定的危害尤为隐蔽且致命。1999 年,日本LE-7 发动机氢泵诱导轮发生旋转空化,直接导致日本 H-Ⅱ火箭第 8 次发射失利。欧洲阿里安 5 的火神发动机氢泵诱导轮发生旋转空化所引起的大幅径向载荷导致轴承磨损过大。美国国家航空航天局(NASA)的航天飞机主发动机(space shuttle main engine,SSME)氧泵在研制初期同样发生空化从而引起超同步轴振动,诱导轮叶片和密封装置因此磨损。我国新一代高压补燃循环液体火箭发动机在研制过程中同样存在明显的超同步旋转空化特征频率。超同步旋转空化是发动机的重要激振源之一,其诱发的振动幅值达叶轮转频幅值的两倍以上。针对空化流动的研究,同样从理论、试验和数值模拟 3 个方面着手。

(1)理论方面

在早期的空化流动理论研究中,布伦南(Brennen)[43]建立了描述泵动态特性的传递函数,提出了与空化流动特性相关的两个重要参数:质量增益系数和空化柔度。Tulin 等基于势流理论建立了预测部分空化、超空化长度的流动模型,并通过大量基于翼型的试验研究,对流动模型进行了充分验证[44]。1993 年,Tsujimoto[45]基于激励盘模型建立了第一个比较完整的旋转空化理论计算模型,并在此基础上提出了旋转空化的发生判据。1998 年,Watanabe 等[46]在该模型的基础上进一步考虑了三维效应和介质压缩性的影响。2000 年,Horiguchi 等[47]利用奇点法建立了二维平板叶栅表面空化流动分析方法,发现对于高稠度叶栅,当叶片上的空化长度达到 65% 叶片间距时,就会开始出现长短交替的叶片空化。基于该方法,Watanabe 等[48]进一步研究了介质热效应的影响,预测的空化长度随温度变化趋势与试验结果吻合得较好。

(2)试验方面

诱导轮内部空化流动特性研究最早可追溯至 1958 年 Acosta[49]进行的研究。此后 NASA 的 Moore 等[50]采用高温水等介质进行过大量试验,获取了不同结构参数的诱导轮详细的空化性能数据。早期由于受技术条件的限制,相关研究工作仅局限于诱导轮的宏观特性,无法深入揭示内部空化流动细节。20 世纪 90 年代以后,以日本 H-Ⅱ火箭第 8 次发射失利为契机,空化不稳定现象逐渐引起人们重视[51]。旋转空化等不稳定现象至今仍是液体火箭发动机中难以克服的世界性难题,旋转空化诱发的振动严重制约着发动机可靠性的提升。与此同时,试验技术的发展也为进一步揭示诱导轮空化流动特征提供了条件。随着低温推进剂的大量应用,低温介质空化过程中的热效应问题逐渐引起重视。2004 年,Franc 等[52]搭建了以氟利昂(R114)为工质的诱导轮可视化试验台,通过改变工质温度,研究了热效应对诱导轮叶片表面附着空化的影响;在叶片表面安装微型热电偶,利用无线数据采集技术直接测量了叶片表面附着空化区内的温度变化。2007 年,Yoshida等[53]以液氮为工质,研究了热效应与诱导轮空化性能、空化不稳定之间的关系。2012 年,Ito 等[54]搭建了以液氮为工质的小型暂冲式诱导轮可视化试验台,在国际上首次获得了诱导轮内液氮空化流动的高清图片。

另一部分学者倾向于在保持热效应相似的前提下,利用热水替代低温介质开展试验研究。2005 年,Cervone 等[55]在欧洲航天局的资助下建立了诱导轮空化可视化试验测试系统。该系统的最高水温为 90℃,同时驱动系统配有辅助电机,可实现诱导轮转轴偏心涡动,有助于研究转子动力学与空化的耦合作用。这是目前国际上公开发表的首个可直接测量空化或非空化条件下叶轮上转子动力学作用力的试验装置。Torre 等[56]进一步基于该试验台对比了不同温度下的诱导轮空化性能,发现只有当温度升高到一定程度时,诱导轮断裂点的空化数才会显著下降。Pace 等[57]通过在诱导轮轮毂上打孔布置动态传感器,获取了旋转坐标下采集的压力脉动,并与壳体上采集的结果(静止坐标系)进行对比,发现这种新型测试技术能够判断流动不稳定的传播方向并能给出更多的内部流场信息。2009 年,Ehrlich 等[58]在第 7 届国际空化会议上介绍了其最新搭建的诱导轮空化可视化试验系统,该系统最大的特点是整个装置垂直安装,从而降低了整个试验系统的不确定度;测试段位于管路中压力最低的位置,有助于避免入口管路中发生空化;试验台可实现的最高水温为 121℃。2016 年,Kim 等[59]搭建了以水为工质的可控温诱导轮空化可视化试验系统,研究了温度对诱导轮空化特性的影响。

国内学者李欣(Li)等[60]搭建了常温水诱导轮空化可视化试验台,而考虑热效应的诱导轮可视化试验研究比较少见。西安航天动力研究所搭建了国内首座可控温的诱导轮空化流动可视化试验台,测试段壳体为有机玻璃材质,目前试验系统可实现的最高水温为 95℃,最高转速为 8000r/min,同时该系统具备除气能力。测试段壳体上安装有压力脉动和加速度传感器,在利用高速相机进行拍摄时,可同步采集动态参数。本书中大部分试验结果分析均基于该试验系统获取的数据,关于试验系统更详细的介绍见参考文献[61]。

(3)数值模拟方面

早期针对空化流动的数值模拟研究大多围绕基于欧拉方程的自由流线模型

展开,其假设流动无黏、无旋且不可压缩,只要求解速度势的拉普拉斯方程并给定相应的边界条件,就可以计算出相应的流场信息。此方法的难点在于建立合理的空穴闭合模型和空穴脱落模型,以满足自由表面的边界条件。随着计算机技术的发展,越来越多学者倾向于利用数值方法求解完整的纳维-斯托克斯(Navier-Stokes)方程(简称 N-S 方程)。研究空化流场的数值方法基本上可以分成两大类:界面追踪方法和两相流方法。在界面追踪方法中,假定空化区域内压力不变(为液体的饱和蒸气压),计算仅针对液相进行。在该假设的基础上增加一个尾迹模型,从而确定空穴的形状。两相流方法又可分为非均相流模型和均相流模型。非均相流模型通过单独求解每相的守恒方程,获得丰富的空化流场信息,但是需要考虑两相之间的非平衡特性、滑移速度等因素,因而计算量大,求解方法复杂,对计算资源要求较高。均相流模型将气液两相视为单一的均匀混合流体,不考虑两相之间的滑移速度,且两相共享同一套流场信息,采用体积分数或质量分数对气液两相进行区分。由于计算量小、适用范围广等优势,均相流模型已被嵌入至多种商业计算流体动力学(computational fluid dynamics,CFD)软件中。

基于均相流模型的空化模型可以分为两类:正压流体状态方程模型(barotropic-fluid equation model,BEM)和输运方程模型(transport equation model,TEM)。在 BEM 中,混合物的密度由状态方程确定,即密度是压力与温度的函数,因此该模型的关键在于确定密度与压力等热力学性质之间的函数关系,众多学者从不同角度建立了该函数关系。Iga 等[62]基于正压关系建立了考虑介质压缩性的二维数值模拟方法,对某二维平板叶栅进行非定常计算。由于人为设定了密度和压力之间的关系,BEM 能够较好地考虑介质两相流压缩性的影响,例如能捕捉空化云溃灭过程中的激波现象。但是众所周知,旋涡的生成与发展对空化的演变有着重要影响,而涡的产生是涡量方程斜压生成项的结果。对于 BEM,密度和压力项具有相同的变化梯度,则斜压矩为零。因此,BEM 在捕捉复杂的旋涡空化流动方面有先天性不足。TEM 是在传统的三大方程(质量守恒方程、动量守恒方程和能量守恒方程)之外,额外添加一项气相体积分数 α_v 的输运方程。TEM 的关键在于建立合理的源项表达式,Zwart 等[63]、Merkle 等[64]、Singhal 等[65]基于各自的假设条件建立了不同的空化模型。TEM 在计算可靠性和计算资源消耗之间取得了较好的平衡,而且物理意义明确,因此目前其应用最为广泛,但是其数值模拟精度比较依赖经验系数。目前 TEM 空化模型的发展趋势是考虑用更多物理因素对源项表达式进行修正,拓展模型的应用范围,例如考虑空泡间相互作用、旋涡运动、热效应等因素。

综上所述,诱导轮空化激振研究方法目前以试验和数值模拟为主,空化流动数值计算方法目前在诱导轮空化性能断裂和空化不稳定的预测上有一定的局限性,仍处于不断发展中。工程中的水力性能试验以获得泵外特性为主,缺乏对内部空化流动细节的深入认识。针对以旋转空化为代表的空化不稳定现象研究在国内比较少见,特别是对空化不稳定的发生机理的研究目前仍有较大的争议。

1.5　密封动力学特性研究现状

环形密封(简称密封)是离心泵内部最常见的部件之一,其最初的设计意图为抑制泵内流体泄漏以及平衡轴向力等。与径向滑动轴承比较,两者在结构上相似,均由固定的外环以及内侧旋转部件构成,动静部件之间构成狭小的环形泄漏流道[66]。但在流动本质上,两者存在明显的区别:滑动轴承两端压力较小,间隙也较小,因此其内部流动为简单的层流流动;而密封间隙相对较大,且两端压差较高,因此间隙内部通常表现为显著的湍流流动。1958 年,Lomakin[67]最早在研究水泵密封时发现,当两端存在压差时,偏心的转子会受到一个很大的恢复力作用,恢复力作用对转子起到辅助支承作用,即 Lomakin(洛马金)效应。20 世纪 80 年代,NASA 在研制 SSME 涡轮泵时,发现密封流动引入的交叉刚度会引起转子大幅度低频涡动,从而导致转子失稳现象的发生[68]。至此,密封作为辅助支承以及转子失稳现象的诱因之一,得到了国内外学者的高度关注,相关动力学数值模拟以及试验方面的研究得到了极大的发展。

最早在 Lomakin 效应被发现之后,Black 等[69-71]借鉴短轴承理论,提出了基于"短密封"假设的环形密封流体激励力计算模型以及等效动力学特性(简称动特性)系数解析表达式,为密封动力学的发展奠定了基础。1973 年,荷兰学者 Hirs[72]提出了著名的整体流动理论(bulk-flow theory),与传统润滑理论相比,该理论无须通过某种假设而是直接根据试验结果来建立湍流润滑方程,因此更为可靠。之后,得克萨斯农工大学的 Childs[73,74]在 Black 的理论的基础上,引入了 Hirs 的整体流动理论,对密封间隙内部流动进行建模,采用摄动法对模型方程进行求解,并且根据密封长径比的不同,提出了相应的短密封理论及有限长密封理论。Childs 的这一工作极大地推动了密封动力学发展,此后大多数相关研究都是在 Childs 的理论基础上进行的。1985 年,Nelson[75]进一步完善了 Childs 的理论,使其适用范围扩展到可压缩介质的锥形密封;之后又对模型求解过程中所需摩擦系数方程的选取对密封动特性系数求解结果的影响进行了比较[76],发现当考虑壁面粗糙度时,Moody 摩擦系数与 Hirs 摩擦系数的计算结果有较大出入,且 Moody 摩擦系数的计算结果与试验更为吻合。此外,还有大量关于密封动特性求解方法的研究也在同期进行,涉及不同涡动形式[77-79]和不同类型的密封(如锥形密封[75,80]、偏心密封[81,82]、浮动环密封[83,84]以及各种形式的带槽密封[85-88]等)。相对来说,国内在离心泵密封动力学研究领域起步较晚,直到 21 世纪以后,孙启国等[89,90]、蒋庆磊[91]、翟璐璐(Zhai)等[92-94]才对环形密封动特性求解及优化做了详细研究,拓宽了其应用范围。

基于整体流动理论的求解方法,忽略了密封内速度沿径向变化,在较大程度上简化了流场特性。对于结构较为复杂的密封,其求解精度及可靠性受到限制。此外,当转子扰动超出薄膜假设的适用范围时,该方法不再适用。为此,学者们提出了基于 CFD 的求解方法,以弥补整体流动模型存在的不足。早期由于计算能力的不足,Dietzen 等[95]提出了适用于光滑密封的 CFD 小扰动模型,该模型假定转子绕密封中心作圆形小扰动,利用坐标变换将三维问题转化为二维轴对称问题。与整体流动模型相比,该模型计算精度更高。此后,Arghir 等[96]、Kim 等[97]对该模型进行了改进,将其应用于偏心以及带槽密封动特性分析。随着计算机硬件设备的不断发展,三维 CFD 方法成为目前研究密封动特性的一个趋势。1988 年,Tam 等[98]提出了三维 CFD 准稳态方法,假设转子绕密封轴线作圆形涡动,通过引入固定在转子上的动参考系,将瞬态问题转换成稳态问题,首次将三维 CFD 方法应用于密封动力学求解。Moore 等[99]采用整体流动模型和 CFD 准稳态方法分别对开槽密封动特性系数进行计算,并与试验结果进行对比,结果表明,CFD 准稳态方法在刚度系数预测方面明显更优。国内学者杨绍宇等[100]、刘晓锋等[101]也对整体流动模型和 CFD 准稳态方法在液体与气体环形密封动特性系数预测方面做了对比,结果同样表明,CFD 准稳态方法的计算结果更接近试验值。CFD 准稳态方法避开了复杂、耗时的瞬态模拟,显著减少了计算时间,并且求解精度高于传统的二维求解方法,因此得到了众多学者的青睐,成为目前密封动力学研究中使用最为广泛的研究方法。韩国学者 Ha 和 Kim 等[102-104]采用 CFD 准稳态方法分别对光滑环形液体密封、气体密封以及带槽密封的动特性进行了研究,并与试验结果进行对比,证明了用该方法求解不同密封动特性系数的可靠性。Guo[105]和 Kirk等[106]利用该方法对 3 种带槽密封(直通型、阶梯型以及交错型)的动特性进行研究,给出了不同几何结构对密封动特性系数的影响。Untaroiu 等[107-110]采用该方法对大长径比泵用液体密封和孔型阻尼密封动特性系数进行求解,并与 Childs 的整体流动模型和有限差分法求解结果进行对比,验证了 CFD 准稳态方法的优越性。随着计算机运算能力的提升,该方法势必成为工程中求解密封流体激励的标准方法。Subramanian 等[111]利用有限元法求解了转子离心效应以及热膨胀效应下的变形,然后通过 CFD 准稳态方法研究了综合考虑离心效应和热膨胀效应下燃气轮机篦齿密封动特性,对密封流场进行了分析,并对热效应影响机理进行了解释。

上述 CFD 准稳态方法假设转子进行同心圆形涡动,而当转子涡动无法简化为同心圆形涡动时,该方法不再适用。此外,这些方法对于复杂非轴对称密封的研究也受到限制。因此,CFD 瞬态求解方法成为密封动特性研究的新方向。然而,瞬态求解方法需要克服耗时高以及间隙动网格处理困难等缺陷,在工程应用方面受到限制。目前相关研究主要集中于优化动特性系数提取方法,对一些复杂结构密封(如各种类型的阻尼密封)的动特性进行研究。1997 年,Williams 等[112] 首先采用有限差分法对液体环形密封流场进行瞬态求解,并与试验结果进行了对比。Wu 等[113,114] 提出了变速涡动思想,减少了拟合动特性系数所需的求解次数,提高了瞬态求解的效率,并且利用该方法对不同来流状况下液体环形密封流场进行瞬态模拟,以对比非均匀来流和均匀来流对密封动特性系数的影响。Yan 等[115,116] 采用多频椭圆涡动模型与周期圆形涡动模型对表面粗糙密封和孔型阻尼密封动特性进行瞬态求解;之后又基于拉普拉斯变换,推导了给定涡动轨迹下的密封动特性提取方法[117],该方法能够有效减少瞬态求解时间。

密封动特性数值模拟方法经历了从二维整体流动模型到三维 CFD 瞬态求解方法的发展历程。整体流动模型由于效率高并且在与 CFD 方法相结合的情况下可获得较为可靠的求解结果[118],现阶段仍广泛应用于实际工程;CFD 准稳态方法由于求解精度高,可获得密封内流动情况且求解时间适中,近年来也得到了广泛应用;而 CFD 瞬态求解方法由于存在耗时高以及间隙动网格处理困难等缺陷,其工程应用受到限制,但其作为一种通用方法,能够适用于任何具有复杂扰动和复杂结构的密封,应用前景良好。

1.6　离心泵流体激振特性研究现状

作为离心泵结构振动最主要的来源,流体激振特性受到了国内外学者的广泛关注。从国内外研究历史和研究方法来看,离心泵流体激振特性研究主要分为两个阶段。

20 世纪 70 年代末,美国 SSME 涡轮泵设计及试验时出现了一些超预期的振动问题,为此,NASA 资助加州理工大学以及得克萨斯农工大学来研究这种流体作用引起的转子振动及稳定性问题。Brennen 等[68] 学者对作用在叶轮上的稳态、瞬态作用力及相应的转子动力学问题进行了大量的理论和试验研究,对 NASA 的数十种叶轮与蜗壳进行试验,形成了庞大的试验数据库,以指导 SSME 涡轮泵设计。此阶段研究通过建立叶轮-蜗壳二维模型,在理论上推导出叶轮所受流体激励力的方程,同时类似于密封动特性研究处理方式,将流体激励力表示为刚度、阻尼和质量系数的函数,通过小扰动假设获得相应的流体激励力,以此研究流体激励下转子动力学问题。该方法对于促进认识叶轮流体激振特性具有重要意义,但由于在研究过程中做了较多的简化和假设(如假设流体为理想无黏流体,且叶轮内流体沿固定曲线进行流动以及对蜗壳内流动进行准一维处理等),因此基于该方法计算获得的流体激励力精度较差。

21 世纪以来,随着 CFD 和 FEM 的快速发展以及相应计算软件的开发与应用,基于 CFD 与 FEM 的流固耦合方法成为离心泵流体激振特性的主要研究方法。现阶段国内外学者在研究离心泵流体诱导振动时主要采取两种方法:单向耦合方法和双向耦合方法。单向耦合方法将 CFD 计算的非定常流场结果通过交界面传输给结构场并将其作为力边界条件,以此获得结构振动特性(计算过程中忽略了结构振动对流场的影响);双向耦合方法则考虑了流场与结构之间的相互作用,在每个时间步内都进行两场数据的交替传输,更加符合实际物理过程,但同时也面临着求解复杂以及计算量大等问题。

单向耦合求解方面,德国学者 Benra[119] 基于流场计算软件 ANSYS CFX 以及结构动力学软件 Pro/MECHANICA,对一单叶片排污离心泵转子系统振动特性进行研究,在研究过程中,为避免网格数据传输的复杂性,将通过流体压力脉动积分所获得的流体激励力直接施加在转子上,以此研究不同运行工况下的转子振动响应特性,并通过试验验证了数值模拟结果的可靠性。日本宇宙航空研究开发机构(Japan Aerospace Exploration Agency,JAXA)的 Nishimoto 等[120] 通过自行开发的流场数值模拟软件 FrontFlow/blue 以及结构动力学软件 NEXST Impact,采用单向耦合方法对 LE-7A 发动机氢燃料泵水试工况(转速 4000r/min)下的流体诱导壳体振动进行研究,获得了两级叶轮相位差和叶轮与蜗壳间隙对离心泵壳体应力分布以及振动加速度的影响(计算过程中未考虑流体-转子-支承-壳体途径的影响)。Jiang 等[121] 采用单向耦合方法对多级离心泵流体诱导壳体振动及噪声进行研究。计算所得泵壳体振动速度与试验结果相比,两者在特征频率方面吻合较好,但整个频带的幅值存在较大偏差,该误差与计算过程中未考虑连接泵管路以及支座安装阻尼的影响有关。国内学者司乔瑞等[122] 采用单向耦合方法对离心泵流体诱导转子振动特性进行研究。窦唯等[123] 通过 CFD 方法获得了高速泵叶轮上的稳态径向力和脉动径向力,在此基础上对流体激励下离心泵转子系统的振动及其轴心轨迹进行研究。饶昆[124]对多级离心泵流体诱导振动进行研究,获得了转子系统振动响应,但由于振动分析过程中存在各种约束条件且对结构的完整性还考虑得不周全,耦合计算结果与试验结果差距较大。

双向耦合求解方面,德国学者 Benra[125]在之前单向耦合计算的基础上,采用双向耦合求解策略对转子振动位移和流体激励力进行研究,结果表明,两种方法计算所得的转子振动位移和流体激励力均大于试验值,且双向耦合方法的计算结果更接近试验值。江苏大学的裴吉[126]以 Benra 教授的研究为基础,分别采用单向和双向耦合方法对转子系统的流体激励力以及由此引起的振动位移进行研究,并对两种求解策略进行详细的对比分析,给出了不同流量与不同转速下两种求解策略对流体激励力和转子振动位移的影响。但从研究结果来看,两种求解策略在流体激励力和振动位移方面的计算结果基本一致,双向耦合求解结果稍大一些,更接近试验结果,但效果并不明显,且双向耦合求解时间是单向耦合求解时间的 5 倍以上。此外,也有少数学者利用双向耦合方法对离心泵结构动力学特性进行了研究。

离心泵流体激振方面的研究已有一定的历史,但基于流固耦合的研究尚处于起步阶段,相关研究相对较少,主要集中在低转速简单离心泵(如单叶片排污泵等)方面,对高压力、高转速复杂离心泵流体激振问题的研究比较匮乏。实际上,高压力、高转速离心泵(如火箭发动机涡轮泵)内流体激振现象更为突出,危害性也更大。此外,高压力、高转速下密封耦合作用对流体激励转子振动响应的影响不能被忽略,而目前的研究均未考虑密封的耦合作用,因此,亟须在此方面开展相关研究。

参考文献

[1] 张贵田. 高压补燃液氧煤油发动机[M]. 北京:国防工业出版社,2005:506-507.

[2] 李斌,张小平,马冬英. 我国新一代载人火箭液氧煤油发动机[J]. 载人航天,2014,20(5):427-431,442.

[3] 司乔瑞. 离心泵低噪声水力设计及动静干涉机理研究[D]. 镇江:江苏大学,2014.

[4] Parker R. Calculation of flow through cascades of blades having relative motion and the generation of alternating pressures and forces due to interaction effects[J]. Proceedings of the Institution of Mechanical Engineers,1967,182(1):229-242.

[5] Parker R. Pressure fluctuations due to interaction between blade rows in axial flow compressors [J]. Proceedings of the Institution of Mechanical Engineers,1968,183(1):153-164.

[6] Parker R, Waston J F. Interaction effects between blade rows in turbomachines[J]. Proceedings of the Institution of Mechanical Engineers,1972,186(1):331-340.

［7］ 王正.转动机械的转子动力学设计［M］.北京:清华大学出版社,2015.

［8］ Dring R P，Joslyn H D，Hardin L W，et al. Turbine rotor-stator interaction［J］. Journal of Engineering for Gas Turbines and Power,1982,104(4):729-742.

［9］ Kubota Y，Suzuki T，Tomita H，et al. Vibration of rotating bladed disc excited by stationary distributed forces［J］.Bulletin of JSME,1983,26(221):1952-1957.

［10］ Rodriguez C G，Egusquiza E，Santos I F. Frequencies in the vibration induced by the rotor stator interaction in a centrifugal pump turbine［J］. Journal of Fluids Engineering,2007,129 (11):1428-1435.

［11］ Badie R，Jonker J B，van den Braembussche R A. Finite element calculations and experimental verification of the unsteady potential flow in a centrifugal volute pump［J］.International Journal for Numerical Methods in Fluids,1994,19(12):1083-1102.

［12］ Bert P F，Combes J F，Kueny J L. Unsteady flow calculation in a centrifugal pump using a finite element method［C］//Hydraulic Machinery and Cavitation. Dordrecht，the Netherlands: Springer,1996.

［13］ Qin W，Tsukamoto H. Theoretical study of pressure fluctuations downstream of a diffuser pump impeller—Part 1: Fundamental analysis on rotor-stator interaction［J］.Journal of Fluids Engineering,1997,119(3):647-652.

［14］ Qin W，Tsukamoto H. Theoretical study of pressure fluctuations downstream of a diffuser pump impeller—Part 2: Effects of volute，flow rate and radial gap［J］. Journal of Fluids Engineering,1997,119(3):653-658.

［15］ Wang H，Tsukamoto H. Fundamental analysis on rotor-stator interaction in a diffuser pump by vortex method［J］.Journal of Fluids Engineering,2001,123(4):737-747.

［16］ Croba B，Kueny J L. Numerical calculation of 2D，unsteady flow in centrifugal pumps: Impeller and volute interaction［J］. International Journal for Numerical Methods in Fluids, 1996,22(6):467-481.

［17］ Gonzalez J，Fernandez J，Blanco E，et al. Numerical simulation of the dynamic effects due to impeller-volute interaction in a centrifugal pump［J］. Journal of Fluids Engineering,2002, 124(2):348-355.

［18］ Barrio R，Blanco E，Parrondo J，et al. The effect of impeller cutback on the fluid-dynamic pulsations and load at the blade-passing frequency in a centrifugal pump［J］. Journal of Fluids Engineering,2008,130(11):111102.

［19］ Majidi K. Numerical study of unsteady flow in a centrifugal pump［J］.Journal of Turbomachinery, 2005,127(2):363-371.

［20］ Yan P，Chu N，Wu D，et al. Computational fluid dynamics-based pump redesign to improve efficiency and decrease unsteady radial forces ［J］. Journal of Fluids Engineering, 2017, 139(1):011101.

[21] Ni D, Yang M, Zhang N, et al. Unsteady flow structures and pressure pulsations in a nuclear reactor coolant pump with spherical casing [J]. Journal of Fluids Engineering, 2017, 139(5):051103.

[22] Yamanishi N, Kato C, Okita K, et al. Large eddy simulation of unsteady flow in the LE-7A liquid hydrogen pump[C]//43rd AIAA/ASME/SAE/ASEE Joint Propulsion Conference & Exhibit. Cincinnati,US,2007.

[23] Zhang N, Yang M, Gao B, et al. Investigation on rotor-stator interaction in a low specific speed centrifugal pump [C]//Proceedings of the ASME/JSME/KSME 2015 Joint Fluids Engineering Conference. Seoul, Korea,2015.

[24] Zhang N, Yang M, Gao B, et al. Investigation of rotor-stator interaction and flow unsteadiness in a low specific speed centrifugal pump [J]. Journal of Mechanical Engineering, 2016, 62(1):21-31.

[25] Gao B, Zhang N, Li Z, et al. Influence of the blade trailing edge profile on the performance and unsteady pressure pulsations in a low specific speed centrifugal pump[J]. Journal of Fluids Engineering,2016,138(5):051106.

[26] Zhang N, Yang M, Gao B, et al. Unsteady phenomena induced pressure pulsation and radial load in a centrifugal pump with slope volute[C]//Proceedings of the ASME 2013 Fluids Engineering Division Summer Meeting. Incline Village,US,2013.

[27] Zhang M, Tsukamoto H. Unsteady hydrodynamic forces due to rotor-stator interaction on a diffuser pump with identical number of vanes on the impeller and diffuser[J]. Journal of Fluids Engineering,2005,127(4):743-751.

[28] Long Y, Wang D, Yin J, et al. Numerical investigation on the unsteady characteristics of reactor coolant pumps with non-uniform inflow[J]. Nuclear Engineering and Design,2017,320: 65-76.

[29] Zhao X, Xiao Y, Wang Z, et al. Unsteady flow and pressure pulsation characteristics analysis of rotating stall in centrifugal pumps under off-design conditions [J]. Journal of Fluids Engineering,2018,140(2):021105.

[30] Jiang W, Li G, Liu P, et al. Numerical investigation of influence of the clocking effect on the unsteady pressure fluctuations and radial forces in the centrifugal pump with vaned diffuser[J]. International Communications in Heat and Mass Transfer,2016,71:164-171.

[31] Wang W, Pei J, Yuan S, et al. Experimental investigation on clocking effect of vaned diffuser on performance characteristics and pressure pulsations in a centrifugal pump[J]. Experimental Thermal and Fluid Science,2018,90:286-298.

[32] Spence R, Amaral-Teixeira J. Investigation into pressure pulsations in a centrifugal pump using numerical methods supported by industrial tests[J]. Computers and Fluids, 2008, 37 (6): 690-704.

[33] Ye L，Yuan S，Zhang J，et al. Effects of splitter blades on the unsteady flow of a centrifugal pump[C]//Proceedings of the ASME 2012 Fluids Engineering Division Summer Meeting. Rio Grande，US，2012.

[34] 刘厚林，吕云，王勇，等.不等间距叶片对离心泵性能及压力脉动影响分析[J].农业工程学报，2015，(23)：60-66.

[35] Al-Qutub A M，Khalifa A E，Al-Sulaiman F A. Exploring the effect of V-shaped cut at blade exit of a double volute centrifugal pump[J]. Journal of Pressure Vessel Technology，2012，134 (2)：021301.

[36] Khalifa A E，Al-Qutub A M，Ben-Mansour R. Study of pressure fluctuations and induced vibration at blade-passing frequencies of a double volute pump[J]. Arabian Journal for Science and Engineering，2011，36(7)：1333-1345.

[37] Guo S，Okamoto H. An experimental study on the fluid forces induced by rotor-stator interaction in a centrifugal pump[J]. International Journal of Rotating Machinery，2003，9(2)：135-144.

[38] Arndt N，Acosta A J，Brennen C E，et al. Experimental investigation of rotor-stator interaction in a centrifugal pump with several vaned diffusers[J]. Journal of Turbomachinery，1990，112(1)：98-108.

[39] 姚志峰，王福军，杨敏，等.叶轮形式对双吸离心泵压力脉动特性影响试验研究[J].机械工程学报，2011，47(12)：133-138.

[40] Sinha M，Kazt J. Quantitative visualization of the flow in a centrifugal pump with diffuser vanes—I：On flow structures and turbulence[J]. Journal of Fluids Engineering，2000，122(1)：97-107.

[41] Feng J，Benra F K，Dohmen H J. Comparison of periodic flow fields in a radial pump among CFD，PIV，and LDV results[J]. International Journal of Rotating Machinery，2009：1-10.

[42] Eisele K，Zhang Z，Casey M V，et al. Flow analysis in a pump diffuser—Part 1：LDA and PTV measurements of the unsteady flow[J]. Journal of Fluids Engineering，1997，119(4)：968-977.

[43] 布伦南.泵流体力学[M].潘中永，译.镇江：江苏大学出版社，2012.

[44] 布伦南.空化与空泡动力学[M].王勇，潘中永，译.镇江：江苏大学出版社，2013.

[45] Tsujimoto Y，Kamijo K，Yoshida Y. A theoretical analysis of rotating cavitation in inducers [J]. Journal of Fluids Engineering，1993，115(1)：135-141.

[46] Watanabe S，Kotaro S，Tsujimoto Y，et al. Linear analysis of rotating cavitation by a singularity method[J]. Transactions of the Japan Society of Mechanical Engineers，Part B，1998，64：1675-1682.

[47] Horiguchi H，Watanabe S，Tsujimoto Y. Theoretical analysis of cavitation in inducers with unequal blades with alternate leading edge cutback：Part I—Analytical methods and the results

for smaller amount of cutback[J]. Journal of Fluids Engineering,2000,122(2):412-418.

[48] Watanabe S, Hidaka T, Horiguchi H, et al. Steady analysis of the thermodynamic effect of partial cavitation using the singularity method[J]. Journal of Fluids Engineering,2007,129(2): 121-127.

[49] Acosta A J. An experimental study of cavitating inducers[C]//2nd Symposium on Naval Hydrodynamics. Washington, DC,US,1958.

[50] Moore R D, Ruggeri R S. Prediction of thermodynamic effects of developed cavitation based on liquid-hydrogen and Freon-114 data in scaled venturis: NASA TN D-4899[R]. Cleveland: NASA,1968.

[51] Tsujimoto Y, Yoshida Y, Maekawa Y, et al. Observations of oscillating cavitation of an inducer[J]. Journal of Fluids Engineering,1997,119(4):775-781.

[52] Franc J P, Boitel G, Riondet M, et al. Thermodynamic effect on a cavitating inducer—Part I: Geometrical similarity of leading edge cavities and cavitation instabilities[J]. Journal of Fluids Engineering,2010,132(2):021303.

[53] Yoshida Y, Kikuta K, Hasegawa S, et al. Thermodynamic effect on a cavitating inducer in liquid nitrogen[J]. Journal of Fluids Engineering,2007,129(3):273-278.

[54] Ito Y, Tani N, Kurishita Y, et al. New visualization test facility for liquid nitrogen and water cavitation in rotating inducer[C]//Proceedings of the 8th International Symposium on Cavitation. Singapore,2012.

[55] Cervone A, Testa R, Bramanti C, et al. Thermal effects on cavitation instabilities in helical inducers[J]. Journal of Propulsion and Power,2005,21(5):893-899.

[56] Torre L, Cervone A, Pasini A, et al. Experimental characterization of thermal cavitation effects on space rocket axial inducers[J]. Journal of Fluids Engineering,2011,133(11):111303.

[57] Pace G, Valentini D, Pasini A, et al. Analysis of flow instabilities on a three-bladed axial inducer in fixed and rotating frames[J]. Journal of Fluids Engineering,2019,141(4):041104.

[58] Ehrlich D A, Schwille J A, Welle R P, et al. A water test facility for liquid rocket engine turbopump cavitation testing[C]//Proceedings of the 7th International Symposium on Cavitation. Ann Arbor,US,2009.

[59] Kim J, Song S J. Measurement of temperature effects on cavitation in a turbopump inducer[J]. Journal of Fluids Engineering,2016,138(1):011304.

[60] Li X, Li J W, Wang J, et al. Study on cavitation instabilities in a three-bladed inducer[J]. Journal of Propulsion and Power,2015,31(4):1051-1056.

[61] Xiang L, Chen H, Tan Y H, et al. Study of thermodynamic cavitation effects in an inducer [J]. Journal of Propulsion and Power,2020,36(3):312-322.

[62] Iga Y, Nohml M, Goto A, et al. Numerical analysis of cavitation instabilities arising in the three-blade cascade[J]. Journal of Fluids Engineering,2004,126(3):419-429.

［63］ Zwart P J, Gerber A G, Belamri T. A two-phase flow model for predicting cavitation dynamics ［C］//Proceedings of the 5th International Conference on Multiphase Flow. Yokohama, Japan, 2004.

［64］ Merkle C L, Feng J, Buelow P E O. Computational modeling of the dynamics of sheet cavitation［C］//Proceedings of the 3rd International Symposium on Cavitation. Grenoble, France,1998.

［65］ Singhal A K, Athavale M M, Li H Y, et al. Mathematical basis and validation of the full cavitation model［J］. Journal of Fluids Engineering,2002,124(3):617-624.

［66］ 姜新阔.环形密封瞬态流场模拟及其动力学特性研究［D］.杭州:浙江大学,2016.

［67］ Lomakin A A. Calculation of critical speed and securing of dynamic stability of the rotor of hydraulic high pressure machines with reference to forces arising in the seal gaps［J］. Energomashinostroenie,1958,4:1-5.

［68］ Brennen C E, Acosta A J. Fluid-induced rotordynamic forces and instabilities［J］. Structural Control and Health Monitoring,2006,13(1):10-26.

［69］ Black H F. Effects of hydraulic forces in annular pressure seals on the vibrations of centrifugal pump rotors［J］. Journal of Mechanical Engineering Science,1969,11(2):206-213.

［70］ Black H F. Effects of fluid-filled clearance spaces on centrifugal pump and submerged motor vibrations［C］//Proceedings of the 8th Turbomachinery Symposium. College Station, US,1979.

［71］ Black H F, Allaire P E, Barrett L E. Inlet flow swirl in short turbulent annular seal dynamics ［C］//Proceedings of the 9th International Conference on Fluid Sealing. Noordwijkerhout, the Netherlands,1981.

［72］ Hirs G G. A bulk-flow theory for turbulence in lubricant films［J］. Journal of Lubrication Technology,1973,95(2):137-145.

［73］ Childs D W. Dynamic analysis of turbulent annular seals based on Hirs' lubrication equation ［J］. Journal of Lubrication Technology,1983,105(3):429-436.

［74］ Childs D W. Finite-length solutions for rotordynamic coefficients of turbulent annular seals［J］. Journal of Lubrication Technology,1983,105(3):437-444.

［75］ Nelson C C. Rotordynamic coefficients for compressible flow in tapered annular seals［J］. Journal of Tribology,1985,107(3):318-325.

［76］ Nelson C C, Nguyen D T. Comparison of Hirs' equation with Moody's equation for determining rotordynamic coefficients of annular pressure seals［J］. Journal of Tribology,1987, 109(1):144-148.

［77］ Kanemori Y, Iwatsubo T. Experimental study of dynamic fluid forces and moments for a long annular seal［J］. Journal of Tribology,1992,114(4):773-778.

［78］ Kanemori Y, Iwatsubo T. Experimental study of dynamical characteristics of a long annular seal (in the case of concentric rotor and outer cylinder)［J］. JSME International Journal, Series 2: Fluids Engineering, Heat Transfer, Power, Combustion, Thermophysical Properties,1989,

32(2):218-224.

[79] Kanemori Y，Iwatsubo T. Forces and moments due to combined motion of conical and cylindrical whirls for a long seal[J]. Journal of Tribology,1994,116(3):489-498.

[80] Childs D W，Dressman J B. Convergent-tapered annular seals：Analysis and testing for rotordynamic coefficients[J]. Journal of Tribology,1985,107(3):307-316.

[81] Nelson C C，Nguyen D T. Analysis of eccentric annular incompressible seals：Part 1—A new solution using fast fourier transforms for determining hydrodynamic force[J]. Journal of Tribology,1988,110(2):354-359.

[82] Nelson C C，Nguyen D T. Analysis of eccentric annular incompressible seals：Part 2—Effects of eccentricity on rotordynamic coefficients[J]. Journal of Tribology,1988,110(2):360-366.

[83] Ha T W，Lee Y B，Kim C H. Leakage and rotordynamic analysis of a high pressure floating ring seal in the turbo pump unit of a liquid rocket engine[J]. Tribology International,2002,35 (3):153-161.

[84] Duan W，Chu F，Kim C H，et al. A bulk-flow analysis of static and dynamic characteristics of floating ring seals[J]. Tribology International,2007,40(3):470-478.

[85] Iwatsubo T，Kawai R，Yang B S，et al. An investigation of the static and dynamic characteristics of parallel grooved seals[C]//Rotordynamic Instability Problems in High-Performance Turbomachinery. College Station，US,1986.

[86] Iwatsubo T，Yang B，Ibaraki R. Theoretical approach to obtaining dynamic characteristics of noncontacting spiral-grooved seals[C]//Rotordynamic Instability Problems in High-Performance Turbomachinery. College Station，US,1986.

[87] Nordmann R，Dietzen F J，Janson W，et al. Rotordynamic coefficients and leakage flow for smooth and grooved seals in turbopumps[C]//Proceedings of the 2nd IFToMM Meeting. Tokyo，Japan,1986.

[88] Kim C H，Childs D W. Analysis for rotordynamic coefficients of helically-grooved turbulent annular seals[J]. Journal of Tribology,1987,109(1):136-143.

[89] 孙启国,虞烈. 大间隙环流中偏心转子动特性系数的数值分析方法[J]. 应用力学学报,2000, 17(4):45-49.

[90] 孙启国,虞烈. 有限长大间隙环流中同心转子动特性系数研究[J]. 摩擦学学报,2001,21(6): 473-477.

[91] 蒋庆磊. 环形密封和多级转子系统耦合动力学数值及实验研究[D]. 杭州:浙江大学,2012.

[92] Zhai L，Gu C，Qin D，et al. Studies of exit pressure recovery coefficient and its effects on dynamic characteristics of annular water seals[J]. Journal of Vibroengineering,2014,16(5): 2406-2417.

[93] Zhai L，Wu G，Wei X，et al. Theoretical and experimental analysis for leakage rate and dynamic characteristics of herringbone-grooved liquid seals[J]. Proceedings of the Institution of Mechanical Engineers，Part J：Journal of Engineering Tribology,2015,229(7):849-860.

［94］ Zhai L，Zhang Z，Chi Z，et al．Dynamic analysis of liquid annular seals with herringbone grooves on the rotor based on the perturbation method［J］．Royal Society Open Science，2018，5(6)：180101．

［95］ Dietzen F J，Nordmann R．Calculating rotordynamic coefficients of seals by finite-difference techniques［J］．Journal of Tribology，1987，109(3)：388-394．

［96］ Arghir M，Frene J．Forces and moments due to misalignment vibrations in annular liquid seals using the averaged Navier-Stokes equations［J］．Journal of Tribology，1997，119(2)：279-287．

［97］ Kim N，Rhode D L．A new CFD-perturbation model for the rotordynamics of incompressible flow seals［C］//Proceedings of the ASME Turbo Expo 2000：Power for Land，Sea，and Air．Munich，Germany，2000．

［98］ Tam L T，Przekwas A J，Muszynska A，et al．Numerical and analytical study of fluid dynamic forces in seals and bearings［J］．Journal of Vibration，Acoustics，Stress，and Reliability in Design，1988，110(3)：315-325．

［99］ Moore J J，Palazzolo A B．CFD comparison to 3D laser anemometer and rotordynamic force measurements for grooved liquid annular seals［J］．Journal of Tribology，1999，121(2)：306-314．

［100］ 杨绍宇，陆颂元．液体环形密封转子动力特性 CFD 数值计算分析［J］．汽轮机技术，2007，49(1)：23-26．

［101］ 刘晓锋，陆颂元．迷宫密封转子动特性三维 CFD 数值的研究［J］．热能动力工程，2006，21(6)：635-639．

［102］ Ha T W，Choe B S．Numerical simulation of rotordynamic coefficients for eccentric annular-type-plain-pump seal using CFD analysis［J］．Journal of Mechanical Science and Technology，2012，26(4)：1043-1048．

［103］ Ha T W，Choe B S．Numerical prediction of rotordynamic coefficients for an annular-type plain-gas seal using 3D CFD analysis［J］．Journal of Mechanical Science and Technology，2014，28(2)：505-511．

［104］ Kim S H，Ha T W．Prediction of leakage and rotordynamic coefficients for the circumferential-groove-pump seal using CFD analysis［J］．Journal of Mechanical Science and Technology，2016，30(5)：2037-2043．

［105］ Guo R．Computational fluid dynamic and rotordynamic study on the labyrinth seal［D］．Blacksburg：Virginia Polytechnic Institute and State University，2012．

［106］ Kirk R G，Guo Z．Influence of leak path friction on labyrinth seal inlet swirl［J］．Tribology Transactions，2009，52(2)：139-145．

［107］ Untaroiu A，Hayrapetian V，Untaroiu C D，et al．Fluid-induced forces in pump liquid seals with large aspect ratio［C］//Proceedings of the ASME-JSME-KSME 2011 Joint Fluids Engineering Conference．Hamamatsu，Japan，2011．

［108］ Untaroiu A，Untaroiu C D，Wood H G，et al．Numerical modeling of fluid-induced rotordynamic forces in seals with large aspect ratios[J]. Journal of Engineering for Gas Turbines and Power,2013,135(1):012501.

[109] Untaroiu A, Hayrapetian V, Untaroiu C D, et al. On the dynamic properties of pump liquid seals[J]. Journal of Fluids Engineering,2013,135(5):051104.

[110] Untaroiu A, Migliorini P, Wood H G, et al. Hole-pattern seals: A three dimensional CFD approach for computing rotordynamic coefficient and leakage characteristics[C]//Proceedings of the ASME 2009 International Mechanical Engineering Congress and Exposition. Lake Buena Vista, US,2009.

[111] Subramanian S, Sekhar A S, Prasad B V S S S. Rotordynamic characterization of rotating labyrinth gas turbine seals with radial growth: Combined centrifugal and thermal effects[J]. International Journal of Mechanical Sciences,2017,123:1-19.

[112] Williams M, Chen W, Brozowski L, et al. Three-dimensional finite difference method for rotordynamic fluid forces on seals[J]. AIAA Journal,1997,35(8):1417-1420.

[113] Wu D, Jiang X, Li S, et al. A new transient CFD method for determining the dynamic coefficients of liquid annular seals[J]. Journal of Mechanical Science and Technology,2016,30(8):3477-3486.

[114] Wu D, Jiang X, Chu N, et al. Numerical simulation on rotordynamic characteristics of annular seal under uniform and non-uniform flows[J]. Journal of Central South University, 2017,24(8):1889-1897.

[115] Yan X, He K, Li J, et al. Rotordynamic performance prediction for surface-roughened seal using transient computational fluid dynamics and elliptical orbit model[J]. Proceedings of the Institution of Mechanical Engineers, Part A: Journal of Power and Energy,2012,226(8):975-988.

[116] Yan X, Li J, Feng Z. Investigations on the rotordynamic characteristics of a hole-pattern seal using transient CFD and periodic circular orbit model[J]. Journal of Vibration and Acoustics, 2011,133(4):041007.

[117] Yan X, He K, Li J, et al. A generalized prediction method for rotordynamic coefficients of annular gas seals[J]. Journal of Engineering for Gas Turbines and Power,2015,137(9):092506.

[118] Migliorini P J, Untaroiu A, Wood H G, et al. A computational fluid dynamics/bulk-flow hybrid method for determining rotordynamic coefficients of annular gas seals[J]. Journal of Tribology,2012,134(2):022202.

[119] Benra F K. Numerical and experimental investigation on the flow induced oscillations of a single-blade pump impeller[J]. Journal of Fluids Engineering,2006,128(4):783-793.

[120] Nishimoto M, Yoshimura S, Yamada T, et al. Elastodynamic analysis of fluid-induced vibration in the LE-7A liquid hydrogen pump[C]//43rd AIAA/ASME/SAE/ASEE Joint Propulsion Conference & Exhibit. Cincinnati, US,2007.

［121］ Jiang Y Y，Yoshimura S，Imai R，et al. Quantitative evaluation of flow-induced structural vibration and noise in turbomachinery by full-scale weakly coupled simulation［J］. Journal of Fluids and Structures,2007,23(4):531-544.

［122］ 司乔瑞,余志顺,袁寿其,等.带诱导轮高速离心泵流动诱导振动数值分析[J].振动与冲击, 2013,32(20):102-106.

［123］ 窦唯,刘占生.流体激振力对高速泵转子振动特性的影响研究[J].机械科学与技术,2013, 32(3):377-382.

［124］ 饶昆.基于流固耦合的多级离心泵非定常流动特性及诱导振动分析[D].杭州:浙江理工大 学,2015.

［125］ Benra F K，Dohmen H J. Comparison of pump impeller orbit curves obtained by measurement and FSI simulation［C］//Proceedings of the ASME 2007 Pressure Vessels and Piping Conference. San Antonio，US,2007.

［126］ 裴吉.离心泵瞬态水力激振流固耦合机理及流动非定常强度研究[D].镇江:江苏大学,2013.

第 2 章　涡轮泵基础

涡轮泵是泵压式液体推进剂供应系统与控制系统的重要部件之一,通过来自燃气发生器的高温燃气驱动涡轮,带动氧化剂泵和燃料泵高速旋转,对来自贮箱的氧化剂和燃料进行增压,其做功能力直接影响燃烧室的室压,进而影响发动机的工作性能。由于在高压力、大流量、高低温、强旋转的复杂热力环境中工作,涡轮泵一直是液体火箭发动机的重要振源之一。根据传动方式的不同,涡轮泵可分为同轴式、齿轮传动式和双涡轮式三大类,其中同轴式涡轮泵在我国各型发动机中比较常见。典型涡轮泵结构如图 2.1 所示[1]。涡轮泵的类型及其总体布局直接影响涡轮泵的性能,从而对发动机的性能产生重大影响。因此,在涡轮泵设计过程中,需要根据系统总体要求,合理选择涡轮泵的布局。

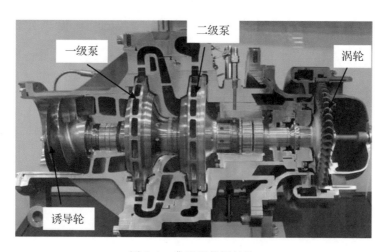

图 2.1　典型涡轮泵结构

2.1 涡轮泵系统组成

涡轮泵是一种高精度的旋转机械，在高转速下工作，并承受着较大的温度和压力变化。燃气发生器产生的高温燃气进入涡轮叶片，将其动能传递给叶片后，以相对较低的气体速度排出。此过程中，涡轮通过一个与泵连接的轴驱动泵。推进剂经过诱导轮进入泵，在离心力作用下经叶片流道、扩压器和蜗壳流出，把来自涡轮的机械能转化为推进剂的压力。涡轮泵主要部件包括诱导轮、氧化剂泵、燃料泵、涡轮、壳体、轴承、预压涡轮泵以及相应的密封组件[2]。下面主要介绍涡轮泵中做功的旋转部件。

2.1.1 预压涡轮泵

对于一般开式循环发动机，泵出口压力不高，在特定的涡轮泵转速下，在主泵离心轮入口处安装诱导轮即可满足空化性能要求。对于新一代高压补燃循环发动机，泵出口压力大幅增加，在涡轮泵结构尺寸和重量受限的情况下，不得不提高涡轮泵转速，此时仅安装诱导轮不足以提供使主泵不发生空化所必需的压力。为了进一步提升涡轮泵的抗空化能力，通常在主泵入口管路上游安装独立的预压涡轮泵。

在典型的围带式预压涡轮泵结构(图 2.2)中，核心增压部件为变轮毂高扬程诱导轮，其叶片出口做功段焊有涡轮叶片，从涡轮泵下游引出一股高压流体(高压液体或高温燃气)以驱动涡轮旋转，带动诱导轮叶轮旋转做功并产生扬程[3]。当选用来自燃气发生器的高温富氧燃气驱动涡轮时，燃气做功后汇入主流，进行复杂的掺混冷凝，此时必须合理设计掺混区结构，以保证主泵入口不含有非凝结性气体，避免因来流含气而降低主泵的空化性能。

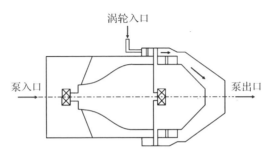

图 2.2 典型的围带式预压涡轮泵结构

2.1.2 诱导轮-离心泵

诱导轮是一种特殊轴流泵,位于主泵离心轮的入口,其作用是对来流进行适当增压,避免主泵发生空化。典型诱导轮结构如图 2.3 所示,其主要特点是叶片稠度较大、安装角较小、载荷较小,一般叶片数为 2～4 个。这些特点保证了诱导轮叶片外缘发生空化以后,有足够的空间让空泡溃灭在叶片流道内,不会发展至叶片流道出口,因此,诱导轮能够在一定空化条件下正常工作而不发生明显的扬程下降。在液体火箭发动机中,空化的危害一般集中于诱导轮或通过诱导轮向发动机整机传递[4]。由于等螺距平板式诱导轮具有结构简单、易于加工等优势,早期涡轮泵多采用该结构。随着空化流动特性相关基础研究的深入,通过合理控制螺距变化规律,可优化叶片载荷分布,在满足扬程需求的前提下,实现空化不稳定的有效抑制和较高的空化性能。目前变螺距诱导轮技术已经成功应用于多种型号的液体火箭发动机涡轮泵[5]。

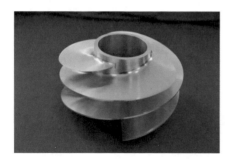

图 2.3　典型诱导轮结构

由于能够在高压下输送较大的流量,现代液体火箭发动机几乎都采用离心泵作为推进剂泵。典型离心泵结构包括入口部件、转子组件和出口部件 3 个基本组成部分。转子组件包括诱导轮、离心轮(图 2.4)、轴承和转轴,入口部件包括入口管路、吸水室等,出口部件包括扩压器、蜗壳等。流体沿轴向进入高速旋转的叶轮,经过增压后沿径向排出;经过扩压器适当减速,

图 2.4　典型离心轮结构

将速度头转化为压头。在环形蜗壳的引导下，流体流向泵出口。

为了平衡离心泵高速旋转所产生的轴向力和冷却轴承，通常在离心轮后布置精心设计的内流路，采用平衡活塞等方式降低变工况过程中轴向力的冲击。我国新一代高压补燃循环发动机涡轮泵采用的高低压双间隙结构，被证明具有较高的轴向力双向调节能力。如果氧化剂与燃料密度接近，为了保证发动机整机的紧凑性，涡轮、氧化剂泵和燃料泵通常采用同轴式布局，此时要保证氧化剂和燃料、高温燃气完全隔离开，尤其对于补燃循环发动机涡轮泵而言，高可靠性的端面密封技术尤为重要。

2.1.3　涡　轮

涡轮通常与离心泵同轴，其主要功能是将高温高压燃气的能量转化为机械能。典型涡轮结构如图 2.5 所示。根据燃气流过动叶时是否发生静压降，涡轮可分为冲击式涡轮和反力式涡轮。对于冲击式涡轮，燃气通过静止喷嘴流向动叶，在喷嘴中将燃气压力转化为动能，并产生静压降。燃气在进入动叶前已达到最大速度，在动叶中将燃气的动能传给转子，将其转化为机械能。在理想情况下，燃气经过动叶时，其静压保持恒定（不考虑摩擦的影响）。对于反力式涡轮，驱动力来自燃气在动叶中膨胀而产生的反作用力，在实际设计中，有一部分驱动力来自燃气对动

图 2.5　典型涡轮结构

叶的冲击。通常用反力度来表示通过动叶的静压降占通过喷嘴和动叶的静压降之和的百分比。冲击式涡轮多用于高压比、小流量的工况，如预压涡轮泵的涡轮；反力式涡轮多用于低压比、大流量的工况，如大部分推进剂泵涡轮。

与高温燃气驱动相比，利用来自泵下游的高压液体驱动液涡轮有时会更经济。液涡轮是指利用液流通过涡轮的压降来驱动涡轮，如我国新一代补燃循环发动机中煤油预压涡轮泵就采用了液涡轮。

2.1.4　轴承和密封

轴承的工作可靠性是决定涡轮泵工作可靠性的重要因素之一。涡轮泵转子由两个或以上的轴承所支承。轴承承受着整个涡轮泵转子所产生的轴向力和径

向力。作用在涡轮泵轴承上的轴向力由泵所产生的不平衡轴向力和作用在涡轮转子上的气动力与压差引起的轴向力等组成。作用在涡轮泵轴承上的径向力由转轴上旋转零件的不平衡所产生的离心力、运载火箭飞行时所产生的惯性力、蜗壳中压力分布不均匀产生的径向力等组成。目前我国各型液体火箭发动机涡轮泵几乎都采用高速滚珠轴承(图 2.6),其安装位置随涡轮泵总体方案而异。涡轮泵轴承通常采用泵所输送的推进剂来润滑和冷却,润滑冷却系统和密封问题因此得到简化。影响轴承工作可靠性的主要因素包括轴承的切向速度、载荷、轴向力与径向力匹配关系、加工精度和冷却剂流量等。为了提高轴承的工作寿命,除了改进轴承的设计,还须改进轴承的工作条件,通过合理的内流路设计以尽可能减小轴承所承担的轴向载荷和径向载荷。轴承是连接涡轮泵转动件与静止件之间的"纽带"。大推力液氧煤油发动机的轴承转速高、尺寸大,DN 值①超过 $200 \times 10^4 \mathrm{mm \cdot r/min}$,为目前国内的最高水平;稳态工作的载荷大,轴向载荷为 40kN;同时起动瞬间需承受大冲击载荷。这要求多次启停、长时间运转,且在液氧环境中可靠无磨损工作,因此高 DN 值重载长寿命轴承技术是涡轮泵研制中的关键技术之一。

图 2.6　涡轮泵用轴承

　　由于涡轮泵工作在高压力、高转速、大功率的极端环境中,因此,合理选择密封方式尤为重要。当前我国液体火箭发动机多采用组合式密封,即在离心轮凸肩等关键间隙位置采用迷宫密封或浮动环密封,在轴端采用动密封(图 2.7)。涡轮泵的动密封主要有两个作用:防止或尽可能减小相对转动部件间推进剂或流体的泄漏;提高效率并防止燃料和氧化剂接触,确保工作安全可靠。同时,适当的密封设计可为转子系统提供有效的阻尼和刚度。台阶型迷宫密封通过设置屏障降低动压头,从而减小泄漏量。要达到最理想的密封效果,需对齿数、齿距和齿高进行优化。

---

　　①　DN 值为轴承直径(D)与转速(N)的乘积。

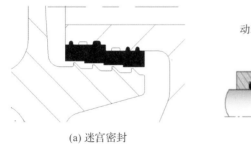

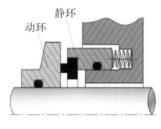

(a) 迷宫密封　　　　　　　　　　　　　　(b) 动密封

图 2.7　典型密封结构

2.2　主要做功部件设计

涡轮泵是液体火箭发动机中的高速旋转组件。一般对液体火箭发动机涡轮泵装置应有如下工作要求[2]。

①在规定的寿命期内,涡轮泵装置应为发动机提供满足需要的氧化剂与燃料、流量和压力。

②随着燃烧室压力的升高,涡轮泵的可靠性在整个发动机可靠性中占有重要地位,因此在发动机所有工况下,涡轮泵装置应满足发动机分配的可靠度要求。

③涡轮泵装置应当有较高的效率和尽可能高的抗空化能力。

④为提高发动机整机的性能,涡轮泵装置应有尽可能小的尺寸和重量。

⑤在满足上述各项要求的前提下,涡轮泵装置的各组件和零件应有较好的工艺性、可维修性和较低的生产成本。

在涡轮泵的设计中,要着重考虑以下相互关联的因素:推进剂性质;泵的扬程和流量;泵的比转速;泵的临界汽蚀余量;泵效率;涡轮总体性能和工作效率等。当为给定的发动机设计特定型式的涡轮泵时,没有一个简单的准则可以直接优化这些参数的相互关系。但是一般来说,泵的可用汽蚀余量和泵的流量-扬程特性将决定涡轮泵工作时的最大轴转速。轴转速越高,涡轮泵的重量越轻。泵转速确定后,可根据效率、重量、结构简单程度和其他因素来选择涡轮型式、涡轮传动布局和动力源。

2.2.1　诱导轮设计

安装诱导轮与否主要取决于推进剂泵对最低来流压力和汽蚀比转速(表征抗

空化能力的无量纲参数,其值越大,抗空化能力越强)等参数的需求。目前,我国所有泵压式液体火箭发动机涡轮泵的主泵都安装有诱导轮。安装诱导轮后,主泵临界汽蚀余量通常会降低至少 50%,相应汽蚀比转速也大幅提高,如图 2.8 所示[6]。泵的抗空化能力决定了涡轮泵的最高转速,也在一定程度上决定了泵的尺寸、重量和总体结构。

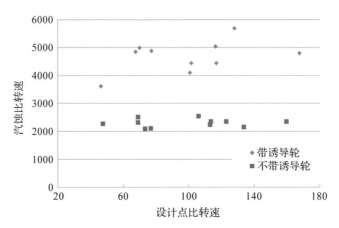

图 2.8   带诱导轮和不带诱导轮的离心泵的汽蚀比转速对比

在传统液体火箭发动机中,对于带诱导轮的离心泵,尤其要注意诱导轮与离心轮之间的能量匹配,根据主泵的抗空化能力需求确定诱导轮的扬程(扬程并不是越高越好)。按轴面流道形状不同,诱导轮可分为 4 种基本型式:圆柱形的叶尖和轮毂、圆柱形的叶尖和圆锥形的轮毂、圆锥形的叶尖和轮毂,以及带围带的有轮毂或无轮毂[6]。目前在我国高压补燃循环液氧煤油发动机中,主泵诱导轮通常以圆柱形叶尖和轮毂(或小锥度轮毂)型式为主,具有较好的抗空化能力,扬程一般不高。而预压涡轮泵诱导轮需同时兼顾扬程和抗空化性能,因此通常被设计成圆柱形叶尖和锥形轮毂的型式。

诱导轮的抗空化能力尤为重要,在设计中需要着重考虑。假设入口液流均匀、无预旋,则汽蚀余量可表示为[7]

$$\mathrm{NPSH_r} = \frac{c_1^2}{2g} + \lambda \frac{w_1^2}{2g} \tag{2.1}$$

式中,c_1 为入口绝对液流速度,w_1 为入口相对液流速度,λ 为诱导轮叶栅汽蚀系数。可见在一定来流工况下,诱导轮的抗空化能力主要取决于叶栅汽蚀系数 λ。根据 Brumfield(布伦菲尔德)准则,存在最佳流量系数 Φ,使得叶栅汽蚀系数最小,

即抗空化能力最佳,其表达式如下:

$$\lambda = \frac{2\Phi^2}{1-2\Phi^2} \qquad (2.2)$$

因此,应尽可能保证诱导轮额定工况处于最佳流量系数附近。根据试验统计结果,诱导轮离心泵的叶栅汽蚀系数与诱导轮结构参数满足以下关系[6]:

$$\lambda = \frac{2.8}{K^3} + 0.21\sqrt{\tau} + \frac{0.11}{\sqrt[6]{L}} + \frac{0.03}{1+0.1(WD \times 10^4)} - 0.091 \qquad (2.3)$$

式中,K 为当量直径速度系数,τ 为诱导轮叶片入口边相对厚度,WD 为叶片入口段楔形度。

设计诱导轮时,应尽量采用已有的成功的结构方案;只有在现有结构方案无法满足设计要求时,才需考虑新的结构方案。在新的结构方案中,应尽量选用成熟技术和零件材料。诱导轮设计流程如图 2.9 所示。首先收集、整理国内外研究

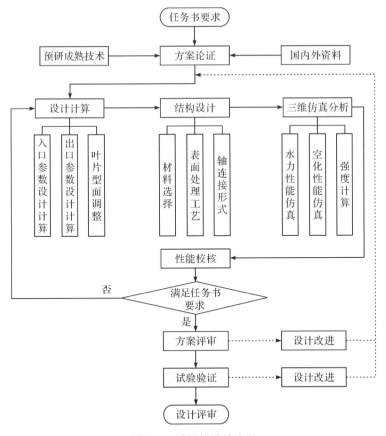

图 2.9　诱导轮设计流程

成果和资料,结合现有产品的成功经验和技术,分析任务书指标要求,进行方案论证;然后进行一维水力设计计算,根据任务书临界汽蚀余量、离心轮所需诱导轮扬程等技术指标,结合现有经验参数和计算方法确定进出口叶轮参数,调整叶片型面参数,实现性能参数最优化;最后充分考虑生产工艺水平和现有零件备料,明确诱导轮材料、表面处理工艺、轴连接形式等结构设计方案。

利用三维数值模拟分析软件对设计的诱导轮进行性能计算和校核,具体包括水力性能数值模拟、空化性能数值模拟和强度计算。然后通过分析过流部件流动细节进行结构参数优化,进一步指导一维设计,直至性能参数满足任务书要求。最后根据设计方案加工诱导轮产品,开展验证试验,指导一维设计和三维数值模拟分析,这期间要进行多轮反复迭代。考虑到试验的成本、周期等因素,要充分利用快速发展的三维数值模拟技术以缩短设计周期。

一台设计良好的诱导轮除了能提供足够的扬程,避免主泵发生空化,更重要的是应尽量保证诱导轮离心泵的临界汽蚀余量小于单独诱导轮的临界汽蚀余量,这样诱导轮-离心泵整体的空化性能就由诱导轮决定。如图 2.10 所示,该诱导轮离心泵扬程已经下降 3%,根据航天用涡轮泵设计准则,当推进剂泵扬程下降 2.5% 时,可认为涡轮泵内发生严重空化,不适宜继续长期工作。但从图 2.10 中可看到空化区主要集中在诱导轮内部,离心泵叶片流道内未见明显空化,即该型诱导轮离心泵的抗空化能力主要由诱导轮决定,该型诱导轮设计是成功的。

图 2.10 某型诱导轮离心泵扬程下降 3% 时的空化区分布

考虑到空化物理过程的复杂性,当前要通过数值模拟准确预测诱导轮离心泵内的空化流动特性仍具有一定难度。高精度空化数值模拟方法是诱导轮设计中的关键技术之一。试验方面,基于高速摄像的可视化技术是揭示诱导轮内部空化流动细节的重要手段,也是诱导轮设计中的关键技术之一,可为数值模拟方法验证和设计校核提供重要的试验数据支撑。

2.2.2 离心泵设计

早期离心泵的设计是基于 Bernoulli(伯努利)方程和动量矩定理等基本方程式开展的,主要依靠设计人员的经验以及大量的水力性能试验数据。液体火箭发动机对泵的工作转速、性能及可靠性要求相较于传统民用泵更为严苛,仅仅依靠传统经验开发的水力模型已不能满足需求[8]。由于泵内部存在极其复杂的流动,设计人员在设计中会对轴面流动做出一些假设,利用简化后的流动代替原有的复杂流动。基于不同的方法,形成了一元流动理论、二元流动理论和三元流动理论[9]。

　　一元流动理论基于无限叶片数假设,假定泵的各个流道内流体流动状态近似,且沿同一过流断面均匀分布,轴面速度仅沿轴面流线这一个坐标变化。一元流动理论是众多离心轮设计方法的基础,包括速度系数法、模型换算法、加大流量设计法和无过载设计法[9]。二元流动理论的基础是有势流动理论,考虑了轴面速度沿过流断面的变化。三元流动理论在二元流动理论的基础上增加了对轴面速度沿轴面变化的计算。著名的叶轮机械两类相对流面理论把复杂三元流动转化为两个二元流动,使得分析计算大为简化[10]。在计算过程中,一个流面的正确解一般依赖于另一个流面得出的解,两个流面上的解相互耦合,通过逐次逼近的方法持续进行相互迭代,直至收敛到相应的精度。随着计算机技术的快速发展,目前已可以实现基于三元流动理论的泵设计,基于计算修正后的几何参数进行反复计算迭代可得到较好的水力模型[11]。

　　针对液体火箭发动机的特殊需要,设计人员发展了不同于传统应用的泵设计方法。根据发动机系统要求,选择适当的汽蚀比转速和诱导轮型式,在设计工况下尽可能地获得较高的转速。单级离心泵重量轻、结构简单,设计时可以优先考虑[2]。目前我国新一代高压补燃循环发动机中,氧泵和燃料泵均采用单级离心轮。

　　离心泵的比转速和汽蚀比转速确定后,尽可能在现有同类泵中,找出一个与要求性能近似的"设计模型"。如果有合适的模型,新泵的设计就可以基于早先的设计进行比例换算。为了达到相同的性能,泵的所有尺寸尽量按系数成比例关系,其中包括表面粗糙度和密封间隙尺寸。

　　扬程、流量和汽蚀比转速等总设计参数确定后,离心泵的设计可以分两步:首先选定速度和叶片角,获得要求的性能和最佳效率;进一步根据选定的角度和面积设计叶轮的草图(图 2.11),基于一维或准三维的数值

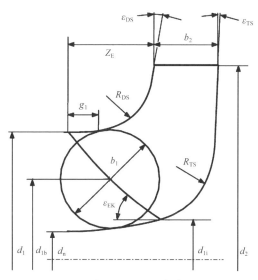

图 2.11　离心泵叶轮几何参数

方法对设计的结构进行验证和确认。在此过程中,需根据数值计算结果反复迭代,直至设计性能满足系统要求。根据现有设计经验,基本设计参数应满足以下要求:入口流量系数应保证诱导轮出口到叶轮入口的子午线速度保持不变;出口处的叶轮圆周速度取决于材料强度;叶片入口安装角应略大于入口液流角,保证来流处于较小的正攻角范围,当要求离心泵在较宽的流量范围内工作时,来流攻角应调整至在整个要求范围内不会发生空化和失速。为了避免空化,叶轮入口处的叶片通常较少,因此现代液体火箭发动机涡轮泵多采用长短叶片的结构型式,同时需根据充分的流动分析,确定短叶片前缘在叶片流道中的位置。

出口部件的结构必须将载荷从泵传递到发动机支承系统,同时必须提供流动通道以有效收集从叶轮排出的高速工质,将动能转化为压力能,并使作用在旋转件上的径向载荷尽可能小。出口部件的结构虽然不产生压头,但若设计得不好,就会显著降低压头和效率。

在火箭发动机涡轮泵中,采用两种基本型式的出口部件:普通蜗壳和带扩压器蜗壳。后者具有更高的泵壳强度。前者叶轮排出的流体进入截面渐增的蜗壳通道里,速度头向压头的转换主要发生在蜗壳和蜗壳之后的锥形出口管中;后者叶轮排出的流体首先进入装有叶片的扩压器中,扩压发生在扩压器叶片之间。我国新一代补燃循环发动机涡轮泵均采用带扩压器的蜗壳。设计人员通过对叶轮出口动静干涉区域流动特性的深入研究,提出了能够有效抑制动静干涉振幅的圆管式扩压器(图 2.12),形成了相应的设计流程(图 2.13)。

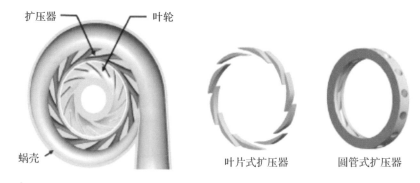

图 2.12 扩压器

在液体火箭发动机涡轮泵中,离心泵产生的压力和旋转部件的面积都很大,对转子系统产生几十千牛到几百千牛的轴向力,所以必须采用一定的方法平衡轴向力,确保涡轮泵在大范围变工况下可靠工作。涡轮泵结构中的轴向力平衡系统

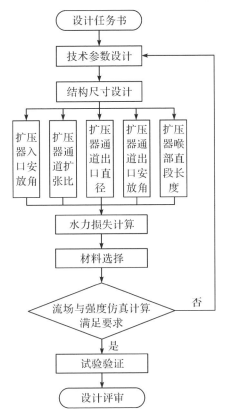

图 2.13 扩压器设计流程

通常采用平衡鼓、平衡盘和平衡活塞等结构形式。平衡鼓只能平衡恒定的轴向力,常用在小功率的预压涡轮泵中。平衡盘的平衡能力没有平衡活塞强,当轴向力不能平衡时,存在盘面摩擦的问题,常用在工况变化范围不大、轴向力变化范围较小的涡轮泵中。平衡活塞一般配置在离心轮后盖板上。利用离心轮出口的高静压提高平衡活塞的平衡能力和灵敏度,根据高低压节流间隙的变化,调节平衡腔内的压力分布,具有自动平衡轴向力的能力,常用在大范围变工况的涡轮泵中。当前我国大推力补燃循环发动机主涡轮泵多采用平衡活塞来平衡轴向力(图 2.14)。俄罗斯在研制涡轮泵组件时,采用传统方法设计的平衡活塞只有单个可调节的轴向间隙,即只能通过调节低压间隙来调整平衡腔压力以实现所需的轴向力。与单间隙平衡活塞相比,具有两个可调间隙的平衡活塞具有更大的刚度、更强的轴向力调节能力。这种平衡活塞方案的缺点是泄漏量较大,会降低涡轮泵效率。对于大推力发动机上的高速、高压涡轮泵,仅在离心轮后盖板上设置单间隙平衡活塞可能无法大幅调整泵轴向力。在我国 500 吨级重型运载火箭发动机研制过程中，设计人员提出了带反涡流肋片结构的平衡活塞，从而大幅改变了后盖板轴向力。基于大范围变工况离心泵技术设计的高速离心泵（图 2.15）可以满足推力范围 30%～110%的发动机需求。

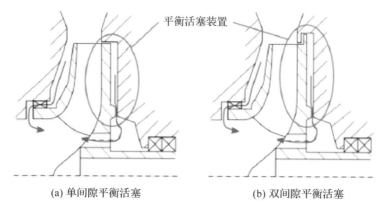

(a) 单间隙平衡活塞　　　　　　　　　(b) 双间隙平衡活塞

图 2.14　单间隙和双间隙平衡活塞

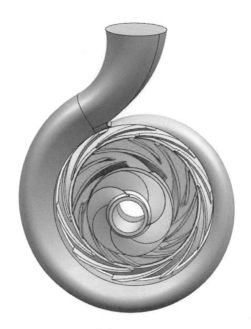

图 2.15　某高速离心泵三维效果

发动机可重复使用和可回收的需求,要求涡轮泵在更宽的范围内可靠工作。目前的研制经验表明,我国补燃循环发动机涡轮泵在额定工况下能可靠工作,但是在低工况下可能出现振动量级大幅增加的情况,同时由于低工况流动更为复杂,数值预测精度变差,试验风险也大幅增加,因此大范围变工况离心泵设计是大功率涡轮泵研制中的关键技术之一。

2.2.3　涡轮设计

涡轮是液体火箭涡轮泵的核心部件之一,是将高温高压燃气的能量转化为机械能的叶轮机械。涡轮部件的设计必须在安全可靠的前提下满足结构紧凑、输出功率密度高的要求,因此涡轮入口的工质温度和压力很高,其内部通常为跨声速或超声速流动,且涡轮转速在 10000r/min 以上。由于涡轮内部的高温高压流体与涡轮叶片相互作用,同时高速旋转的叶轮使得流体产生了巨大的离心力,因此涡轮级内和级间流动规律更为复杂,同时涉及气动和结构强度等多学科问题。根据气体流动方向的不同,涡轮分为轴流式涡轮和径流式涡轮。液体火箭发动机通常采用轴流式涡轮。根据工作特点的不同,轴流式涡轮可分为冲击式涡轮和反力式涡轮;根据喷嘴出口马赫数的不同,轴流式涡轮又可分为亚声速、跨声速和超声速涡轮。补燃循环液体火箭发动机的涡轮工质在经过涡轮做功后进入推力室补充燃烧,其涡轮压比一般为 1.6~2.0,采用单级涡轮的喷嘴出口马赫数一般为 0.8~1.2,属于跨声速涡轮。综合考虑涡轮效率和轴向力的要求,补燃循环液体火箭发动机的涡轮反力度一般取 0.1~0.3,属于低反力度涡轮。

作为叶片机,涡轮气动设计的基本理论包括一维设计、S1/S2 流面设计、三维设计等。其中,一维设计是确定涡轮设计方案的基础,S1/S2 流面设计是控制叶型损失和径向流动的重要步骤,三维设计是改善叶片流道内二次流动并进一步优化涡轮性能的必要措施。20 世纪 90 年代以来,随着 CFD 技术的快速发展和应用,全三维流场数值计算已经成为预测涡轮性能和指导优化设计的重要工具。因此,现行的涡轮气动设计方法涵盖了一维设计、S1/S2 流面设计、三维设计和流场数值模拟评估等方面。此外,在结构设计方面,也广泛采用有限元法评估涡轮转子和壳体的强度、振动安全性、疲劳寿命等性能。涡轮设计流程如图 2.16 所示。

对于高压补燃循环发动机,涡轮部件在高温富氧环境中工作,氧含量大于90%,氧化腐蚀性强,工作温度接近 900K,超过了基体材料的着火点温度;工作压力接近 60MPa,局部气流速度达 750m/s,冲刷剧烈;冷热环境及多次启停导致的热疲劳问题突出,而高温热防护涂层可使基体材料的着火点温度提高约 200K,同

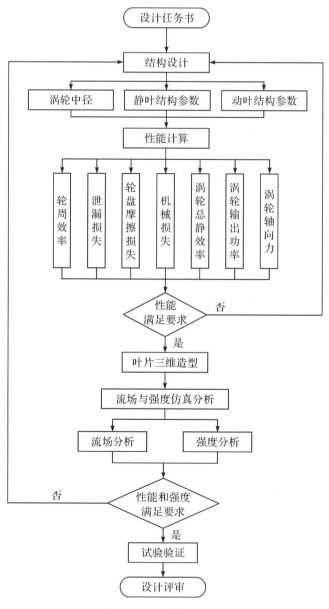

图 2.16 涡轮设计流程

时可有效地隔离基体与燃气，提高抗冲刷性能。因此，高温抗烧蚀涡轮技术以及耐高温、抗冲刷热防护涂层技术是发动机涡轮研制中的关键技术。

参考文献

［1］谭永华.液体火箭发动机结构动力学理论及工程应用［M］.北京：中国宇航出版社，2022.

［2］休泽尔，等.液体火箭发动机现代工程设计［M］.朱宁昌，等译.北京：中国宇航出版社，2004.

［3］李向阳.火箭发动机变螺距诱导轮预压涡轮泵技术研究［D］.西安：西安电子科技大学，2007.

［4］项乐，许开富，陈晖，等.液体火箭发动机涡轮泵低温空化实验研究进展［J］.航空学报，2023，44(7)：19-37.

［5］项乐，李春乐，许开富，等.诱导轮超同步旋转空化传播机理［J］.火箭推进，2022，48(2)：76-85.

［6］潘中永，袁寿其.泵空化基础［M］.镇江：江苏大学出版社，2013.

［7］陈晖.诱导轮空化诱发不稳定性的研究［D］.西安：中国航天科技集团有限公司第六研究院第十一研究所，2008.

［8］加洪，等.液体火箭发动机结构设计［M］.任汉芬，颜子初，等译.北京：宇航出版社，1992.

［9］袁寿其，曹武陵，金树德，等.低比转速离心泵的理论与设计［J］.排灌机械，1992，10(3)：29-36.

［10］曹树良，梁莉，祝宝山，等.高比转速混流泵叶轮设计方法［J］.江苏大学学报(自然科学版)，2005，26(3)：185-188.

［11］陈红勋，朱荣生.螺旋离心泵叶轮结构参数的定义与确定［J］.农业工程学报，1997，13(3)：98-101.

第3章 离心泵动静干涉流动特性

离心泵动静干涉流动是涡轮泵流体激振中最为重要且不可避免的激励源之一。深入认识和剖析其流动机理以及敏感性因素影响规律，可为涡轮泵减振提供基础。在离心泵流体激励结构振动研究中，非定常流场数值模拟是整个研究的关键。一方面，流场的求解精度直接关系到流固耦合振动求解的可靠性；另一方面，对泵内复杂流动机理的解释可促进对流固耦合激振现象本质的深入认识。

本章介绍了离心泵内复杂瞬变流常用的数值模拟方法，并以某型发动机涡轮泵为研究对象，研究了离心轮与扩压器之间的动静干涉流动特性，揭示了动静干涉流动机理；还研究了诱导轮与离心轮时序效应对泵内动静干涉效应的影响及产生机理，以确定振动最小条件下的诱导轮与离心轮的最佳匹配方案。

3.1 数值模拟方法

3.1.1 流体控制方程

自然界中流体的流动均遵循质量守恒、动量守恒和能量守恒三大定律。流体力学中用来表达三大定律的控制方程为 N-S 方程。离心泵中的流体流动属于三维不可压缩的非定常黏性流动，在不考虑热量传递的情况下，N-S 方程可表示为

连续方程
$$\frac{\partial u_i}{\partial x_i} = 0 \tag{3.1}$$

动量方程
$$\frac{\partial(\rho u_i)}{\partial t} + \frac{\partial(\rho u_i u_j)}{\partial x_j} = -\frac{\partial p}{\partial x_i} + \frac{\partial}{\partial x_j}\mu\left(\frac{\partial u_i}{\partial x_j}\right) + S_i \tag{3.2}$$

式中，ρ 为流体密度，t 为时间，u_i 为方向 i 的速度，p 为压力，μ 为流体动力黏性系数，S_i 为有势力源项（如重力等，一般可忽略）。

3.1.2　数值求解方法

三维 N-S 方程的求解方法主要分为直接数值模拟（direct numerical simulation，DNS）和非直接数值模拟两大类。非直接数值模拟又包括大涡模拟（LES）、雷诺时均（RANS）和分离涡模拟（detached eddy simulation，DES）等方法。

（1）直接数值模拟（DNS）

直接数值模拟是指从完全精确的流动控制方程出发，对所有尺度的湍流流动进行最精细的数值模拟，以获得湍流场的全部信息。但由于湍流脉动具有宽带的波数谱和频谱，因此 DNS 方法需要较高的时间和空间分辨率。此外，为了求得湍流统计特性，需要足够多的样本流动。如果湍流是时间平稳态，就要有足够长的时间序列，在充分发展的湍流中，通常需要 10^5 以上的时间积分步[1]。因此，目前 DNS 方法仅应用于中等以下雷诺数的简单湍流流动的数值计算，而离心泵内流场这类复杂流动的模拟已经远远超出现有计算机的计算能力。

（2）大涡模拟（LES）

大涡模拟是基于对湍流流动物理过程的认识发展起来的。湍流流动由许多尺寸不同、杂乱堆集的旋涡（vortex，简称涡）形成。旋涡的最大尺度与流动的整个空间有相同的量级，大尺度旋涡带动大部分湍动能，而小尺度旋涡负责湍动能的耗散。目前能够采用的计算网格的最小尺寸远远大于流场中最小涡的尺度，因此 LES 方法放弃了对全尺度范围内涡运动的模拟，用 N-S 方程将比网格尺寸大的湍流流动直接计算出来，通过滤波将小尺寸涡过滤掉，然后通过建立模型来模拟小尺度涡对大尺度涡的运动的影响[2]。

LES 的控制方程为

$$\frac{\partial \bar{u}_i}{\partial t} + \frac{\partial}{\partial x_j}(\bar{u}_i\,\bar{u}_j) = -\frac{1}{\rho} \cdot \frac{\partial \bar{p}}{\partial x_i} + \frac{\partial}{\partial x_j}\left[\nu\left(\frac{\partial \bar{u}_i}{\partial x_j} + \frac{\partial \bar{u}_j}{\partial x_i}\right)\right] + \frac{\partial \bar{\tau}_{ij}}{\partial x_j} + S_i \tag{3.3}$$

$$\bar{\tau}_{ij} = \bar{u}_i\,\bar{u}_j - \overline{u_i u_j} \tag{3.4}$$

式中，$\bar{u}_i$ 和 $\bar{u}_j$ 分别为方向 i 和 j 的时均速度，$\bar{p}$ 为时均压力，$\bar{\tau}_{ij}$ 为亚格子应力。

要实现 LES，必须构造亚格子应力的封闭模式。目前使用最为广泛的亚格子应力模型为 Smagorinsky（斯马戈林斯基）模型：

$$\bar{\tau}_{ij} - \frac{1}{3}\delta_{ij}\bar{\tau}_{kk} = -2\nu_T \bar{S}_{ij} \tag{3.5}$$

式中,$\overline{S}_{ij}$ 为应变率张量,ν_T 为亚格子涡黏系数,可表示为

$$\nu_T = (C_s\Delta)^2\,|\overline{S}|$$

$$|\overline{S}| = \sqrt{2\,\overline{S}_{ij}\overline{S}_{ij}} \tag{3.6}$$

式中,Δ 为过滤尺度,$C_s\Delta$ 相当于混合长度,C_s 称为 Smagorinsky 常数。

Lilly[3]利用 $-5/3$ 湍动能谱,确定 Smagorinsky 系数如下:

$$C_s = \frac{1}{\pi}\left(\frac{2}{3C_k}\right)^{3/4} \tag{3.7}$$

式中,$C_k = 1.4$ 为 Kolmogorov(科尔莫戈罗夫)常数。由此可知 $C_s \approx 0.18$。

LES 是介于 DNS 和 RANS 之间的一种湍流计算方法。对主流大尺度涡进行 DNS,可以精确地捕捉到流场的一些主要流动特征,近年来已被逐步应用于一些简单小型离心泵内流场的非定常模拟[4-6]。然而,对于高转速大型复杂离心泵(如火箭发动机涡轮泵)来说,LES 方法在高雷诺数条件下对近壁面处的网格要求过大,直接利用 LES 方法进行全流场求解显然很不现实。

(3)雷诺时均(RANS)

考虑到实际工程中一般只需预测湍流平均速度、平均标量场、平均作用力等参数即可,可通过对瞬态 N-S 方程做时间平均处理,即把时均值和脉动值代入黏性流动的基本方程中,然后平均化,同时补充反映湍流特性的其他方程,如此不仅可以极大地减小计算量,而且在实际工程应用中可以取得较好的效果[7]。

RANS 方法是目前离心泵流场数值模拟中使用最为广泛的方法,其将湍流速度和压力分解为时均值和脉动值:

$$u_i = \overline{u}_i + u_i' \tag{3.8}$$

$$p = \overline{p} + p' \tag{3.9}$$

式中,$\overline{u}$ 和 $\overline{p}$ 分别为时均速度和时均压力,u' 和 p' 分别为脉动速度和脉动压力。

将式(3.8)和式(3.9)代入式(3.1)和式(3.2)中,即可得到时均化的 N-S 方程:

$$\frac{\partial \overline{u}_i}{\partial x_i} = 0 \tag{3.10}$$

$$\frac{\partial}{\partial x_j}(\rho\,\overline{u}_i\,\overline{u}_j) = -\frac{\partial \overline{p}}{\partial x_i} + \frac{\partial}{\partial x_j}\left(\mu\,\frac{\partial \overline{u}_i}{\partial x_j} - \rho\,\overline{u_i'u_j'}\right) + S_i \tag{3.11}$$

式中,$\rho\,\overline{u_i'u_j'}$ 为雷诺应力项,代表湍流脉动对时均流动的影响。式(3.11)本质上表示了 3 个方程。

式(3.10)和式(3.11)即为 RANS 方程。与经典 N-S 方程相比,由于雷诺应力项的引入,上述 4 个控制方程含有 10 个未知参数。为了封闭方程组,需引入湍流模型来描述雷诺方程,进而将湍流的时均值与脉动值联系起来。目前国内外学者已经发展了多种湍流模型以适用不同的求解问题。在离心泵中,使用最多的湍流模型为 SST k-ω 模型。该模型是 1994 年 Menter[8] 在标准 k-ω 模型的基础上发展起来的,其在近壁区域采用 k-ω 模型计算,在远离壁面区域采用 k-ε 模型计算。该模型同时具有 k-ω 模型计算近壁区域黏性流动的准确性以及 k-ε 模型计算远场自由流动的精确性,即使在存在流动分离的情况下也能获得较为准确的求解结果,因此在工程中得到了广泛的应用。然而,RANS 方法对流场进行了时均化处理,导致其在流场精细化数值模拟方面受到限制,很难精确预测离心泵内非定常流动结构以及旋涡演化过程,不利于对复杂流动现象的机理进行解释。

(4)分离涡模拟(DES)

考虑到 LES 方法在高转速大型复杂离心泵(如火箭发动机涡轮泵)流场模拟中的应用限制以及 RANS 方法在精细化数值模拟方面的缺陷,基于 LES 与 RANS 的混合方法——分离涡模拟于 1999 年由 Spalart 提出。该方法在湍流边界层采用 RANS 方法进行计算,在其他区域则采用 LES 方法求解。因此,DES 方法结合了 LES 与 RANS 方法的优点,在能够捕捉较为精确的流场细节的基础上节省了大量求解时间。

本章将采用基于 SST k-ω 模型的 DES 方法对涡轮泵进行非定常全流场模拟。首先用该方法定义一个湍流尺度 $\bar{l}$:

$$\bar{l} = \min(l_{k\omega}, C_s\Delta) \tag{3.12}$$

式中,$l_{k\omega}$ 为 SST k-ω 模型中的湍流尺度。

当 $l_{k\omega} > \Delta$ 时,该模型为 SST k-ω 模型;当 $l_{k\omega} < \Delta$ 时,则转而用 LES 模型进行求解。

3.1.3　计算模型及设置

本章研究对象为全尺寸涡轮泵,转速为 17300r/min,流体介质为低温液氧,密度为 1086.9kg/m³,黏性系数为 1.5×10^{-4} Pa·s。为了确保数值模拟结果的可靠性,我们考虑了前后泄漏区域的影响,建立了离心泵计算域(图 3.1)。该模型包含吸入室、诱导轮、离心轮、扩压器、蜗壳、前后泄漏腔以及出口管路共 8 个流域。此外,为了消除进出口边界扰动的影响,将泵入口及出口管路沿直线延长一段距离。

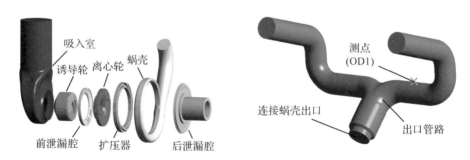

图 3.1　离心泵计算域

　　为了提高模型求解效率及收敛性,利用 ANSYS ICEM 软件对各流域进行六面体结构化网格划分。离心泵计算域网格划分如图 3.2 所示,其中左图为全流域轴向截面图,右图为离心轮叶片以及扩压器叶片壁面网格特写。对各壁面区域的网格进行加密,使得离心轮叶片以及扩压器叶片等关键壁面平均 y^+ 值小于 10,其余壁面平均 y^+ 值小于 300,以满足计算要求并且尽可能地捕捉关键流域边界层内的流动特性。

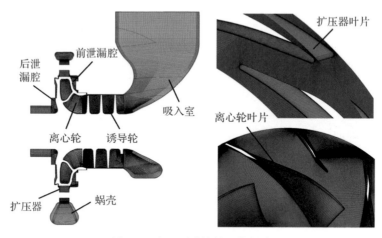

图 3.2　离心泵计算域网格划分

　　为了寻找合适的网格密度,采用 4 套网格方案进行网格无关性验证,计算结果如表 3.1 所示。可以看出,当网格数超过 3158 万时,计算效率基本一致,方案 2 与方案 4 计算的效率相差不超过 0.2 个百分点。为了更准确地捕捉流场细节,最终选取方案 3(网格数约 6655 万)开展流场数值模拟。

表 3.1　网络无关性验证计算结果

方案	网格数/10^6					效率/%
	诱导轮	离心轮	扩压器	蜗壳	总数	
方案 1	2.761	7.139	2.109	2.817	19.922	71.1356
方案 2	6.798	9.913	4.797	3.426	31.581	71.4987
方案 3	11.096	22.326	9.534	11.128	66.556	71.5684
方案 4	16.783	32.182	14.271	18.398	106.443	71.6373

利用 ANSYS CFX 软件对离心泵内三维不可压缩流场进行数值求解。首先采用 RANS 方法对稳态流场进行求解,将求解结果作为非定常流场数值模拟的初场。然后选取 SST $k\text{-}\omega$ 模型作为湍流模型,采用自动壁面函数算法对壁面进行处理,在动静耦合交界面采用冻结转子(frozen rotor)模型进行数据传输,将收敛精度设置为 1×10^{-5}。针对复杂模型难收敛的现象,先以一阶格式进行计算,并且控制物理时间尺度以使计算结果收敛,再以收敛的结果作为初值,选取高精度格式继续计算,直至整个定常结果收敛。

对于非定常数值模拟,采用 DES 方法进行求解,空间离散满足二阶精度,时间离散采用二阶向后欧拉格式,在动静耦合面采用瞬态转子-静子(transient rotor-stator)模型进行模拟。在时间步设置方面,当每个时间步内转子转过角度 $\Delta\varphi\leqslant3°$ 时,即可获得较为稳定的瞬态结果[2,9]。基于此,本章非定常模拟选取时间步为转子转动角度 $\Delta\varphi=2.5°$ 对应的时间,即每个旋转周期对应 144 个时间步,对于采取 12 个叶片的离心轮,每个叶片流道对应 12 个时间步。在各时间步内,将最大迭代步数设置为 10,将收敛精度同样设为 1×10^{-5}。非定常模拟共进行了 20 个周期的计算。从数值模拟结果看,计算 8 个周期后,基本可获得较为稳定的周期性收敛结果,最终选取最后 10 个周期的计算结果进行后续分析。边界条件方面,根据涡轮泵真实试车状态测量值定义总压入口以及质量流量出口边界条件,对各壁面均给定无滑移边界条件。

3.1.4　试验验证

由于普通水力性能试验转速无法达到额定转速 17300r/min,因此通过两部分试验对数值模拟结果进行验证:通过泵水力性能试验结果对泵外特性数值模拟结果进行验证;通过与发动机热试车测点(图 3.1 中测点 OD1)测量结果比较,对非定常流场数值模拟结果进行验证。

涡轮泵水力性能试验在西安航天动力研究所涡轮泵水力试验中心进行,装配过程中,控制诱导轮叶片尾缘位于离心轮相邻主叶片正中间,后续均以此状态的数据为基础分析数值模拟结果。试验介质为常温水,试验转速为 9000r/min。试验测量了 7 种不同流量下的扬程及效率,并按相似准则换算到额定转速下,与数值结果进行对比。

涡轮泵外特性数值与试验结果如图 3.3 所示。在整个流量范围内,数值与试验结果吻合较好。总体上数值结果大于试验结果,在低工况下误差相对较大,在额定工况下误差很小,扬程和效率误差分别为 1.52% 和 2.73%。这充分验证了额定工况下泵外特性数值结果的可靠性。

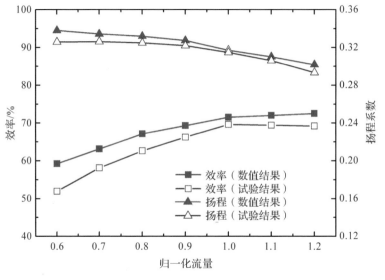

图 3.3 泵外特性数值与试验结果[①]

泵出口测点(OD1)压力脉动数值与试验结果如图 3.4 所示。可以看出,两者时域信号吻合较好,压力系数峰峰值大小基本相当,总体误差小于 5%。由频域结果可知,数值结果能够准确捕捉压力脉动主导频率及幅值。该测点压力脉动由 6 倍频($6f_r$)[②]和 12 倍频($12f_r$)主导,该频率由离心轮与扩压器之间的动静干涉效应引起,其中 6 倍频为离心轮长叶片通过频率(f_{MBPF}),12 倍频为离心轮总叶片通过

---

① 扬程系数(ψ)为对扬程做无量纲处理后的参数,用于表示扬程特性。

② f_r 表示转动频率,简称转频。

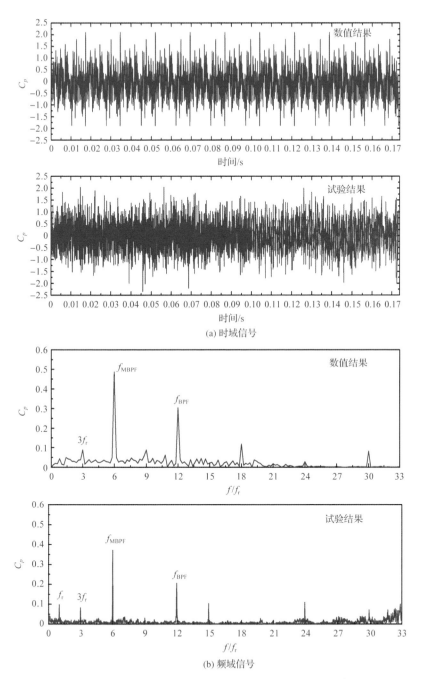

(a) 时域信号

(b) 频域信号

图 3.4　泵出口测点(OD1)压力脉动数值与试验结果①

① 压力系数 C_p 为经归一化处理的参数。

频率(f_{BPF})。然而,由于发动机热试车环境的复杂性,试验所得的涡轮泵压力脉动频谱与数值结果相比更为复杂,除动静干涉频率之外,还出现了较高的1倍频(f_r)以及高频宽频幅值。总体来说,该数值方法能够准确捕捉复杂离心泵内动静干涉压力脉动特性,这也为后续动静干涉非定常流动特性及机理的研究提供了基础。

3.2 动静干涉非定常流动特性

3.2.1 压力脉动强度分析

为了对离心泵整个旋转周期内流场压力脉动强度进行评估,引入压力脉动标准差与离心轮出口处动压进行无量纲化,定义压力脉动强度系数 C_{psd} 如式(3.13)所示。该评估方法的优势在于能够获得流场内压力脉动强度分布情况,较为直观地定位流场内高压力脉动发生的具体位置。

$$C_{psd} = \frac{\sqrt{\frac{1}{N}\sum_{i=1}^{N}\left(p(x,y,z,t_i) - \frac{1}{N}\sum_{i=1}^{N}p(x,y,z,t_i)\right)^2}}{\frac{1}{2}\rho U_2^2} = \frac{\sqrt{\frac{1}{N}\sum_{i=1}^{N}(p-\bar{p})^2}}{\frac{1}{2}\rho U_2^2} \quad (3.13)$$

式中,N 为一个计算周期内的时间步数,即周期内的压力采样数;$p(x,y,z,t_i)$ 为节点 (x,y,z) 在第 i 个时间步的静压大小;U_2 为离心轮出口圆周速度。

诱导轮内不同叶高截面的压力脉动强度分布如图3.5所示。可以看出,总体上诱导轮内压力脉动强度较小,高压力脉动仅存在于诱导轮叶片出口处以及入口

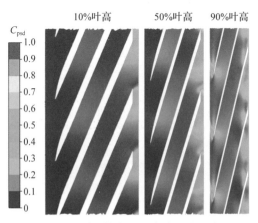

图 3.5 诱导轮内压力脉动强度分布

叶顶附近。这可能与离心轮入口回流以及诱导轮叶顶间隙处存在的泄漏涡等现象相关。值得注意的是，压力脉动强度系数 C_{psd} 的分布是周期内的统计结果，它与具体的时间点以及动静部件相对位置无关。

离心轮、扩压器和蜗壳内不同叶高截面的压力脉动强度分布如图 3.6 所示。与图 3.5 相比，离心轮、扩压器和蜗壳流域内的压力脉动水平明显高于诱导轮流域的压力脉动水平，并且在不同叶高截面基本分布一致。离心泵内高压力脉动区域主要分布在扩压器入口附近，尤其是靠近隔舌的叶片流道内，并且随着与隔舌距离增大，高压力脉动区域逐渐减小。此外，离心轮流域内整体压力脉动水平也比较大。针对以上分析结果，后续将针对离心轮、扩压器和蜗壳内的高压力脉动区域的压力脉动频谱进行分析，对高压力脉动区域的产生原因进行解释。

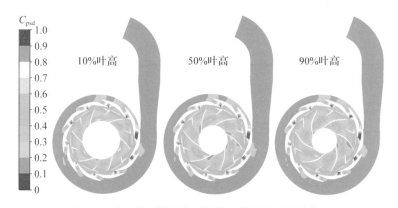

图 3.6　离心轮、扩压器和蜗壳内压力脉动强度分布

3.2.2　压力脉动频谱分析

为了获得离心泵内非定常压力脉动特性，我们根据上述压力脉动强度分析结果，选取脉动水平相对较高的离心轮、扩压器和蜗壳流域进行压力脉动频谱分析。

离心泵内非定常数值模拟的压力测点布局如图 3.7 所示，其中离心轮内的 4 个测点 IMP1～4 分别位于离心轮主叶片入口处、主叶片吸力面中心、主叶片压力面中心以及分流叶片入口处；离心轮与扩压器之间动静干涉区域的 5 个测点 RS1～5 沿周

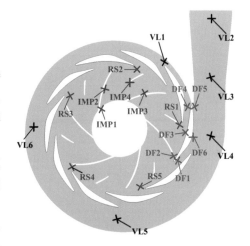

图 3.7　离心泵内压力测点布局

向均布于动静间隙处并靠近扩压器叶片入口;扩压器内的 6 个测点 DF1~6 均布于靠近隔舌处的叶片四周;蜗壳域内的 6 个测点中,VL1、5、6 沿周向均布于螺旋管内,VL2~4 位于出口扩压管中线上。

离心轮内 4 个测点(IMP1~4)的压力脉动频谱如图 3.8 所示。可以看出,各测点处均出现较为明显的 10 倍频(10f_r,即扩压器叶片通过频率)频率成分,并且

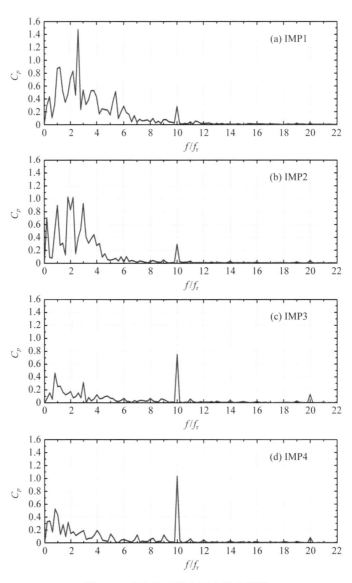

图 3.8　离心轮内测点压力脉动频谱

随着测点与动静干涉区域之间距离的增加,该脉动频率幅值逐渐减小,这也表明该频率成分与离心轮和扩压器之间的动静干涉效应相关。实际上,Tanaka 等[10]在理论分析水泵水轮机导叶和转子之间的动静干涉时就指出,动静干涉效应引起的压力脉动特征频率在转子域表现为 $Z_s \times f_r$ 及其倍频 $n \times Z_s \times f_r$,在静子域则为 $Z_r \times f_r$ 及其倍频 $n \times Z_r \times f_r$,其中 Z_s 为静子叶片数,Z_r 为转子叶片数,n 为任意正整数。由此可知,本章所研究的离心泵中,离心轮转动域内的动静干涉特征频率应为 10 倍频及其倍频(扩压器叶片数为 10),扩压器和蜗壳等静止域内的动静干涉特征频率应为 6 倍频及其倍频(离心轮有 6 个长叶片和 6 个短叶片),这与数值模拟分析结果相符。

由图 3.8 还可以看出,测点 IMP1 和 IMP2 在低频宽频($f_r \sim 6f_r$)范围内均出现较高的压力脉动幅值。这是由于离心轮叶片入口以及叶片吸力面处的流动较为复杂,存在较为严重的流动分离现象,如图 3.9 所示。

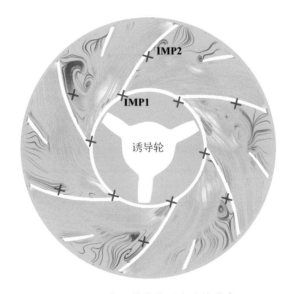

图 3.9　离心轮中截面内流线分布

离心轮与扩压器之间动静干涉区域内 4 个测点(RS1~4)的压力脉动频谱如图 3.10 所示。可以看出,该区域内的压力脉动主要由离心轮与扩压器之间的动静干涉现象引起,离心轮叶片通过频率($6f_r$)及其倍频主导了整个压力频谱。此外,靠近隔舌处的测点压力基频幅值较大,而其余测点基频幅值基本一致,这也表明隔舌的存在对动静干涉效应有一定的影响。

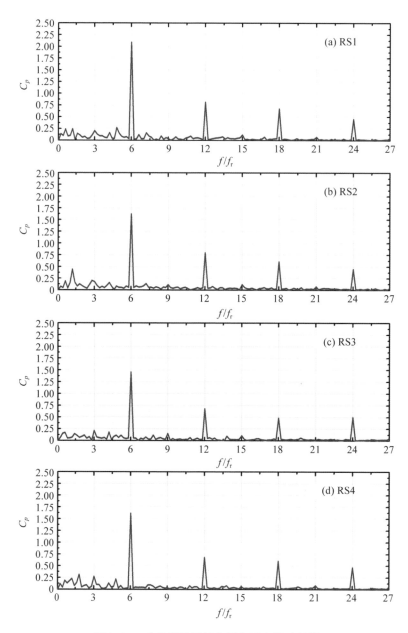

图 3.10　动静干涉区域内测点压力脉动频谱

扩压器内 6 个测点(DF1～6)的压力脉动频谱如图 3.11 所示。可以看出,动静干涉特征频率同样主导了整个压力脉动频谱,并且扩压器入口处测点(DF1 和

DF2)的压力脉动幅值远大于离心轮流域以及动静干涉区域内的压力脉动幅值。此外,随着测点远离入口区域,相应的压力脉动幅值逐渐减小,这与图 3.6 所示压力脉动强度分布相符。由此也可以推断,离心泵内离心轮与扩压器之间的动静干涉效应发源自扩压器叶片入口附近区域。

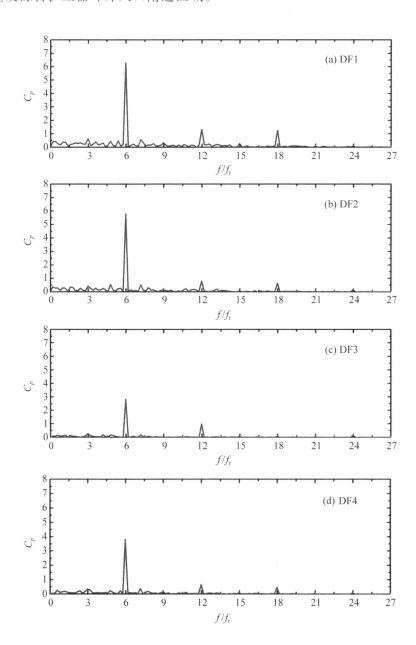

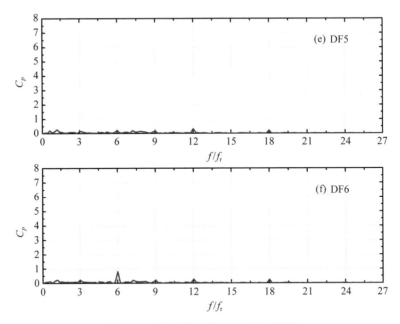

图 3.11　扩压器内测点压力脉动频谱

　　蜗壳内 6 个测点(VL1～6)的压力脉动频谱如图 3.12 所示。可以看出,动静干涉特征频率同样主导了整个压力脉动频谱。与扩压器内的压力脉动频谱相比,蜗壳内各频率幅值有所衰减,并且主频 6 倍频幅值衰减幅度更大。此外,螺旋管内靠近隔舌处的测点 VL1 在各频率上的压力脉动幅值最大,而测点 VL5 和 VL6 的压力脉动幅值最小,此处压力波的传播受到明显阻碍,压力脉动幅值快速衰减,这与图 3.6 所示压力脉动强度分布相符。

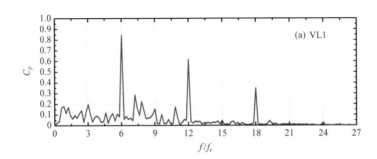

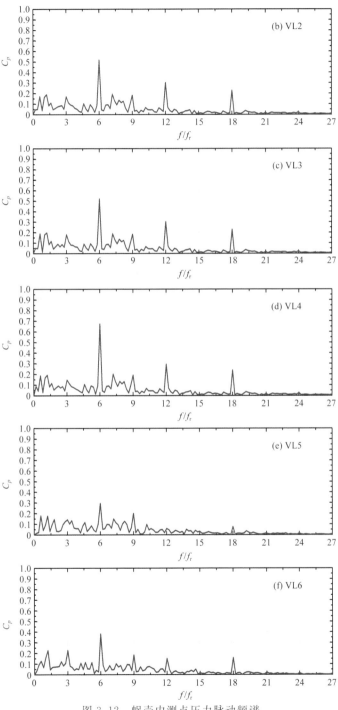

图 3.12　蜗壳内测点压力脉动频谱

3.2.3 叶轮流体激励力分析

离心泵内叶轮所受流体激励力是转子系统振动的直接来源,本小节将通过对诱导轮和离心轮各表面进行压力积分来获得叶轮所受各向流体激励力并对其进行分析,从而为后续流体激励转子系统振动特性的研究提供基础。定义笛卡尔坐标系如图 3.13 所示,其中 z 方向为转子轴向,x 和 y 方向为转子径向方向。

图 3.13　离心泵笛卡尔坐标系

诱导轮所受径向流体激励力的数值模拟结果如图 3.14 所示,其中图 3.14(a)为 3 个周期的时域信号,图 3.14(b)为相应的频域信号。可以看出,诱导轮所受径向流体激励力(F_x 和 F_y)呈现明显的周期性波动,其在 x 和 y 方向波动峰峰值均达到 7500N 左右,但平均值较小,分别为 31N 和 115N。从频谱来看,径向力脉动频率均以 1、2、3 倍频为主。其中 1 倍频由诱导轮内部流动沿周向分布不均所引起,在整个径向力中占主导地位;2 倍频是泵吸入室内部存在隔板,将整个流动分隔为两股所致;3 倍频则是诱导轮的 3 个叶片流道所致。

离心轮所受径向流体激励力的数值模拟结果如图 3.15 所示。从时域信号来看,离心轮径向流体激励力同样存在明显的周期性波动,与图 3.14 相比,整个时域信号更为复杂。由频域信号可知,离心轮两个方向的流体激励力表现出相同的频谱特性,径向力脉动频率不仅出现了 1、2、3 倍频,而且出现了典型的动静干涉特征频率,包括离心轮叶片通过频率 6 倍频及其倍频,以及扩压器叶片通过频率 10 倍频等。由此可见,离心轮径向力的产生是流动沿周向分布不均以及离心轮与扩压器之间的动静干涉效应共同所致。

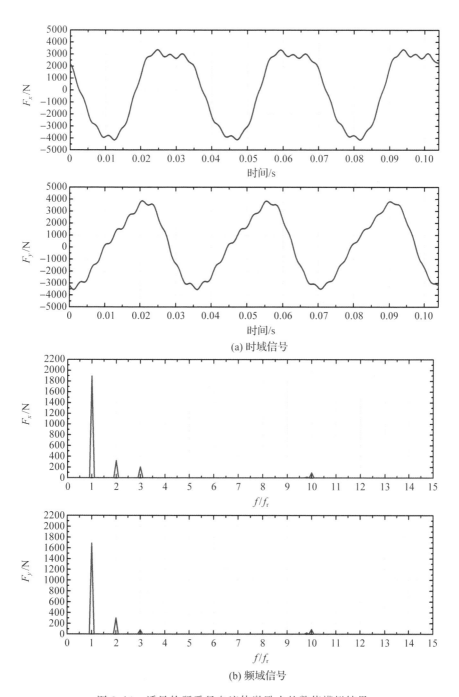

(a) 时域信号

(b) 频域信号

图 3.14　诱导轮所受径向流体激励力的数值模拟结果

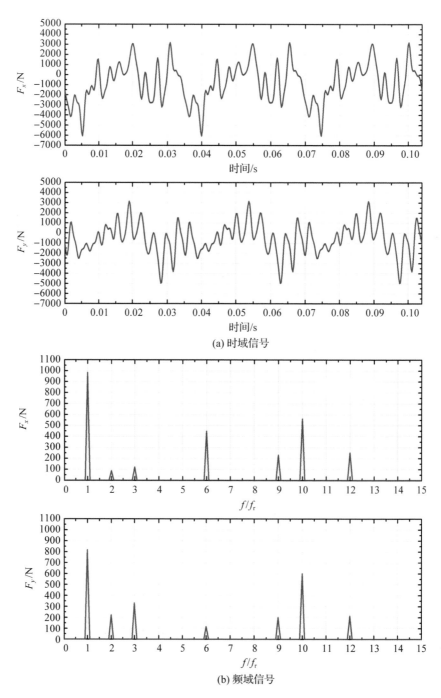

(a) 时域信号

(b) 频域信号

图 3.15 离心轮所受径向流体激励力的数值模拟结果

3.3　动静干涉流动机理

离心泵内动静干涉非定常流动是影响泵的可靠性的主要因素之一,掌握其产生机理对低振动泵设计起着至关重要的作用。本节基于非定常流场数值模拟结果,引入先进的涡识别方法,对动静干涉流动机理进行阐释。

3.3.1　新 Ω 涡识别法

离心泵内不稳定流动现象与流场中旋涡的形成及演化过程密切相关,因此,为了更好地认识离心泵中不稳定现象发生的本质,准确识别流场中的旋涡尤为重要。目前流场涡识别方法已发展了很多种,文献[11]对此进行了详细的分类与总结。从公开文献来看,水力机械领域应用较为广泛的涡识别方法主要有 3 种:涡量法、Q-准则法和 λ_2-准则法。这些方法的应用已经取得了一定的成果,然而各自都存在一定缺陷。涡量法无法准确分辨平行剪切运动与实际旋转运动,在强剪切区域可能会产生错误的结果;Q-准则和 λ_2-准则高度依赖所选取的 Q 值和 λ_2 值,若这些参数值选取得不合理,一些涡结构将无法被识别,甚至可能出现错误的结果。此外,参数值的选取缺乏明确的物理意义,其合理性主要取决于使用者的经验。2016 年,Liu 等[12]提出了一种新 Ω 涡识别法并对其在多种经典流动问题中的应用进行了验证。与传统 Q-准则法和 λ_2-准则法相比,该方法对参数值 Ω 的选取赋予了明确的物理意义。本小节将对该方法进行介绍及应用,并与传统 Q-准则法和 λ_2-准则法进行对比,为后续解释动静干涉流动机理提供方法支持。

(1)新 Ω 涡识别理论

根据 Liu 等[12]的观点,流场中的涡量可分为旋转涡量和非旋转涡量两部分,如式(3.14)所示。例如,层流边界层拥有涡量,但其流动均为平行流,并无旋转运动,属于非旋转涡量。流场中的旋涡主要对应旋转涡量部分,与非旋转涡量无关,这也是用传统涡量法识别旋涡的缺陷所在。

$$\nabla \times \boldsymbol{V} = \boldsymbol{R} + (\nabla \times \boldsymbol{V} - \boldsymbol{R}) \tag{3.14}$$

式中,$\boldsymbol{R}$ 为旋转涡量部分,$\nabla \times \boldsymbol{V} - \boldsymbol{R}$ 为非旋转涡量部分。

通常情况下,$\boldsymbol{R}$ 与总涡量 $\nabla \times \boldsymbol{V}$ 方向不同,因此可对涡量做如下分解:

$$\nabla \times \boldsymbol{V} = \left(\nabla \times \boldsymbol{V} \cdot \frac{\boldsymbol{R}}{\parallel \boldsymbol{R} \parallel_2}\right) \frac{\boldsymbol{R}}{\parallel \boldsymbol{R} \parallel_2} + \left[\nabla \times \boldsymbol{V} - \left(\nabla \times \boldsymbol{V} \cdot \frac{\boldsymbol{R}}{\parallel \boldsymbol{R} \parallel_2}\right) \frac{\boldsymbol{R}}{\parallel \boldsymbol{R} \parallel_2}\right]$$

$$= \sqrt{\Omega} \parallel \nabla \times \boldsymbol{V} \parallel_2 \frac{\boldsymbol{R}}{\parallel \boldsymbol{R} \parallel_2} + \left(\nabla \times \boldsymbol{V} - \sqrt{\Omega} \parallel \nabla \times \boldsymbol{V} \parallel_2 \frac{\boldsymbol{R}}{\parallel \boldsymbol{R} \parallel_2}\right) \quad (3.15)$$

等式右侧第一项为旋转涡量部分,第二项为非旋转涡量部分。

定义旋转涡量部分与总涡量的比值为 Ω,如式(3.16)所示。$\Omega \in [0,1]$,$\Omega = 0$ 表示流场为无旋运动,$\Omega = 1$ 代表流场为纯旋转运动。

$$\Omega = \frac{(\nabla \times \boldsymbol{V} \cdot \boldsymbol{R})^2}{\parallel \nabla \times \boldsymbol{V} \parallel_2^2 \parallel \boldsymbol{R} \parallel_2^2} \quad (3.16)$$

为获得 Ω 值大小,将速度梯度分解为

$$\nabla \boldsymbol{V} = \frac{1}{2}(\nabla \boldsymbol{V} + \nabla \boldsymbol{V}^{\mathrm{T}}) + \frac{1}{2}(\nabla \boldsymbol{V} - \nabla \boldsymbol{V}^{\mathrm{T}}) = \boldsymbol{A} + \boldsymbol{B} \quad (3.17)$$

式中,$\boldsymbol{A}$ 为变形张量,$\boldsymbol{B}$ 为总涡量。对其引入 Frobenius(弗罗贝尼乌斯)范数的平方值如下:

$$a = \mathrm{trace}(\boldsymbol{A}^{\mathrm{T}}\boldsymbol{A}) = \sum_{i=1}^{3} \sum_{j=1}^{3} (A_{ij})^2 \quad (3.18)$$

$$b = \mathrm{trace}(\boldsymbol{B}^{\mathrm{T}}\boldsymbol{B}) = \sum_{i=1}^{3} \sum_{j=1}^{3} (B_{ij})^2 \quad (3.19)$$

由此,Ω 可通过下式来预估:

$$\Omega \approx \frac{b}{a+b+\varepsilon} \quad (3.20)$$

式中,ε 为正无穷小量,以避免分母为零,在本章中取值为 1×10^{-3}。相比于传统 Q-准则法和 λ_2-准则法在参数值选取方面的不确定性,Liu 等[12]赋予了 Ω 明确的物理意义:流场中旋转涡量相比非旋转涡量占据主导位置,即当 $\Omega > 0.5$ 时,可认为流场此时存在涡结构。文献[12]中还给出了 Ω 的参考值 0.52。该方法对参数值 Ω 的选取不敏感,可同时获得强、弱涡结构,这也使其运用更为方便,具有良好的应用前景。

(2)不同涡识别方法对比

为研究不同涡识别方法在高速离心泵流场涡结构捕捉方面的可行性,确定新 Ω 涡识别法的优势所在,本小节基于第 3.1 节离心泵非定常数值模拟结果,对 Q-准则法、λ_2-准则法和新 Ω 涡识别法进行了对比研究。

不同涡识别方法获得的旋涡分布如图 3.16 所示。由图 3.16(a)可知,Q 值的选取对涡结构捕捉的影响非常显著,随着 Q 值增大,获得的涡结构逐渐减少,当 Q

值取 1×10^{-3} 时,仅离心轮和扩压器流域能够捕捉到部分涡结构。这是由于小的 Q 值对应小尺度涡,而大的 Q 值对应大尺度涡,当 Q 值较大时,泵内部的小尺度涡将无法被识别。此外,关于 Q 值的选取,由于没有明确的物理意义来支撑,因此 4 种参数值下涡结构捕捉的合理性也无法定夺。与 Q-准则相似,λ_2-准则对参数值的选取也很敏感,随着 λ_2 值的增大,捕捉到的涡结构逐渐减少,如图 3.16(b)所示。同样,不同参数值下的涡结构捕捉的合理性也无法确定。新 Ω 涡识别法则能够很好地克服这一缺陷。如图 3.16(c)所示,不同的 Ω 值下所获得的泵内涡结构分布基本一致,因此该方法对参数值的选取并不敏感,这与 Liu 等[12]给出的该方法在经典简单流动(如平面槽道流)中的结果一致。毋庸置疑,该方法有效地简化了高速复杂水力机械中的涡识别过程,提高了涡识别的准确性。此外,由新 Ω 涡识别法获得的结果也可以判断出当 Q 值取 4×10^{-6} 以及 λ_2 值取 6×10^{-6} 时所获得的结果较为合理。

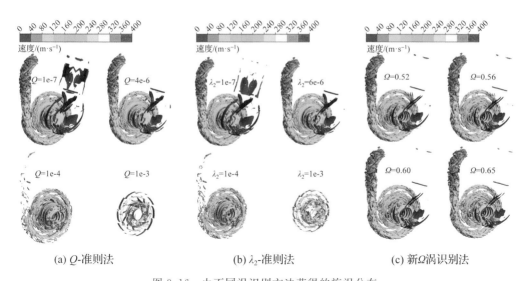

(a) Q-准则法　　　　(b) λ_2-准则法　　　　(c) 新 Ω 涡识别法

图 3.16　由不同涡识别方法获得的旋涡分布

此外,研究发现,对于高速离心泵,由于壁面的强剪切效应,传统 Q-准则法和 λ_2-准则法错误地将扩压器叶片、离心轮叶片以及前后盖板等部分强剪切层识别为旋涡,如图 3.17 所示。这导致离心轮内部真实涡结构被前后盖板剪切层覆盖,其分布及演化过程无法获取,进而严重阻碍了我们对离心轮内部流动机理的认识。由于传统 Q-准则、λ_2-准则等方法以速度梯度不变量为基础进行涡识别,而高速泵边界层内速度梯度较大,各向异性也较强,因此部分剪切层容易被误识别为旋涡。

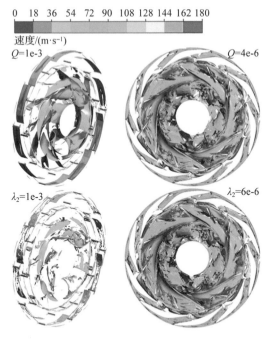

图 3.17　由传统涡识别法获得的离心轮和扩压器内的旋涡分布

　　由新 Ω 涡识别法获得的离心轮和扩压器内的旋涡分布如图 3.18 所示。可以看出,与传统 Q-准则法和 λ_2-准则法相比,新 Ω 涡识别法能够有效滤除壁面强剪切

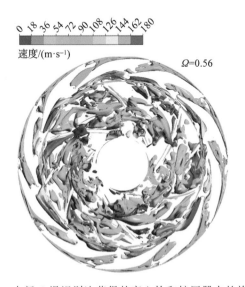

图 3.18　由新 Ω 涡识别法获得的离心轮和扩压器内的旋涡分布

层这种非旋转涡,获得较为清晰的旋涡分布。鉴于新 Ω 涡识别法在高速泵涡识别中表现出的优势,后续将使用该方法对离心轮与扩压器之间的动静干涉旋涡演化过程进行分析,以便对动静干涉效应的产生机理进行解释。

3.3.2　离心轮与扩压器动静干涉流动机理

先前大量研究结果表明[13-16],离心泵动静干涉效应与泵内涡结构演化过程密切相关,动静干涉主导频率由相应的旋涡脱落频率决定。然而大部分研究都集中在简单低速泵离心轮与隔舌之间的动静干涉效应,其形成机理由离心轮叶片尾迹旋涡脱落现象决定。目前对复杂高速泵离心轮与扩压器动静干涉流动的研究相对较少,相关现象的产生机理尚不明确。对此,本小节将对涡轮泵离心轮与扩压器之间的动静干涉旋涡演化过程进行分析,旨在获得高速泵离心轮与扩压器之间的动静干涉效应的形成机理。

由上述压力脉动分析可知,离心轮与扩压器之间的动静干涉效应是离心泵内压力脉动的主要来源,并且在高压力脉动区域的压力谱中,离心轮主叶片通过频率($6f_r$)及其倍频占据了主导地位。为解释该现象的形成机理,离心轮与扩压器之间动静干涉区域的旋涡演化过程如图 3.19 所示。可以看出,在离心轮叶片尾迹与扩压器叶片的作用下,扩压器叶片前缘压力面处存在明显的周期性旋涡脱落现象。在 $t=0$ 时刻,即离心轮分流叶片靠近扩压器叶片时,扩压器叶片前缘附近旋涡初生,之后随着离心轮的转动,该旋涡逐渐拉伸延长(如 $t=T/18$,$T/9$),最终在 $t=T/6$ 时完成脱落并进入下游区域,影响该区域的涡结构演化过程。此后,随着时间推移,该处旋涡脱落现象周期性发生(如 $t=5T/24$,$T/4$,$7T/24$,$T/3$),脱落周期为 $T/6$,对应动静干涉压力脉动基频 6 倍频。

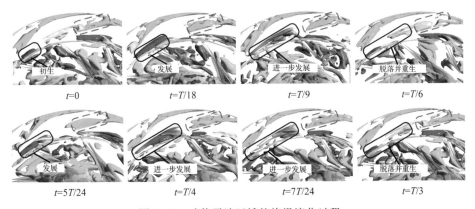

图 3.19　动静干涉区域的旋涡演化过程

由上述分析可知:高速离心泵中离心轮与扩压器之间的动静干涉效应的产生由扩压器叶片前缘附近压力面上的周期性旋涡脱落过程所决定。这也解释了图3.6所示的离心泵内最大脉动区域出现在扩压器叶片入口附近的现象。此外,由动静干涉形成机理可知,对于带叶片式扩压器的离心泵,为减小泵内动静干涉效应,降低泵内压力脉动水平,可从改变扩压器结构的角度进行优化。

3.4 诱导轮与离心轮匹配影响

与普通民用离心泵相比,火箭发动机涡轮泵转速更高,结构更为复杂,因此离心轮入口处容易发生空化。通常采用加装前置诱导轮来改善泵组的抗空化性能,然而诱导轮与离心轮匹配不佳将会导致泵性能恶化以及不稳定流动现象,对发动机工作的可靠性造成威胁。本节将针对工程中诱导轮匹配不佳引起的转子振动过大所导致的碰摩等现象,研究诱导轮与离心轮周向匹配引起的时序效应对离心泵性能以及压力脉动特性的影响,并对相关影响的作用机理进行阐释。

为开展研究,定义诱导轮与离心轮周向匹配角度 θ 为诱导轮叶片尾缘与离心轮长叶片前缘夹角沿轴向的投影,如图 3.20 所示。考虑到结构循环对称性,在一个对称周期内平均选取 8 个周向位置($\theta = 0°$,7.5°,15°,22.5°,30°,37.5°,45°,52.5°)进行研究,其中 0° 代表诱导轮叶片尾缘与离心轮主叶片前缘正对,30° 表示诱导轮叶片尾缘位于离心轮相邻主叶片正中间位置。

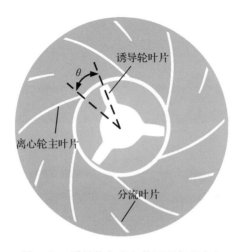

图 3.20　诱导轮与离心轮匹配角度定义

3.4.1　匹配对性能的影响

离心泵性能与其内部能量损失情况密切相关。一直以来,减少内部能量损失以及提高机组运行效率都是设计人员关注的重点。为此,需要对离心泵的各过流部件进行细化研究,获得各部件内部能量损失情况,以便有针对性地进行优化,提高设计效率。现阶段,随着 CFD 技术日益成熟,离心泵内部流动细节已经能够较为准确地获得。然而,传统的水力损失分析主要是通过压力损失等指标间接地分析泵内能量损失情况,未直观描述各部件能量损失分布情况。对此,本小节将引入熵产(entropy production)理论,对不同匹配方案下泵内能量损失情况进行分析,并基于热力学第二定律阐释匹配对性能的影响机制。与传统压降损失分析方法相比,熵产分析方法能够准确获得流场内部能量损失分布,较为直观地定位高损失发生的具体位置。

根据热力学第二定律,孤立系统的不可逆过程总是伴随着熵增,熵产概念也应运而生。熵产被用于描述能量从机械能等高品质能量转化为低品质能量的过程,能够定量描述热力系统的损失情况。

对于单相不可压缩流动,熵的输运方程可表述为[17]

$$\rho\left(\frac{\partial s}{\partial t}+u\frac{\partial s}{\partial x}+v\frac{\partial s}{\partial y}+w\frac{\partial s}{\partial z}\right)=-\mathrm{div}\left(\frac{\boldsymbol{q}}{T}\right)+\frac{\Phi}{T}+\frac{\Phi_\theta}{T^2} \qquad (3.21)$$

式中,s 为单位质量的熵产率(entropy production rate),$\boldsymbol{q}$ 为热流量密度矢量,Φ 为耗散函数,T 为温度。

上式右侧最后两项代表熵产的两种来源:黏性耗散与热传导。在离心泵流动中,温度变化较小,热传导产生的熵产可以忽略,因此熵产主要来源于黏性耗散。

根据黏性流体力学理论[18],黏性耗散函数 Φ 可表示为

$$\Phi=\mu\left[\left(\frac{\partial v}{\partial x}+\frac{\partial u}{\partial y}\right)^2+\left(\frac{\partial w}{\partial x}+\frac{\partial u}{\partial z}\right)^2+\left(\frac{\partial v}{\partial z}+\frac{\partial w}{\partial y}\right)^2\right]$$
$$+2\mu\left[\left(\frac{\partial u}{\partial x}\right)^2+\left(\frac{\partial v}{\partial y}\right)^2+\left(\frac{\partial w}{\partial z}\right)^2\right]-\frac{2}{3}\mu\left(\frac{\partial u}{\partial x}+\frac{\partial v}{\partial y}+\frac{\partial w}{\partial z}\right)^2 \qquad (3.22)$$

将连续方程(3.1)代入上式,可得

$$\Phi=2\mu\left[\left(\frac{\partial u}{\partial x}\right)^2+\left(\frac{\partial v}{\partial y}\right)^2+\left(\frac{\partial w}{\partial z}\right)^2\right]$$
$$+\mu\left[\left(\frac{\partial v}{\partial x}+\frac{\partial u}{\partial y}\right)^2+\left(\frac{\partial w}{\partial x}+\frac{\partial u}{\partial z}\right)^2+\left(\frac{\partial v}{\partial z}+\frac{\partial w}{\partial y}\right)^2\right] \qquad (3.23)$$

对于层流流动,局部熵产率(local entropy production rate,LEPR)可直接表示为

$$S = \frac{\Phi}{T} = 2\,\frac{\mu}{T}\left[\left(\frac{\partial u}{\partial x}\right)^2 + \left(\frac{\partial v}{\partial y}\right)^2 + \left(\frac{\partial w}{\partial z}\right)^2\right]$$
$$+ \frac{\mu}{T}\left[\left(\frac{\partial v}{\partial x} + \frac{\partial u}{\partial y}\right)^2 + \left(\frac{\partial w}{\partial x} + \frac{\partial u}{\partial z}\right)^2 + \left(\frac{\partial v}{\partial z} + \frac{\partial w}{\partial y}\right)^2\right] \tag{3.24}$$

对于湍流流动，LEPR 则由两部分即直接耗散引起的熵产率 $S_{\overline{D}}$（直接熵产率）以及湍流耗散引起的熵产率 $S_{D'}$（湍流熵产率）组成，总的熵产率可表示为

$$S = S_{\overline{D}} + S_{D'} \tag{3.25}$$

其中，直接熵产率和湍流熵产率分别为

$$S_{\overline{D}} = 2\,\frac{\mu}{T}\left[\left(\frac{\partial \overline{u}}{\partial x}\right)^2 + \left(\frac{\partial \overline{v}}{\partial y}\right)^2 + \left(\frac{\partial \overline{w}}{\partial z}\right)^2\right]$$
$$+ \frac{\mu}{T}\left[\left(\frac{\partial \overline{v}}{\partial x} + \frac{\partial \overline{u}}{\partial y}\right)^2 + \left(\frac{\partial \overline{w}}{\partial x} + \frac{\partial \overline{u}}{\partial z}\right)^2 + \left(\frac{\partial \overline{v}}{\partial z} + \frac{\partial \overline{w}}{\partial y}\right)^2\right] \tag{3.26}$$

$$S_{D'} = 2\,\frac{\mu}{T}\left[\left(\frac{\partial u'}{\partial x}\right)^2 + \left(\frac{\partial v'}{\partial y}\right)^2 + \left(\frac{\partial w'}{\partial z}\right)^2\right]$$
$$+ \frac{\mu}{T}\left[\left(\frac{\partial v'}{\partial x} + \frac{\partial u'}{\partial y}\right)^2 + \left(\frac{\partial w'}{\partial x} + \frac{\partial u'}{\partial z}\right)^2 + \left(\frac{\partial v'}{\partial z} + \frac{\partial w'}{\partial y}\right)^2\right] \tag{3.27}$$

在 RANS 数值模拟中，直接熵产可通过数值结果直接求出，而湍流熵产部分无法直接求出。对此，德国学者 Kock 等[19]提出湍流熵产率计算模型，如式（3.28）所示，并指出该模型在高雷诺数流动下将足够精确，当雷诺数趋向无穷大时，该模型将趋于精确解。

$$S_{D'} = \frac{\rho\varepsilon}{T} \tag{3.28}$$

式中，ε 为湍流耗散率。至此，流场总熵产可通过对熵产率进行体积积分获得：

$$S_{\text{pro},\overline{D}} = \int_V S_{\overline{D}}\,\mathrm{d}V \tag{3.29}$$

$$S_{\text{pro},D'} = \int_V S_{D'}\,\mathrm{d}V \tag{3.30}$$

Kock 等[18]还指出，上述模型在壁面处将产生不可忽略的误差。对此，本节采用段璐等[20]提出的壁面区域熵产计算模型进行修正，如式（3.31）所示。

$$S_{\text{pro},W} = \int_A \frac{\boldsymbol{\tau}_w \boldsymbol{\cdot} \boldsymbol{v}}{T}\,\mathrm{d}A \tag{3.31}$$

式中，$\boldsymbol{\tau}_w$ 为壁面剪切应力矢量，$\boldsymbol{v}$ 为与壁面相邻的第一层网格速度矢量，A 为面积。

由此，总熵产 S_{pro} 以及总能量损失 E_t 可由下式获得：

$$S_{\text{pro}} = S_{\text{pro,w}} + S_{\text{pro,}\overline{\text{D}}} + S_{\text{pro,D}'} \tag{3.32}$$

$$E_{\text{t}} = S_{\text{pro}} \cdot T = (S_{\text{pro,w}} + S_{\text{pro,}\overline{\text{D}}} + S_{\text{pro,D}'}) \cdot T \tag{3.33}$$

不同匹配角度下离心泵的扬程和效率如图 3.21 所示。可以看出,不同匹配角度所产生的时序效应对泵的扬程和效率有一定的影响。随着匹配角度的增加,扬程和效率均呈现先降低后缓慢增加的趋势,一个周期内两者的变化幅度分别为 0.8% 和 1.2%。当匹配角度为 0° 时,扬程和效率均最高;当匹配角度为 30° 时,扬程和效率达到最低值。这表明当诱导轮叶片尾缘与离心轮叶片前缘相对时,可获得最高的扬程和效率。

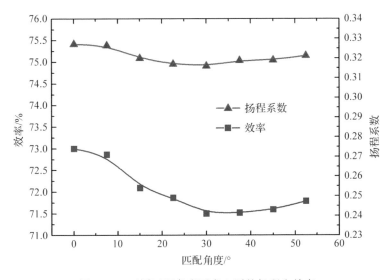

图 3.21　不同匹配角度下离心泵的扬程和效率

为解释匹配效应对泵性能的影响,采用熵产理论对不同匹配角度下泵内能量损失情况进行分析。不同匹配角度下离心泵各部件的能量损失如图 3.22 所示。可以看出,随着匹配角度的增大,离心轮和扩压器流域的能量损失呈现先增大后减小的趋势,这与泵外特性曲线变化趋势相对应,而其他流域的能量损失基本不随匹配角度变化。由此可知,诱导轮与离心轮匹配对泵外特性的影响主要源自离心轮和扩压器流域内流动状态的变化。

不同匹配角度下诱导轮与离心轮内局部熵产率及流线分布如图 3.23 所示。由图 3.23(a)可以看出,不同匹配角度对离心轮内能量损失分布影响显著。当匹配角度为 0° 和 15° 时,高熵产区域主要分布在靠近诱导轮叶片出口的 3 个流道;当匹配角度为 30° 和 45° 时,其余 3 个流道也出现较高的熵产分布,引发更高的能量损失,这与图 3.22 中的能量损失变化趋势相符。由图 3.23(b)所示流线分布可知,高熵产区域对应较强的流动分离及分离涡现象。当匹配角度为 0°和 15°时,靠近诱导轮叶片的 3 个流道内均存在明显的流动分离现象,而其余 3 个流道的流动状态相对较好;当匹配角度为 30°和 45°时,6 个叶片流道均出现不同程度的流动分离及分离涡现象,几乎堵塞了整个流道,从而导致扬程和效率的下降。

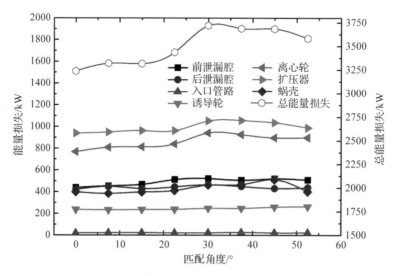

图 3.22　不同匹配角度下各部件的能量损失

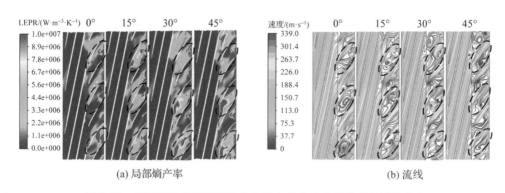

(a) 局部熵产率　　　　　　　　　　　　　　(b) 流线

图 3.23　不同匹配角度下诱导轮与离心轮内局部熵产率及流线分布

　　不同匹配角度下扩压器内局部熵产率及流线分布如图 3.24 所示。由图 3.24(a)可以看出,不同匹配角度下,扩压器入口以及靠近隔舌的叶片流道 C 内能量损失发生了明显变化。当匹配角度为 30°时,高熵产区域显著增大。由图 3.24(b)所示流线分布可知,叶片流道 C 内有回流现象发生。当匹配角度为 0°时,回流现象并不明显;当匹配角度为 30°时,回流现象显著增强,并发展成较强的回流涡,堵塞了整个流道 C,最终造成损失的增加。

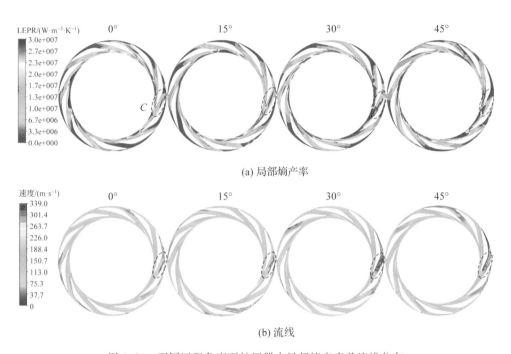

(a) 局部熵产率

(b) 流线

图 3.24　不同匹配角度下扩压器内局部熵产率及流线分布

　　综上可知,诱导轮与离心轮周向匹配对离心泵性能有一定的影响,但总体上影响不大。当诱导轮叶片尾缘与离心轮主叶片前缘正对时,可获得较高的性能。由熵产分析可知,匹配对泵性能的影响主要由离心轮和扩压器内的流动状态决定,其形成机理为:不同匹配角度下,离心轮流道内流动分离与分离涡、离心轮叶片尾迹效应以及靠近隔舌处扩压器叶片流道内回流涡的变化共同作用。

3.4.2　匹配对压力脉动特性的影响

　　为获得诱导轮与离心轮的匹配对离心泵内压力脉动分布的影响,我们采用压力脉动强度系数对主要过流部件诱导轮、离心轮、扩压器和蜗壳内的压力脉动强度进行了评估。不同匹配角度下诱导轮内的压力脉动强度分布如图 3.25 所示。可以看出,不同匹配角度下,压力脉动强度分布基本一致,这表明该匹配对诱导轮内压力脉动的影响较小。

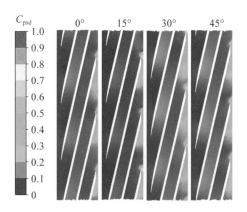

图 3.25　不同匹配角度下诱导轮内的压力脉动强度分布

　　不同匹配角度下离心轮、扩压器和蜗壳内的压力脉动强度分布如图 3.26 所示。可以看出,匹配角度对该区域内压力脉动强度分布的影响非常显著。当匹配角度为 0°时,泵内整体压力脉动水平最高;当匹配角度为 30°时,泵内整体压力脉动水平最低。实际上,从图 3.26 还可以看出,当匹配角度为 30°时,泵内压力脉动水平显著减小主要表现在扩压器导叶入口处的高压力脉动区域以及蜗壳流域,而离心轮内高压力脉动区域实际上有所增加。

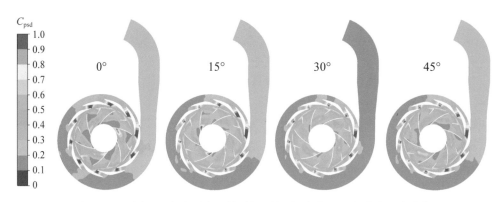

图 3.26　不同匹配角度下离心轮、扩压器和蜗壳内的压力脉动强度分布

　　为了表征匹配对各流域内压力脉动特性的具体影响,我们对不同匹配角度下各流域相应测点(图 3.7)的压力脉动频谱进行了分析,并且引入压力脉动能量评估方法对该影响进行定量研究。

　　不同匹配角度下离心轮内各测点的压力脉动频谱如图 3.27 所示。可以看出,不同匹配角度下频谱特性并未发生较大变化,其中动静干涉 10 倍频基本不变,低频区域脉动有所变化,匹配角度为 30° 时低频脉动水平更高,这与该匹配角度下离心轮内流动状态恶化相关。

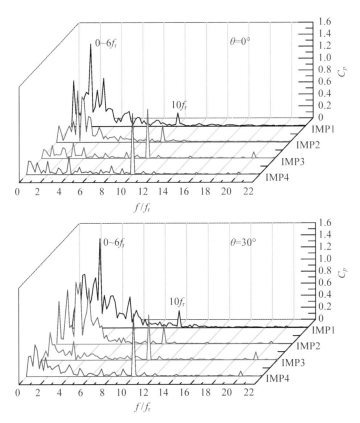

图 3.27 不同匹配角度下离心轮内各测点的压力脉动频谱

为了定量评估不同匹配角度对各测点总的压力脉动能量的影响,我们引入均方根(root mean square, RMS)评估方法如式(3.34)所示,选取 $0 \sim 10800\,\text{Hz}$($0 \sim 36f_r$)频带进行分析计算。

$$\text{RMS} = \frac{1.63}{2} \sqrt{\frac{1}{2}\left(\frac{1}{2}A_0^2 + \sum_{i=2}^{n} A_{i-1}^2 + \frac{1}{2}A_n^2\right)} \qquad (3.34)$$

式中,A_i 为不同频率所对应的压力脉动幅值。

离心轮内各测点压力脉动 RMS 值如表 3.2 所示。可以看出,当匹配角度为 30° 时,各测点的压力脉动能量均有所增大,但增幅较小,最大增幅仅为 4.72%,平均增幅为 3.57%。由此可见,离心轮与诱导轮的匹配对离心轮内部压力脉动的影响相对较小。

表 3.2　离心轮内各测点压力脉动 RMS 值

匹配角度	测点				平均值
	IMP1	IMP2	IMP3	IMP4	
$\theta=0°$	1.694	1.220	0.711	0.855	1.12
$\theta=30°$	1.774 (4.72%)	1.259 (3.20%)	0.731 (2.81%)	0.871 (1.87%)	1.16 (3.57%)

注:括号中的百分比表示变化率。后表同理。

不同匹配角度下动静干涉区域各测点压力脉动频谱如图 3.28 所示。可以看出,不同匹配角度下,各测点压力脉动频谱均发生了显著变化。当匹配角度为 0°时,除了离心轮叶片通过频率及其倍频外,还出现了诱导轮叶片通过频率($3f_r$),其幅值仅次于 6 倍频幅值;当匹配角度为 30°时,3 倍频成分基本消失,而其他频率成分则保持不变。

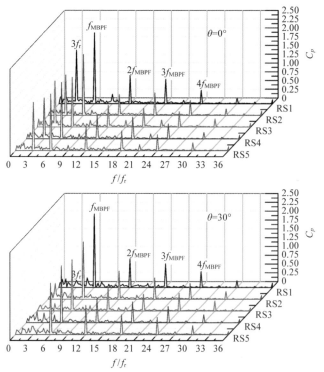

图 3.28　不同匹配角度下动静干涉区域各测点的压力脉动频谱

动静干涉区域各测点压力脉动 RMS 值如表 3.3 所示。可以看出,最大脉动能量发生在测点 RS1,随着测点远离隔舌位置,脉动能量逐渐减小,这与图 3.26 所示脉动强度分布相符。与匹配角度为 0°时相比,当匹配角度为 30°时,各测点的压力脉动能量显著下降,最大降幅为 17.92%(测点 RS5),平均降幅为 13.94%。

表 3.3　动静干涉区域各测点压力脉动 RMS 值

匹配角度	测点					平均值
	RS1	RS2	RS3	RS4	RS5	
$\theta=0°$	1.662	1.370	1.310	1.344	1.412	1.420
$\theta=30°$	1.452	1.221	1.087	1.193	1.159	1.222
	(−12.64%)	(−10.88%)	(−17.02%)	(−11.24%)	(−17.92%)	(−13.94%)

不同匹配角度下扩压器内各测点的压力脉动频谱如图 3.29 所示。可以看出,与动静干涉区域相似,不同匹配角度下各测点压力脉动频谱也发生了明显变化。同样,当匹配角度为 0°时,出现了幅值较高的 $3f_r$ 频率成分,而其余频率成分与匹配角度为 30°时基本一致。

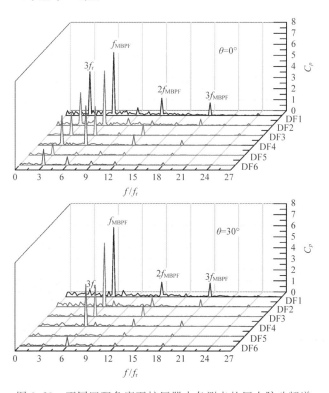

图 3.29　不同匹配角度下扩压器内各测点的压力脉动频谱

　　扩压器内各测点压力脉动 RMS 值如表 3.4 所示。可以看出,扩压器入口处测点 DF1 和 DF2 的压力脉动能量远大于其他测点,而最低脉动能量发生在扩压器叶片出口压力面附近的测点 DF5,该测点距离扩压器叶片入口最远。此外,当匹配角度为 30°时,各测点脉动能量显著下降,最大降幅为 36.31%,平均降幅为 12.91%。

表 3.4　扩压器内各测点压力脉动 RMS 值

匹配角度	测点						平均值
	DF1	DF2	DF3	DF4	DF5	DF6	
$\theta=0°$	4.308	3.490	1.993	2.690	0.785	1.042	2.385
$\theta=30°$	3.965 (−7.96%)	3.209 (−8.05%)	1.775 (−10.94%)	2.331 (−13.35%)	0.500 (−36.31%)	0.679 (−34.84%)	2.077 (−12.91%)

　　不同匹配角度下蜗壳内各测点的压力脉动频谱如图 3.30 所示。可以看出,该区域内脉动频谱与扩压器域类似,但 f_{MBPF} 频率及其倍频成分衰减较快,使得

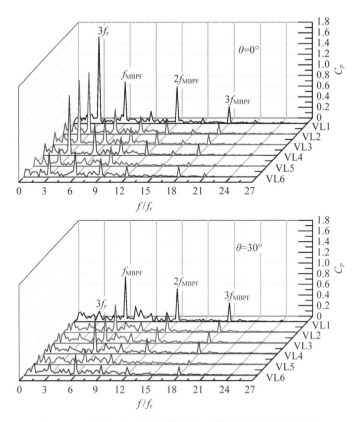

图 3.30　不同匹配角度下蜗壳内各测点的压力脉动频谱

$3f_r$ 成分成为匹配角度为 0°时的第一主导频率。同样,当匹配角度为 30°时,$3f_r$ 成分被有效抑制,其余频率幅值基本不变。

蜗壳内各测点压力脉动 RMS 值如表 3.5 所示。可以看出,扩压管内测点 (VL2~4)的脉动能量远大于螺旋腔内测点(VL5~6)的脉动能量,这与图 3.26 所示压力脉动强度分布一致。此外,与上述分析类似,当匹配角度为 30°时,各测点压力脉动能量显著降低,其中蜗壳扩压管内脉动能量降幅较大,最大降幅为 36.33%,平均降幅为 34.65%。

表 3.5　蜗壳内各测点压力脉动 RMS 值

匹配角度	测点						平均值 (VL1~3)
	VL1	VL2	VL3	VL4	VL5	VL6	
$\theta=0°$	1.189	0.835	0.867	0.851	0.436	0.560	0.964
$\theta=30°$	0.790 (−33.56%)	0.548 (−34.37%)	0.552 (−36.33%)	0.607 (−28.67%)	0.427 (−2.06%)	0.461 (−17.68%)	0.630 (−34.65%)

3.4.3　匹配影响机理

由上述分析可知,离心轮与扩压器之间的动静干涉效应由扩压器叶片入口附近压力面上的周期性旋涡脱落过程决定。因此,为对诱导轮与扩压器匹配引起的 $3f_r$ 成分以及抑制现象进行解释,我们利用上述新 Ω 涡识别法对不同匹配角度下该区域的旋涡演化过程进行分析。

不同匹配角度下动静干涉区域的旋涡演化过程如图 3.31 所示。可以看出,当匹配角度为 30°时,扩压器叶片入口压力面附近旋涡初生(区域 A),随着离心轮转动,该旋涡逐渐拉伸延长,最终在 $t=T/6$ 时脱落。此后,随着时间推移,该处旋涡脱落现象周期性发生,对应的旋涡脱落频率为 6 倍频,即动静干涉压力脉动基频。当匹配角度为 0°时,该区域旋涡呈现出不同的演化过程。当 $t=T/6$ 时,该旋涡并未发生脱落,而是破碎成前后两部分。前面部分旋涡继续拉伸延长,最终在 $t=T/3$ 时脱落,对应的旋涡脱落周期为 $T/3$,导致压力脉动基频为 $3f_r$,这也解释了 $3f_r$ 成分出现的原因;而后面部分旋涡继续发展并进入下游,将对下游区域 B 内旋涡演化过程产生影响。

综上可知,离心轮与诱导轮周向匹配对泵内压力脉动影响显著,当诱导轮叶片尾缘位于离心轮相邻主叶片中间位置时,这将有效消除动静干涉频率中的 3 倍频成分,显著降低泵内压力脉动水平。由动静干涉区域旋涡演化分析可知,该匹配影响的产生机理为:不同匹配角度影响了离心轮与扩压器之间的动静干涉效

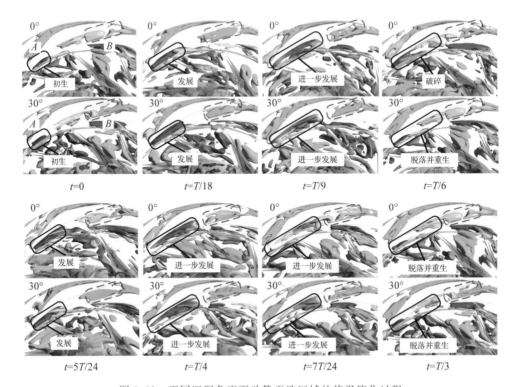

图 3.31　不同匹配角度下动静干涉区域的旋涡演化过程

应,即改变了离心轮与扩压器之间的动静干涉旋涡演化过程。因此,我们可以得出振动最小条件下的离心轮与诱导轮匹配方案为:诱导轮叶片尾缘位于离心轮相邻主叶片中间位置。

参考文献

[1] 张兆顺,崔桂香,许春晓.湍流理论与模拟[M].北京:清华大学出版社,2005.

[2] 蒋爱华.流体激励诱发离心泵基座振动的研究[D].上海:上海交通大学,2011.

[3] Lilly D K. The representation of small-scale turbulence in numerical simulation experiments [C]//Proceedings of the IBM Scientific Computing Symposium on Environmental Sciences. 1967:195-210.

[4] Ni D, Yang M, Zhang N, et al. Unsteady flow structures and pressure pulsations in a nuclear reactor coolant pump with spherical casing [J]. Journal of Fluids Engineering, 2017, 139(5):051103.

[5] Yamanishi N, Kato C, Okita K, et al. Large eddy simulation of unsteady flow in the LE-7A

liquid hydrogen pump[C]//43rd AIAA/ASME/SAE/ASEE Joint Propulsion Conference & Exhibit. Cincinnati, US,2007.

[6] Zhang N, Yang M, Gao B, et al. Investigation on rotor-stator interaction in a low specific speed centrifugal pump[C]//Proceedings of the ASME/JSME/KSME 2015 Joint Fluids Engineering Conference. Seoul, Korea,2015.

[7] 裴吉. 离心泵瞬态水力激振流固耦合机理及流动非定常强度研究[D]. 镇江:江苏大学,2013.

[8] Menter F R. Two-equation eddy-viscosity turbulence models for engineering applications[J]. AIAA Journal,1994,32(8):1598-1605.

[9] Benra F K. Numerical and experimental investigation on the flow induced oscillations of a single-blade pump impeller[J]. Journal of Fluids Engineering,2006,128(4):783-793.

[10] Tanaka H. Vibration behavior and dynamic stress of runners of very high head reversible pump-turbines[J]. International Journal of Fluid Machinery and Systems,2011,4(2):289-306.

[11] Zhang Y, Liu K, Xian H, et al. A review of methods for vortex identification in hydroturbines [J]. Renewable and Sustainable Energy Reviews,2018,81:1269-1285.

[12] Liu C, Wang Y, Yang Y, et al. New omega vortex identification method[J]. Science China Physics, Mechanics & Astronomy,2016,59(8):684711.

[13] Gao B, Zhang N, Li Z, et al. Influence of the blade trailing edge profile on the performance and unsteady pressure pulsations in a low specific speed centrifugal pump[J]. Journal of Fluids Engineering,2016,138(5):051106.

[14] Gao B, Guo P, Zhang N, et al. Unsteady pressure pulsation measurements and analysis of a low specific speed centrifugal pump[J]. Journal of Fluids Engineering,2017,139(7):071101.

[15] Gao B, Zhang N, Zhong L, et al. The unsteady flow in a centrifugal pump with special slope volute[C]//Proceedings of the ASME 2013 Fluids Engineering Division Summer Meeting. Incline Village, US,2013.

[16] Zhang N, Yang M, Gao B, et al. Unsteady phenomena induced pressure pulsation and radial load in a centrifugal pump with slope volute[C]//Proceedings of the ASME 2013 Fluids Engineering Division Summer Meeting. Incline Village, US,2013.

[17] Spuk J H, Aksel N. Strömungslehre: Einführung in die Theorie der Strömungen[M]. 6th ed. Berlin, Heidelberg, Germany: Springer,2006.

[18] 陈懋章. 粘性流体动力学基础[M]. 北京:高等教育出版社,2002.

[19] Kock F, Herwig H. Local entropy production in turbulent shear flows: A high-Reynolds number model with wall functions[J]. International Journal of Heat and Mass Transfer,2004, 47:2205-2215.

[20] 段璐,吴小林,姬忠礼. 熵产方法在旋风分离器内部能耗分析中的应用[J]. 化工学报,2014, 65(2):583-592.

第4章 空化动力学基础

空泡是空化研究的基础单元,研究其动力学特性能够增进对空化过程本质的认识。本章首先基于一般化的 Rayleigh-Plesset(瑞利–普莱塞)方程分析了空泡发展过程,讨论了不同因素对空泡生长及溃灭过程的影响;然后进一步基于 DNS 方法对空泡群进行了数值模拟,研究了空泡群的动态响应特性。

4.1 单空泡动力学分析

4.1.1 球形单空泡动力学方程

当考虑压缩性的影响时,可以得到一般化的 Rayleigh-Plesset 方程[1]如下:

$$R\ddot{R}\left(1-\frac{2\dot{R}}{c}\right)+\frac{3}{2}\dot{R}^2\left(1-\frac{4\dot{R}}{3c}\right)=\frac{R}{\rho_l C}\cdot\frac{\mathrm{d}p}{\mathrm{d}t}+\frac{p-p_0}{\rho_l} \tag{4.1}$$

式中,R 为空泡半径,c 为声速(本节研究中取常数 1479m/s),ρ_l 为液体密度,p_0 为远场压力,p 为空泡表面压力。

为了计算式中的空泡表面压力,需要构建空泡表面的动态边界条件,进行受力分析。假设空泡表面存在一个控制体,该控制体由包含一部分交界面的无限薄的薄层组成,如图 4.1 所示。可以看到,空泡表面主要受液体表面张力、液体的黏性剪切力、空泡内气体压力 p_B 的作用,即单位面积上空泡表面所受的合力为

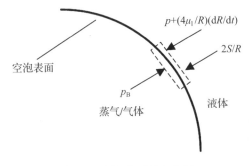

图 4.1 空泡表面受力分析

$$p_{\mathrm{B}} - p - \frac{4\mu_1}{R} \cdot \frac{\mathrm{d}R}{\mathrm{d}t} - \frac{2S}{R} \tag{4.2}$$

式中，S 为表面张力系数，μ_1 为液体动力黏性系数。考虑到空泡内部含有一定的非凝结气体，假定空泡中气体特性是按指数变化的，则空泡内的压力可以表示为

$$p_{\mathrm{B}} = p_{\mathrm{v}}(T_{\mathrm{B}}) + p_{\mathrm{g0}}\left(\frac{R_0}{R}\right)^{3\gamma} \tag{4.3}$$

式中，p_{v} 为饱和蒸气压，T_{B} 为空泡内部局部温度，p_{g0} 为初始气体分压，R_0 为初始空泡半径，γ 为绝热常数。当不考虑通过交界面的质量传输时，式(4.2)所示的合力为 0，那么可以得到空泡表面压力 p 的表达式为

$$p = p_{\mathrm{v}}(T_{\mathrm{B}}) + p_{\mathrm{g0}}\left(\frac{R_0}{R}\right)^{3\gamma} - \frac{2S}{R} - 4\mu_1\frac{\dot{R}}{R} \tag{4.4}$$

由于空泡在发展过程中，与周围液体存在能量交换，因此空泡内的温度一般并不等同于周围液体温度。同时饱和蒸气压是温度的函数，空泡内部温度 T_{B} 偏离远场温度 T_∞ 的程度对空泡的动力学特性有着重要影响，可整理式(4.4)，得到

$$p = -\left[p_{\mathrm{v}}(T_\infty) - p_{\mathrm{v}}(T_{\mathrm{B}})\right] + p_{\mathrm{v}}(T_\infty) + p_{\mathrm{g0}}\left(\frac{R_0}{R}\right)^{3\gamma} - \frac{2S}{R} - 4\mu_1\frac{\dot{R}}{R}$$

$$= -\left[\frac{\mathrm{d}p_{\mathrm{v}}}{\mathrm{d}T_\infty}(T_\infty - T_{\mathrm{B}})\right] + p_{\mathrm{v}}(T_\infty) + p_{\mathrm{g0}}\left(\frac{R_0}{R}\right)^{3\gamma} - \frac{2S}{R} - 4\mu_1\frac{\dot{R}}{R} \tag{4.5}$$

式中，方括号内为温度变化引起的饱和蒸气压差值，也被称为热效应项，表征着热效应对空泡发展的影响。其大小直接由空泡内外的温降 $\Delta T = T_\infty - T_{\mathrm{B}}$ 和介质饱和蒸气压随温度的变化率决定。这里引入布伦南(Brennen)等[2]提出的假设条件并建立热平衡，可得到空泡半径 R 与温降 ΔT 的关系：

$$\Delta T = \dot{R}\frac{\varrho_{\mathrm{v}}L}{\rho_1 c_p}\sqrt{\frac{t}{\lambda_1}} \tag{4.6}$$

式中，$\rho_{\mathrm{v}}, \rho_1, L, c_p, \lambda_1$ 分别为气体密度、液体密度、汽化潜热、比热容、导热系数。将式(4.6)代入式(4.5)中，可得出完整的 Rayleigh-Plesset 方程。

下面利用文献[3]的试验数据对上述模型进行验证。文献[3]利用脉冲激光照明和长距离显微技术测量了单空泡在周期驱动压力下空泡半径随时间的变化，并得到了关键的模型参数——空泡平衡半径。该参数能较好地适用于模型验证。试验条件为：环境压力 $p_0 = 101325\mathrm{Pa}$，驱动压力 $p_1 = -1.29 \times 10^5 \sin(2\pi ft)\mathrm{Pa}$，共振频率 $f = 25\mathrm{kHz}$，空泡平衡半径 $R_0 = 6.18 \times 10^{-6}\mathrm{m}$；初始条件下空泡处于平衡状态，空泡内非凝结气体初始分压 $p_{\mathrm{g0}} = p_0 + 2S/R_0$。

基于已知的边界条件，对式(4.1)进行数值求解，计算格式为四阶 Runge-Kutta

（龙格-库塔）格式。模型可靠性验证如图 4.2 所示,其中左图为压力驱动信号,右图为空泡半径随时间变化的曲线。随着时间推移,外部压力先逐步减小,空泡缓慢生长至最大半径,最大空泡半径的出现滞后于最小压力的出现。压力的进一步增大导致空泡溃灭。相对于生长过程,溃灭过程更加剧烈,并且空泡溃灭后不断反弹,直至达到新的平衡半径。可以看出,预测结果与试验结果吻合较好,预测结果处于试验误差范围以内,这表明此处采用的方法能够较好地预测空泡的行为特征。

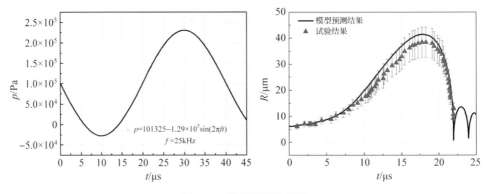

图 4.2　模型可靠性验证

4.1.2　单空泡发展过程影响因素分析

首先考虑空泡在阶跃信号下的生长过程。假设初始空泡半径 $R_0 = 1\text{mm}$,初始非凝结气体分压 $p_{g0} = p_0 + 2S/R_0$,环境压力 $p_0 = 101325\text{Pa}$,空泡处于平衡状态,从 $t = 0\text{s}$ 时刻开始,环境压力与饱和蒸气压差值降低至 $2000\text{Pa}[= p_v(T_\infty) - p_{\text{ini}}]$。

相同条件下常温水和液氧考虑热效应前后空泡生长过程对比如图 4.3 所示。这里人为设定式(4.6)为零,不考虑热效应。对于常温水,两种情况下空泡生长过程几乎完全一样,这表明常温水的热效应可以忽略不计。但是对于液氧,不考虑热效应时,空泡生长过程与常温水的情况相近;考虑热效应以后,空泡的生长过程明显受到抑制,任意时刻的空泡半径和空泡生长速度都大幅减小,这表明对于液氧等低温介质,热效应对空泡生长的影响是不可忽视的。

下面基于考虑热效应的空泡生长模型,进一步探讨温度升高对空泡发展的影响。一般而言,温度升高对空化发展的影响主要体现在两个方面:一是温度升高,液体的饱和蒸气压也增大,对于恒定的环境压力 p_∞,p_∞ 与饱和蒸气压 $p_v(T_\infty)$ 之间的差值减小,空化更容易发生;二是温度升高,液体的热效应增强,也会影响空

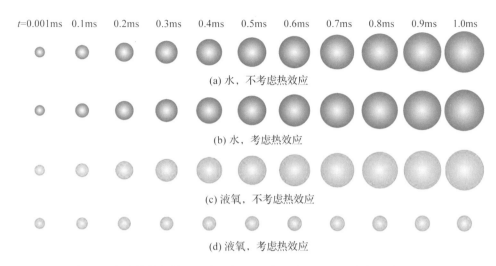

图 4.3　考虑热效应前后空泡生长过程对比(水温 298K,液氧温度 100K)

化的发展。因此,为了讨论空化热效应的影响,通常在相同的压差下$[p_v(T_\infty)-p_{\mathrm{ini}}]$进行分析,通过式(4.6)控制热效应的影响。

　　不同介质在各自典型工作温度下的空泡生长过程如图 4.4 所示。可以看出,相同的初始条件下,空泡半径和半径变化速度均随温度升高而显著减小,温度越高,抑制效果也越强,即热效应越强。随着温度升高,空泡生长最大速度出现时刻提前,这意味着最大空泡生长速度出现的时刻一定程度上可以表征热效应的强弱。液氮、液氧等低温介质的工作温度靠近临界点,具有较强的热效应,在相同的初始条件和外部驱动下,空泡体积显著小于常温水。常温水的工作温度远离临界温度,热效应可忽略;随着水温逐渐升高(靠近临界温度),空泡生长的抑制效果逐渐增强,这表明热效应强度是由靠近临界温度的程度决定的。此外,相对于水,低温介质中空泡的生长对温度变化更敏感,温度仅升高 2K,空泡半径和生长速度就急剧减小,这表明温度的细小变化也能够显著地影响低温介质中空泡的生长,也必然会影响整体的宏观空化特性。

　　进一步给定与试验结果一致的外部压力驱动信号$[p_1=-1.29\times10^5\cdot\sin(2\pi ft)\mathrm{Pa}]$和初始空泡半径($6.18\times10^{-6}\mathrm{m}$)作为初始条件,通过改变水温及相应的物性参数,得到不同温度下空泡的生长过程,如图 4.5 所示。由图 4.5(a)可以看到,在大约 $6\mu\mathrm{s}$ 前,不同温度下的空泡生长过程几乎完全重合,这是由于在空泡生长初期,空泡内部气体变化为绝热过程,即空泡生长由内部气体的膨胀决定,周围液体的温度变化对空泡生长没有影响;而在 $6\mu\mathrm{s}$ 以后,空泡表面的相变过程

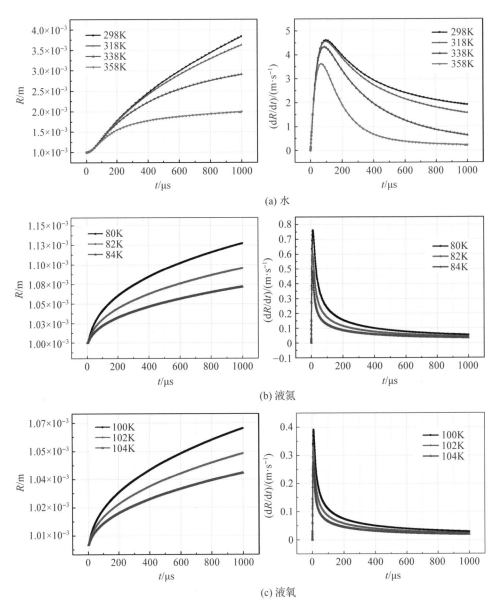

图 4.4　不同介质中空泡生长过程（阶跃信号）

开始影响空泡的生长,空泡内部的气体开始呈等温变化,周围液体温度升高对空泡生长表现出显著的抑制效果,导致空泡半径减小,最大和最小空泡半径出现的时刻均显著提前,即空泡生长周期明显缩短,这充分体现了热效应的影响。

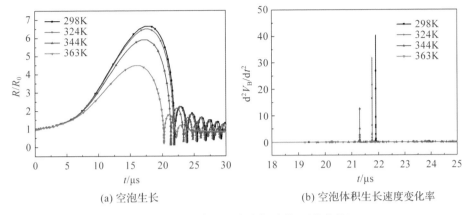

图 4.5　不同温度下空泡生长过程(正弦信号)

随着热效应增强,空泡的溃灭过程更加缓和,溃灭后的反弹迅速衰减。布伦南(Brennen)等[2]研究指出,空泡溃灭释放的压力与空泡体积的二阶函数相关,即 $p \sim d^2 V_B / dt^2 = d^2 (4/3 \pi R^3) / dt^2$,这里 V_B 为空泡体积。图 4.5(b)为不同温度下空泡体积生长速度变化率($d^2 V_B / dt^2$)随时间的变化,也可以理解为空泡溃灭释放的压力随时间的变化。可以看到,压力峰值出现在空泡半径最小的时刻,随着温度升高,压力峰值显著减小,这是热效应削弱空泡溃灭破坏作用的物理根源。

4.2　空泡群动力学分析

上一节初步讨论了单空泡的生长过程及规律,而在工程实际中,空化现象多以空泡群的形式出现,空泡群与单空泡有着截然不同的动力学特性[4],本节将对此做进一步分析。针对水力机械中的气液两相流问题,以空泡群为特征的空化云模型受到了各国科学家的高度重视。本节利用数值计算的方法模拟空泡群的动态响应,通过与一些经典宏观模型的计算结果对比,试图从微观尺度上深入探索空化振动的内在机理和规律。

空泡界面热力学行为及相间作用机理的复杂性和产生/溃灭的快速性等因素,使得准确模拟复杂流道中的空化云动力学行为非常困难。目前对两相流中的各相进行数值模拟通常有两种方法:一是将某相视为不连续的离散型,对每个质点进行拉格朗日追踪(Lagrangian tracking),即拉格朗日方法;二是认为连续相和离散相均是统计连续的,根据连续性理论导出欧拉型基本方程,即欧拉方法。相比于欧拉方法,拉格朗日方法的优点是能够直接、真实、准确地跟踪气液界面随流场的变化,它不仅有利于模拟单空泡的动态响应,而且由于充分反映了空泡间的相互作用力,对空泡群非定常动力学特性的微观分析有着非常重要的价值。本节采用的是一种基于界面追踪(front tracking)的直接数值模拟(DNS)方法[5]。它的主要特点是同时采用了固定和动态两套网格,并且引入了指示函数,从而在整个运算过程中,既保证了气液界面一定的锐度,又保证了数值计算的速度和稳定性。由于直接解算 N-S 方程,该方法从本质上突破了以往模型对最大气体体积分数的限制,因此计算对象更接近实际。

4.2.1 物理模型

本小节研究的是壁面附着空化层对压力扰动的动态响应[6],计算对象既可以是二维区域,也可以是三维区域。为了更接近实际,这里采用一个矩形柱体作为计算域,里面充满了含有一定数量空泡的液体(图 4.6)。根据前人经验,一般非定常空化云的主要气体组分的体积分数常常在10%以上,所以假设在初始状态下,这些空泡的形状为大小各异的球体,以气体体积分数 $\alpha=$ 11%~27% 及不同分布方式悬浮在液体中,并且整个过程中空泡内的气体压力遵守等温变化规律。

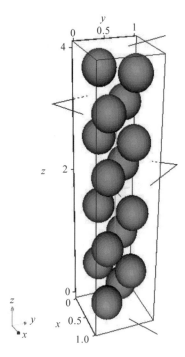

在此 $1\times1\times4$ 柱体计算域中,4 个周向边界面为周期性边界条件,使得实际研究区域在横向是无限拓展的;柱体底部边界条件设置为刚体壁面;压力激励 Δp 沿 z 向施加在该柱体的顶部表面。

图 4.6 计算域和边界条件

4.2.2 数学模型

整个计算域中,黏性两相流体运动的控制方程是非定常 N-S 方程。不同相由不同的密度和黏度来确定。方程的守恒形式为

$$\frac{\partial}{\partial t}(\rho \boldsymbol{u}) + \nabla \cdot (\rho \boldsymbol{uu}) = -\nabla p + \nabla \cdot \mu(\nabla \boldsymbol{u} + \nabla^{\mathrm{T}} \boldsymbol{u}) + \rho g + \boldsymbol{F}_{\sigma} \quad (4.7)$$

式中，$\boldsymbol{u}, \rho, p, \mu, g, \boldsymbol{F}_\sigma$ 分别为速度矢量、密度、压力、黏度、重力加速度、表面张力（除了界面上外，在各处为零）。

由于将纯流体假设为不可压缩流体，连续方程可简化为

$$\nabla \cdot \boldsymbol{u} = 0 \tag{4.8}$$

完整的方程组还包括密度和黏度的输运方程，求解完整方程组可以获得所有流场信息，但是这样做会使整个计算过程十分复杂，由于参数的不连续，界面附近的计算会出现较大的波动。为了解决这个问题，本小节的 DNS 方法不去直接求解密度和黏度的输运方程，而是更新每一时间步的密度和黏度，仅在计算域中用有限差分的方法求解方程(4.7)和(4.8)就可以了。

这里引入一个指示函数 $I(\boldsymbol{x})$ 来表示空泡的界面位置（$\boldsymbol{x}$ 用于表征位置）；在空泡内，$I(\boldsymbol{x}) = 1$；在空泡外的液体中，$I(\boldsymbol{x}) = 0$。

由于各相中的密度和黏度是不变的，这样，通过指示函数 $I(\boldsymbol{x})$ 就可以正确地计算出各个网格点上的局部密度和黏度值：

$$\rho(\boldsymbol{x}) = \rho_o + (\rho_B - \rho_o) I(\boldsymbol{x}) \tag{4.9}$$

$$\mu(\boldsymbol{x}) = \mu_o + (\mu_B - \mu_o) I(\boldsymbol{x}) \tag{4.10}$$

式中，下标 B 和 o 分别用来指示空泡内的气体和空泡外的液体。

采用快速泊松求解器来求解指示函数：

$$\nabla^2 I(\boldsymbol{x}) = \nabla \cdot \boldsymbol{G}(\boldsymbol{x}) \tag{4.11}$$

式中，$\boldsymbol{G}(\boldsymbol{x})$ 为每个静止网格点上指示函数的梯度，其表达式如下：

$$\boldsymbol{G}(\boldsymbol{x}) = \sum_l \boldsymbol{D}(\boldsymbol{x} - \boldsymbol{x}^{(l)}) \boldsymbol{n}^{(l)} \Delta s^{(l)} \tag{4.12}$$

式中，$\boldsymbol{n}^{(l)}$ 为垂直于某界面单元 l 的单位矢量；$\Delta s^{(l)}$ 为某界面单元 l 的表面积；$\boldsymbol{D}$ 为分布函数，用以确定每个界面网格点上的参量应该转移到邻近的不同静止网格点上的比例，其表达式如下：

$$\boldsymbol{D}(\boldsymbol{x} - \boldsymbol{x}^{(l)}) = \begin{cases} (4h)^{-\alpha} \prod_{i=1}^{\alpha} \left[1 + \cos \dfrac{\pi}{2h}(x_i - x_i^{(l)})\right], & |x_i - x_i^{(l)}| < 2h, i = 1, \alpha \\ 0, & \text{其他} \end{cases} \tag{4.13}$$

式中，α 为相组分数，h 为自定义的特征参数。

通过以上方法，就可以得到指示函数 $I(\boldsymbol{x})$，它的值在各相中是恒定的。显然，该方法可以很容易地从两相推广到多相的情况。

因此，每个网格点上的表面张力可以表示为

$$\boldsymbol{F}_\sigma(\boldsymbol{x}) = \sum_l \boldsymbol{D}(\boldsymbol{x} - \boldsymbol{x}^{(l)}) \boldsymbol{F}_\sigma^{(l)} \tag{4.14}$$

式中，$\boldsymbol{F}_\sigma^{(l)}$ 为界面点上的表面张力。

采用类似的方法，界面点上的速度也可以从它邻近网格点上的速度值得到：

$$\boldsymbol{u}^{(l)} = \sum_i \boldsymbol{D}(\boldsymbol{x} - \boldsymbol{x}^{(l)}) \boldsymbol{u}_i \tag{4.15}$$

$$\frac{\mathrm{d}\boldsymbol{x}^{(l)}}{\mathrm{d}t} = \boldsymbol{u}^{(l)} \tag{4.16}$$

4.2.3 数学方法

根据第 4.2.2 节的思路，为了更好地引入指示函数 $I(\boldsymbol{x})$，我们采用两组网格进行离散化：计算域用 $34\times34\times128$ 个网格节点的静止结构化网格离散，气液界面则由另一套动态三角形网格来表示（图 4.7），空泡内部与外围液体的信息通过它进行传递。

(a) 初始状态　　　　　　　　　　　(b) 发生变形后

图 4.7　界面网格

空泡界面处于气液之间，若压力、密度等性能参数变化梯度过大，极有可能在数值计算过程中造成强烈不稳定现象的发生。为了避免这种情况，我们开发了可求解空泡群动态特性的 DNS 程序，在该程序中设定界面存在极小的人工厚度，其大小为固定网格尺寸的尺度，即界面的锐度取决于固定网格的密度。

由于动网格上的节点不断随局部流场的变化而移动，当形成的一些界面单元变形过大,无法保证其具有适当比例的几何形状或足够的分辨率时,就必须采取适当的措施改变原有网格的结构。在二维问题中,界面单元为直线,只需在其中增加或减少点即可,所以重构过程十分简单。而在本章的三维问题中,界面单元变为面,所以重构过程相对比较复杂。这里根据界面单元变形的性质,采取以下3 种基本方式(图 4.8):增加节点(如果网格单元过大);删减节点(如果网格单元过小);改变连接方式(如果几何形状不合理)。

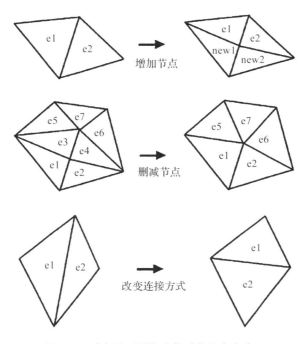

图 4.8　动态界面网格重构时的基本方式

在动量方程中,空间项采用二阶差分方法,时间项采用二阶积分方法,指示函数的梯度 $G(x)$ 采用二阶中心差分方法。本小节的 DNS 程序全部采用 FORTRAN语言编制,其主体流程如图 4.9 所示。根据空泡和流场的初始条件构造空泡界面;确定相应的指示函数和时间步长,从而确定整个计算域中的密度、黏度和表面张力等;然后采用一种预测-修正的方法计算速度场,采用一种逐次超松弛(successive overrelaxation,SOR)的方法求解压力方程,其中的迭代过程在满足一定的收敛准则时就会结束;在计算域顶部施加新的激励后,空泡界面会根据新的状态完成重构,密度、黏度和表面张力等状态参数也就随之更新。不断重复以上过程,则完成了一个个时间步的状态计算,从而模拟了这个动态响应的非定常过程。

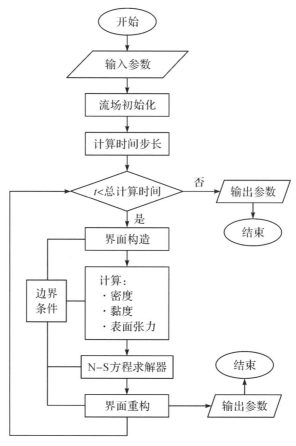

图 4.9　DNS 程序流程

4.2.4　结果与讨论

首先计算柱状液体中含有 32 个空泡的情况,这些空泡以气体体积分数 $\alpha =$ 26.8% 均布。当计算域顶部的压力突然以 Δp 的激励发生变化时,就会形成一个压力波,并在空泡液体中沿施力方向传播。对角线截面上不同时刻的压力分布如图 4.10 所示。

不同时刻的空泡变形和位移如图 4.11 所示。可以看出,当压力波经过时,压力和速度等局部状态发生变化,该处的空泡也随之变形和移动。初始状态为球形的空泡在动态响应中呈现了非球形对称变化。

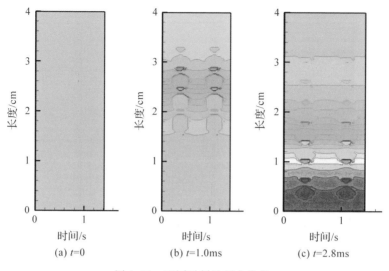

图 4.10　不同时刻的压力分布

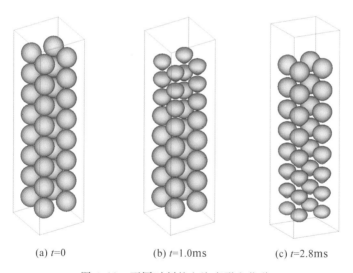

(a) t=0　　　　　(b) t=1.0ms　　　　　(c) t=2.8ms

图 4.11　不同时刻的空泡变形和位移

不同时刻的速度场分布如图 4.12 所示,从中可以观察到压力波对局部速度场分布的影响。

为了更好地分析压力波在流场中的传播规律,程序在 z 向的不同位置设置了 4 处观测点以捕捉压力随时间的非定常变化。根据这些数据,可以清楚地估计压

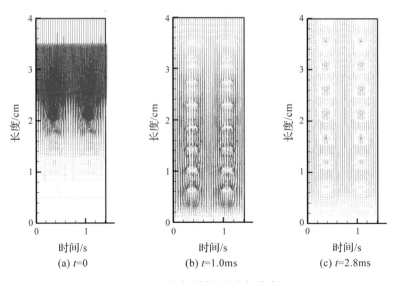

图 4.12　不同时刻的速度场分布

力波的能量特性和平均传播速率。不同阶跃激励下不同位置处的压力变化如图 4.13 所示。可以看到,激励施加的持续时间和幅值与生成的压力波的衰退时间和幅值存在一定关系,低频和较大幅值激励形成的压力波衰退较慢,其实这也从一方面反映了输入和输出的能量守恒。从图 4.13 的 3 张子图中,通过相同幅值压力波在初始阶段所经历的时间,可以估算出 3 种阶跃激励下形成的压力波的传播平均速率都约为 14.6m/s。

根据 van Wijngaarden 在 1980 年提出的著名的线性理论模型,空泡与液体混合物中的声速 c 为[1]

$$c^2 = \frac{\mathrm{d}p}{\mathrm{d}\rho} = \frac{\gamma p_0}{\rho_l \alpha(1-\alpha)} \tag{4.17}$$

针对前面的算例,即气体体积分数 $\alpha=26.8\%$ 的情况,由式(4.17)计算得到声速 c 大约为 16.8m/s。这个差异很好地反映了空泡群响应的动力学本质。空泡的存在大幅度地减小了波在其中的传播速度,使其远小于纯净水或纯净气体中的声速(分别为 1480m/s 和 332m/s)。由图 4.13 可以看到,在相同气体体积分数下,尽管施加的阶跃激励的特点不一样,但是其诱发形成的压力波会表现出相同的传播速度。经过几个周期的空泡脉动,随着压力波在计算域中传播,在传播路径上不同位置处的压力开始以一定的低频同相脉动。其幅值取决于激励输入计算域的能量,并且由于流体黏性耗散作用而逐渐衰减。

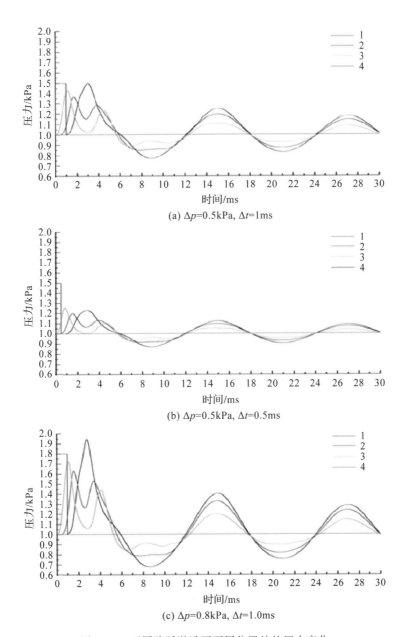

(a) $\Delta p=0.5\text{kPa}, \Delta t=1\text{ms}$

(b) $\Delta p=0.5\text{kPa}, \Delta t=0.5\text{ms}$

(c) $\Delta p=0.8\text{kPa}, \Delta t=1.0\text{ms}$

图 4.13　不同阶跃激励下不同位置处的压力变化

不同气体体积分数下的空泡体积脉动如图 4.14 所示。含气率较低的空泡液体表现出较高的频率,反之亦然,而较高频率的脉动会衰减得更快些。显然,这种脉动反映了空泡群体积的整体特性,会造成系统全局性的非定常状态。

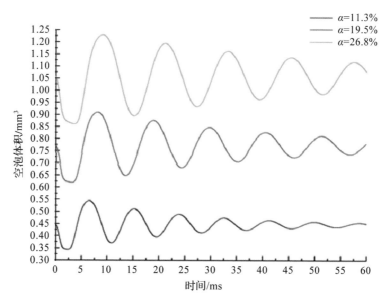

图 4.14 不同气体体积分数下的空泡体积脉动

对于等熵气体,单空泡的角频率为

$$\omega_{\mathrm{B}}^2 = 3\gamma \frac{p_0}{\rho_1 R_0^2} - \frac{2\sigma}{\rho_1 R_0^3} \tag{4.18}$$

如果忽略表面张力,它的自然频率为

$$f_{\mathrm{B}} = \frac{1}{2\pi R_0}\left(\frac{3\gamma p_0}{\rho_1}\right)^{\frac{1}{2}} \tag{4.19}$$

代入前面 DNS 计算的参数(空泡的无量纲化半径 $R_0 = 0.2$),得到 $f_{\mathrm{B}} \approx$ 10000Hz。显然这个频率值远大于前面 DNS 结果中得到的频率(参见图 4.14)。因此,可以认为:采用 DNS 计算发现的低频脉动不是单个空泡的动力学特性,而是整个空泡群的体积脉动,即空泡群的整体动力学行为。

为了进一步探究外界激励形式对空泡群体积脉动的影响,保持液柱中空泡分布、大小及含量不变,只将施加在计算域顶部的扰动从阶跃形式改变为两种相位相差 180° 的正弦形式:$\Delta p = 0.5\sin\omega t$ 和 $\Delta p = -0.5\sin\omega t$,两者的施加时间保持一致,$\Delta t = 1$。不同正弦激励下不同位置处的压力变化如图 4.15 所示。可以看到,尽管激励形式发生了改变,但是引起的空泡群体积脉动的主要特征并未明显变化,其稳定段频率都与阶跃激励诱发的脉动一致。不过值得注意的是,空泡群体积脉动的相位由外界施加的激励的相位决定。

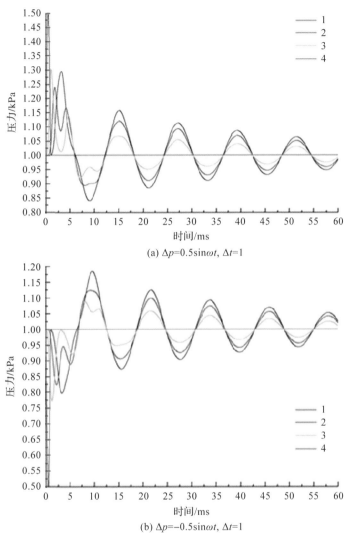

(a) $\Delta p=0.5\sin\omega t,\ \Delta t=1$

(b) $\Delta p=-0.5\sin\omega t,\ \Delta t=1$

图 4.15　不同正弦激励下不同位置处的压力变化

下一步是观察空泡群内部结构对其动力学特性的影响。现有 16 个半径 $R_0=0.2$ 的空泡以及 16 个半径 $R_0=0.15$ 的空泡,在初始状态改变空泡的空间分布形式,分为 3 种情况:①将它们按每层 4 个相同大小的空泡交替均匀放置在液柱中;②将 $R_0=0.2$ 的空泡均匀放置在液柱上半部分,将 $R_0=0.15$ 的空泡放置在下半部分;③空泡分布情况刚好与情况②相反。显然对于所有 3 种情况,气体体积分数都是相同的，即 $\alpha=19.1\%$。空泡体积随时间变化的计算结果如图 4.16 所示。与图 4.14 对比，可以得出，空泡群被诱发的脉动频率不仅与总的气体体积含量有关，而且也受到空泡空间分布的影响。

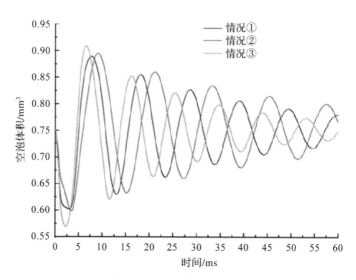

图 4.16　相同体积分数但分布不同时的空泡体积脉动

根据前人的探索，可以把整个计算域看作一个复杂的阻尼系统。该系统至少包括两种子系统：单个空泡和外围液体。其中，空泡可被看作弹簧，而液体可被简化成质量。空泡弹簧具有势能，液体质量具有动能。压力波在空泡流体中传播时，激发空泡的局部脉动，其形式表现为形状和体积的变化。通过空泡之间相互作用产生的耦合机理，整个空泡液体中会发生多种模式的脉动，其频率范围包括最高的单空泡的自然频率至最低的空泡群的同相体积脉动频率。所以，整个系统中动能与势能相互转换构成了空化云动力学的能量模式。

因此，从能量守恒的角度也可以很好地理解这个动态响应过程：首先外界施加的扰动将能量输入计算域中，形成了压力波；压力波经过空泡时，又将能量传递给空泡；通过大量空泡间的复杂相互作用，最后形成了整个空泡群体积脉动的能量。本章利用 DNS 方法计算得到的同相低频脉动正是其中影响最大的脉动模式，它的振幅取决于外界扰动输入的能量，并由于流体黏性耗散作用而随时间逐渐衰退。能量形式从一开始激发的单个空泡脉动转变成后来的空泡群整体的体积脉动，正是这个动态响应过程的非线性反映。换句话说，由于非线性的影响，能量上体现了单个空泡的无序势能向空泡群整体有序势能的转换，频谱上反映了压力脉动趋向低频周期性。

以上分析解释了空泡群体积脉动的一些特性:空泡群体积脉动频率远低于单空泡,与外加扰动的振幅(Δp)、持续时间(Δt)和形式无关,而取决于空泡群自身的特征,如气体体积含量、空泡大小和它们的空间分布。因此,在以空化云为主要特征的两相流动中,不同工况下空化云的形态和特点不同,即其内在特征不一样。在某种工况下,流场中多种因素产生的压力扰动,会激发空化云的多种模式的脉动,如果此时其中空泡群体积脉动与管路系统的固有频率接近,就会发生空化共振等低频振动现象,从而危害整个系统。所以,对于整个水力系统来说,空化云已经不只是一个被动的阻尼系统,而是一个具有整体动力学特征的主动的潜在激励源。

虽然要想真正揭示空化振动的内核还需要进行大量深入的探索,但是本章采用 DNS 方法完成的数值模拟工作不仅在微观层面发现了空泡群的许多重要动力学特性,解释了许多实际工程中遇到的现象,而且为研究空化低频振动提供了很好的研究方法。它从技术上完全突破了以往数值计算中对小气体含量的约束,研究模型更加接近空化振动时的实际流动环境。

参考文献

[1] Franc J P, Michel J M. Fundamentals of cavitation[M]. Dordrecht, the Netherlands: Kluwer Academic Publishers, 2004.

[2] 布伦南. 泵流体力学[M]. 潘中永, 译. 镇江: 江苏大学出版社, 2012.

[3] 刘亚楠, 陈伟中, 黄威, 等. 稳态声空化泡的高精度测量技术[J]. 科学通报, 2005, 50(22): 2458-2462.

[4] Li S C, Zhang Y J, Hammitt F G. Investigation of low-frequency pressure fluctuation associated with cavitating venturi flow: No. UMICH 014571-64-1[R]. Ann Arbor, US: University of Michigan, 1983.

[5] Chen H, Li S C, Zuo Z G, et al. Direct numerical simulation of bubble-cluster's dynamic characteristics[J]. Journal of Hydrodynamics, 2008, 20(6): 689-695.

[6] Zuo Z G, Liu S H, Li S C. Volumetric oscillations of cloud at cavitation resonance[C]// WIMRC 2nd International Cavitation Forum. Warwick, UK, 2008.

第 5 章　诱导轮空化流动研究

本章首先介绍了与空化相关的基础知识,然后进一步从试验、数值模拟和理论分析 3 个方面介绍了涡轮泵内部的空化流动特性。其中试验部分包括诱导轮空化性能试验、可视化试验、动态参数采集试验等,数值模拟包括低温空化数值模拟、空化不稳定数值模拟等,理论分析包括旋转空化理论模型推导与应用、旋转空化传播机理分析等。

5.1　诱导轮空化流动理论基础

空化是指流场中压力低于饱和蒸气压时形成蒸气空泡的相变过程。由前一章可知,当流场中压力 p 低于饱和蒸气压 p_v 时,空化并不一定会发生。由于液体表面张力作用,纯净液体能够承受几百个大气压的张力 $\Delta p = p_v - p$。但在实际工程流动环境中,液体中一般含有非凝结气体或固体颗粒,或者周围边界上会存在细小的缝隙,这些促进液体破裂的因素被称为空化核子。由于空化核子的存在,液体并不会承受巨大的张力,因此可以假设流场中压力 p 达到饱和蒸气压 p_v 时,空化就会发生。本书针对空化的研究也是基于该假设。事实上,空化初生是个极其复杂的物理过程,涉及的因素众多,相关研究可查阅布伦南(Brennen)等[1]的工作成果。

5.1.1　空化相关的表征参数

在传统方法中,通常用空化数 σ 作为空化发展程度的表征,其表达式为

$$\sigma = \frac{p - p_v}{0.5\rho_l U^2} \tag{5.1}$$

式中，ρ_l 为液体密度，p 为来流静压，U 为特征速度，可取为来流速度。

对于水力机械，U 取叶轮顶部周向速度。可以看到，不论空化是否发生，不同的来流压力对应不同的空化数。空化一般初生于流场中局部压力最低的位置。逐步降低来流压力，直至空化开始出现时，可以定义一个特定的初生空化数 σ_{ini} 如下：

$$\sigma_{ini} = \frac{p_{ini} - p_v}{0.5\rho_l U^2} \tag{5.2}$$

同样地，根据空化发展的程度，可以定义不同的特征空化数。例如对于水力机械，当空化发展比较严重时，泵做功能力会下降，将扬程下降 2%（3% 或 5%）时对应的空化数称为第一临界空化数 σ_1；进一步降低压力，当发生扬程断裂时，将对应的空化数称为断裂空化数 σ_B，下一节将详细介绍。

在水力机械中，还有一个空化参数被较频繁应用，即 NPSH（net positive suction head，净正抽吸压头，也叫汽蚀余量），其表达式为

$$\text{NPSH} = \frac{p_T - p_v}{\rho_l g} \tag{5.3}$$

式中，p_T 为来流总压，即 $p_T = p + 0.5\rho_l V_m^2$，其中 V_m 为来流轴向速度。

假设入口无预旋，可以定义流量系数为

$$\Phi = \frac{V_m}{U} \tag{5.4}$$

那么可以得到空化数 σ 和汽蚀余量 NPSH 之间的关系为

$$\text{NPSH} = \frac{U^2}{2g}(\sigma + \Phi^2) \tag{5.5}$$

前文对特征空化数的定义方法同样适用于汽蚀余量。根据第一临界汽蚀余量 NPSH_1，可以定义汽蚀比转速 C，其表达式为

$$C = \frac{5.62n\sqrt{Q}}{(\text{NPSH}_1)^{3/4}} \tag{5.6}$$

式中，n 为转速，Q 为体积流量。C 与水力机械具体的结构形式相关，也是水力机械设计过程中的重要参数。

5.1.2　泵空化性能

典型泵空化性能曲线如图 5.1 所示，一般通过保持泵转速、流量恒定，逐步降低来流压力进行试验而获得。其中纵坐标为扬程系数，表征泵做功能力，其

表达式为

$$\psi = \frac{p_{out} - p_{in}}{0.5\rho_l U^2} \tag{5.7}$$

式中，p_{in} 和 p_{out} 分别为泵进口和出口压力。

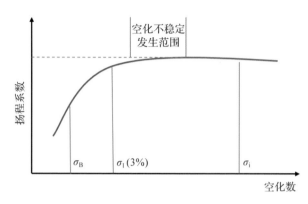

图 5.1　典型泵空化性能曲线

　　可以看到，空化可能在来流压力较高时就已经发生，但是此时的空化对泵做功能力没有显著影响。随着来流压力降低，空化范围逐渐扩大，但是扬程系数依然保持水平。此时泵扬程虽然不受影响，但是在特定的空化数范围内，可能发生超同步旋转空化等空化不稳定现象，这会造成泵振动量级增大，影响液体火箭发动机的可靠性。某型液体火箭发动机涡轮泵研制过程中，长期存在空化诱发的流动不稳定现象，这是影响发动机可靠性的严重隐患。空化不稳定通常发生在扬程出现明显断裂以前，也可能出现在设计流量工况中，具有较强的隐蔽性，时至今日还没有可靠的设计手段可以彻底解决该问题。

　　随着压力进一步降低，扬程系数开始降低。一般将扬程开始改变时的空化数作为临界点，但是要确定扬程开始改变的时刻，需要空化试验做得足够精细。工程实际中，为了便于量化分析，通常将扬程下降一定程度（如 3%）对应的空化数作为临界点。继续降低来流压力，可能造成扬程大幅下降。根据泵结构特征和运行工况的不同，扬程断裂也可能有不同的形式：可能断裂得比较急剧（垂直下降），此时比较容易确定断裂点的空化数 σ_B；也可能断裂得比较平缓，此时可将扬程下降 30% 时对应的空化数作为断裂点。

5.1.3　泵空化类型

在主泵上游安装诱导轮以提升涡轮泵的空化性能已经是目前航天工业中一种常见的技术。典型的诱导轮结构如图 5.2 所示。其安装角较小,一般不超过10°,保证叶片具有较小的载荷;同时叶片流道较长,叶片前缘生成的空泡有足够的时间和空间在到达流道出口前完成溃灭,从而避免空泡进入离心泵。这样的结构特征保证了诱导轮能够在一定的空化条件下正常工作。

某型涡轮泵在设计工况下的内部空化区分布如图 5.3 所示。可以看到,空化区主要集中在诱导轮入口,因此空化引起的危害一般也集中于诱导轮,或者通过诱导轮向发动机整机传递。有鉴于此,本章大量篇幅以诱导轮为研究对象,首先介绍诱导轮空化类型。

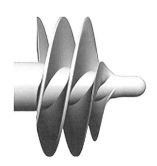

图 5.2　典型诱导轮结构　　　　图 5.3　典型涡轮泵内空化区分布

诱导轮空化类型大致上可以分为 3 类:泄漏涡空化、回流涡空化和叶片表面附着空化。根据结构特征和运行工况的变化,不同类型的空化特征又可能相互影响、相互连接,因此诱导轮空化流动特征极其复杂。

对于开式诱导轮,由于叶片压力面和吸力面存在压差,叶片顶部会形成跨越叶顶间隙的泄漏流,在主流剪切作用下,叶片前缘的泄漏流卷起形成泄漏涡,涡核处压力较低,因此随来流压力降低,空化一般初生于泄漏涡涡核处(图 5.4)。泄漏涡空化也是最早可见的空化形式,其形态受泄漏涡的影响,呈细长条状,尾部呈螺旋状,不停摆动。随着来流压力的降低,泄漏流中会出现剪切层空化,与泄漏涡空化连成一片,形成稳定的叶尖空化区,下文中将详细介绍。泄漏涡空化在开式轴流泵中几乎是不可避免的,可以通过改变叶顶间隙和叶片载荷等因素改变泄漏涡空化的发展过程。

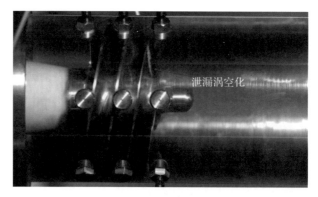

图 5.4　泄漏涡空化

当诱导轮处于小流量工况时,叶片上游会形成若干个回流涡。回流涡既绕叶轮转轴公转,也绕自身涡核自转,受其影响,空化区倾向于向叶片上游聚集,形成回流涡空化(图 5.5)。回流涡的形成机理目前仍有争议,Tan 等[2]认为叶片表面的分离流动受到泄漏流的诱导,因此形成了垂直于叶片表面的涡结构。Fanning 等[3]对比了有无间隙两种情况下的回流涡,发现无间隙时回流涡依然存在,甚至长度有所增加,因而得出结论:泄漏流并不是回流涡形成的原因,叶片入口扩散度才是回流涡形成的决定因素。不过该机理尚未得到可靠的试验证实。

图 5.5　回流涡空化

当流量较大时,来流攻角较小,叶片表面不易形成分离流动。随着来流压力的降低,叶片前缘吸力面倾向于形成附着空化(图 5.6)。当附着空化沿流向延伸至叶片流道内部时,流道面积减小,阻塞程度增大,相较于其他两类空化,附着空化更容易导致扬程下降。因此在典型的诱导轮空化性能曲线中,流量越大,空化断裂越平缓。

图 5.6 叶片表面附着空化

5.2 诱导轮空化流动试验研究

5.2.1 试验方法

由前文可知,空化发展至一定程度时才会对扬程产生显著的影响,空化不稳定现象多发生于扬程未受影响区域。传统的水力性能试验系统以获得泵外特性为目标,无法获得泵内部空化流动细节。西安航天动力研究所搭建了国内首座可控温诱导轮空化可视化试验系统,具体试验系统原理和测试段布局如图 5.7 所示,整个试验装置为循环回路。保证储水箱有足够的水位,试验过程中,经除气后的水从水箱流出,经过滤器、热交换器等部件后,到达测试段。测试段壳体为有机玻璃材质,能够实现可视化拍摄。同时壳体上布置有测点,用于安装压力脉动传感器。诱导轮试验件由电机驱动,提供满足试验需求的转速。流出测试段的水经过增压泵、流量计和控制阀门等部件后回到储水箱,流量计测量回路中的流量,通过增压泵和控制阀门开度调节回路中的流量。该试验系统的特色之处如下:①配备有除气系统,来流的含气量会显著改变空化流动特性,因此空化试验应在含气量尽可能低的条件下进行,以提高试验的可信度,该试验台配有单独的除气循环回路,在每次试验前,通过运行除气循环回路一段时间,可使来流含气量大幅降低,目前可降低至 3ppm①,达到空化试验的含气量要求;②配备有温控系统,储水

---

① 1ppm=0.0001%。

箱内安装有电加热器,与测试段上游的热交换器组成温控系统,可以对来流温度进行准确控制,目前可实现的最高水温为 95℃,温度偏差不超过 0.5℃,通过改变水温,可以在不同热效应强度条件下进行诱导轮空化流动特性试验研究。这也是目前国内唯一具备热效应调节能力的诱导轮空化可视化试验系统,关于该试验系统的详细介绍请查阅文献[4,5]。

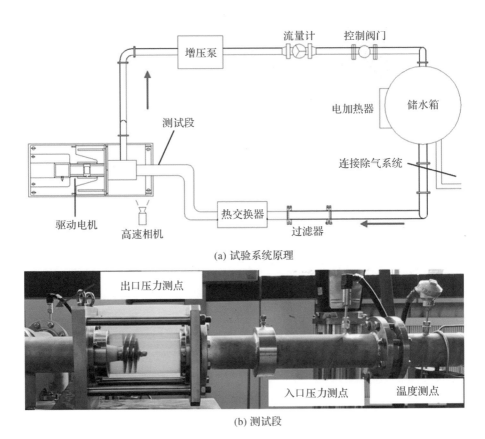

(a) 试验系统原理

(b) 测试段

图 5.7　西安航天动力研究所诱导轮空化可视化试验台

　　本章中的试验主要分为诱导轮无空化水力性能试验、诱导轮空化试验和诱导轮压力脉动采集试验 3 类。当进行无空化水力性能试验时,首先通过给排水系统对水箱进行加水,保证试验系统回路畅通,水充满整个回路,当水箱中水位达到预定值时,通过增压系统进行加压,保证回路中的压力足够高(一般为 0.2MPa 以上),避免试验过程中出现空化。压力稳定后,开始启动电机,调整诱导轮转速。当转速达到预定值时,通过阀门和增压泵的配合,调节通过测试段的流量。当初始流量达到预定值时，开始采集试验数据。此后保持回路中压力和诱导轮转速不变，调节阀门不断减小（或增大）流量，在此过程中，测控系统一直在连续采集试验数据，直至试验结束。调整转速、温度等试验工况，重复上述步骤，直至所有工况的试验均完成。

当进行空化试验时，由于水中含气量对试验结果可能会有较大影响，因此对试验系统加水完毕后，需要运行除气系统一段时间，直至水中含气量降至 10ppm 以下；然后通过增压系统进行加压，保证初始压力足够高；进一步启动电机，使诱导轮转速达到预定值；调节阀门和增压泵，使流量达到预定值。若进行考虑热效应的试验，则需要启动水箱中的电加热器进行加热，直至回路中温度达到预定值。待来流压力、转速、流量和温度均稳定后，开始采集试验数据，保持流量和转速不变，调节增压系统，不断降低来流压力。同时，为了避免高速相机连续工作，需要预先设定视频采集工况，当压力降低至预定的采集点时，采集系统通过触发通道向高速摄像系统自动发出同步信号，减小同步误差，准确控制拍摄视频的工况点。当诱导轮扬程发生明显断裂，测试段内发生严重空化时，停止试验，在此过程中，数采系统同样连续采集数据。调整转速、流量和温度等工况，重复上述步骤，直至所有工况的试验均完成。

上述两类试验采集的均为稳态试验数据，即通过数采系统低速通道采集，采样率为 1kHz。对每秒采集的 1000 个数据点进行平均，将平均值作为最终可用于分析的试验数据。

进行压力脉动采集试验时，由于数采系统已经预留了高速采集通道，因此只需将测试段壳体更换为设置了测点的透明壳体，安装并连接好动态压力传感器即可，具体试验步骤与空化试验一致。针对压力脉动信号的数据处理，本章主要采用快速傅里叶变换（FFT）、短时傅里叶变换（STFT）、相位差分析和互相关分析等方法。此外，压力脉动受空化区波动的影响而呈强非定常性，为准确分析压力脉动信号的频率特性，本章引入小波分析方法对压力脉动信号进行处理。

5.2.2　诱导轮水力性能

在诱导轮设计过程中，首先需要保证诱导轮具有足够的扬程。水力性能试验是为了获得诱导轮在无空化状态下的水力性能，得到诱导轮在稳态条件下的流量系数与扬程系数的关系曲线。

诱导轮水力性能试验在常温条件下进行。试验开始前运行除气循环系统一段时间，之后保持入口压力 0.2MPa 不变，调节转速达到设定转速条件，缓慢调节试验流量从 $60\%Q_o$ 到 $110\%Q_o$（Q_o 是指相应转速条件下的额定流量），并在每个流量测试工况点维持一段时间，以使回路达到稳定状态，之后对诱导轮入口和出口压力进行测量,得到稳态下的流量系数 Φ 与扬程系数 ψ 的关系曲线。之后改变转速,测试不同转速下的诱导轮水力性能,获得不同转速下诱导轮水力性能曲线,如图 5.8 所示。

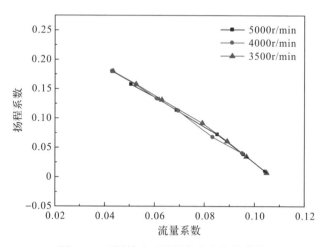

图 5.8　不同转速下诱导轮水力性能曲线

可以看到,随着流量系数的增大,诱导轮扬程系数几乎线性减小,这符合诱导轮扬程特性的一般规律。图中 3 种转速下的曲线几乎是完全重合的。当转速为 3500r/min 时,相应的雷诺数为 2.06×10^6,已经满足流动自模化条件($>10^6$),即试验在完全湍流的条件下进行,因此转速进一步增大对扬程系数没有显著影响,验证了试验台在 Q/n(即流量/转速)相同的相似工况下的重复性。从图中还可以看出,诱导轮工作的最大流量工况为 $120\%Q_0$,在该工况下,诱导轮扬程接近 0,在此条件下,工作时易发生由诱导轮扬程不足而引起的流量阻塞。

5.2.3　诱导轮空化性能

诱导轮空化性能试验在常温条件下进行。试验开始前运行除气循环系统一段时间,试验过程中测得含氧量在 0.635ppm 左右,即含气量在 3.175ppm 左右,满足试验要求。试验时首先将转速、流量调节至试验工况,从较高的入口压力开始,缓慢降低诱导轮入口压力;当达到既定空化数条件下的压力时,触发同步信号,使用高速摄像机对诱导轮空化状态进行拍照采集;继续降低诱导轮入口压力,直至诱导轮发生扬程断裂或达到试验系统压力下限。然后改变流量,重复上述步骤,直至所有工况的试验均完成。

　　60％Q_0工况下诱导轮空化性能曲线和空化发展过程分别如图 5.9 和图 5.10 所示。可以看到,在空化数(σ)较高的(a)点,出现了较为明显的空化。此时的空化是由泄漏涡引起的,称为泄漏涡空化。诱导轮的工作特性没有发生变化,说明空化的初生并不影响诱导轮的扬程性能。在(b)点,可以观察到出现了剪切层空化,

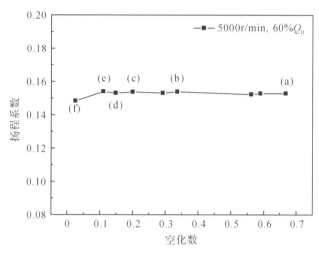

图 5.9　60％Q_0工况下诱导轮空化性能曲线

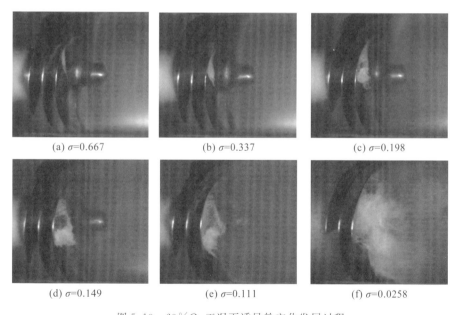

(a) σ=0.667　　　　(b) σ=0.337　　　　(c) σ=0.198

(d) σ=0.149　　　　(e) σ=0.111　　　　(f) σ=0.0258

图 5.10　60％Q_0工况下诱导轮空化发展过程

且泄漏涡空化逐渐与剪切层空化连成一片,形成三角形空泡云团。在(c)点和(d)点之间,随着空化数的降低,空化区进一步扩大,剪切层空化与泄漏涡空化已经完全连成一片。在(e)点,流场突然浑浊,流场中充斥着大量的空泡,这是由回流涡引起的,在回流涡涡核处压力较低,从而引发回流涡空化,同时回流将诱导轮流道内的空泡混入主流中,使得来流突然变得浑浊。在(f)点,空化发展十分剧烈,但是由于回流的存在,空泡整体依然集中于诱导轮流道前部。由空化性能曲线可以看到,虽然诱导轮的扬程在(f)点已经下降了3%,但是试验中其扬程只是达到了临界断裂点,并没有完全断裂,这可能与此时空化区集中于诱导轮流道前部有关。但是应该认识到,此时诱导轮的来流情况已经大大恶化,压力稍有降低,就会使扬程急剧下降,诱导轮在该工况下工作是不稳定的,较为危险。

　　$80\%Q_0$ 工况下诱导轮空化性能曲线和空化发展过程分别如图 5.11 和图 5.12 所示。与 $60\%Q_0$ 工况类似,在空化数较高时的(a)点,首先出现了明显的泄漏涡空化。随着空化数的降低,在(b)点,泄漏涡空化与剪切层空化已经连成一片,形成三角形空化区。在(c)点,空化数虽然只是略微降低,但是空化长度明显增加,从(a)点到(c)点,空化区形态的变化主要表现为长度的伸长。而到了(d)点,空化区的宽度明显增加,同时来流开始变得浑浊,在该工况点可以观察到细长的回流涡空化,结合 $60\%Q_0$ 工况在相似空化数工况(e)点的分析,可以推测此时来流和空穴形态的变化与回流有关。回流的影响在(e)点更为明显,在图中可以看到明显的回流空化(这种空化包括空泡和旋涡两种特征),在该工况点,回流空化与叶片表面空化相互作用,并被相邻叶片切割,大大恶化了来流条件。当空化数降低到

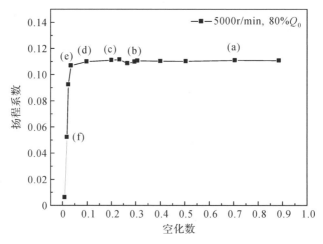

图 5.11　$80\%Q_0$ 工况下诱导轮空化性能曲线

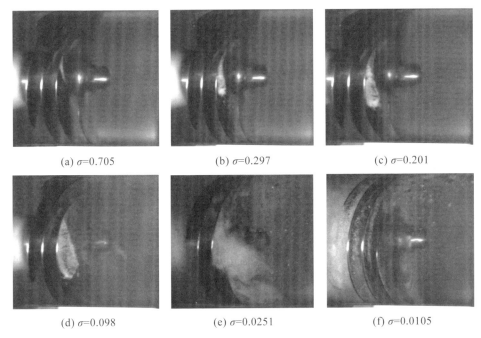

(a) $\sigma=0.705$　　　　(b) $\sigma=0.297$　　　　(c) $\sigma=0.201$

(d) $\sigma=0.098$　　　　(e) $\sigma=0.0251$　　　　(f) $\sigma=0.0105$

图 5.12　80％Q_0 工况下诱导轮空化发展过程

(f)点时,空化区与前几个工况相比完全不同,空化区的位置发生了明显的变化,诱导轮上游方向的空泡相比前一工况大大减小,空泡主要集中于诱导轮的下游,结合图 5.11,此时诱导轮完全丧失做功能力,流道中且主要是下游区域充斥着大量空泡。可以看到,诱导轮空化发展过程与诱导轮扬程下降之间有明显的联系。

　　100％Q_0 工况下诱导轮空化性能曲线和空化发展过程分别如图 5.13 和图 5.14所示。可以看到,在空化数较高的(a)点,首先出现了泄漏涡空化,但是相比于 60％Q_0 和 80％Q_0 工况,100％Q_0 工况下的泄漏涡空化要更加微弱。随着空化数的降低,在(b)点,泄漏涡空化与剪切层空化连成一片,形成三角形空化区。并且,随着空化数的降低,在空化数更低的(c)点和(d)点空化长度增加,这与前两个低流量工况类似,不同之处在于在(d)点,并没有发生前两个低流量工况出现的来流突然浑浊,空化区的宽度也没有明显增加,这说明在 100％Q_0 工况下回流明显弱于小流量工况。在扬程下降 3％的(e)点,空化区的长度大大增加,并延伸至流道内部,且与相邻叶片有强烈的相互作用,被相邻叶片切割,与 80％Q_0 工况的(e)点相比,两者最主要的差别在于 100％Q_0 工况的空化区受回流影响较小,向下游延伸较多,而 80％Q_0 的(e)点空穴区向上游延伸较多。当空化数降低到(f)点时,

与 $80\%Q_0$ 的(f)点类似,诱导轮叶片下游出现了大量空泡,此时诱导轮完全丧失做功能力。

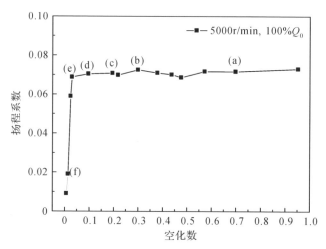

图 5.13　$100\%Q_0$ 工况下诱导轮空化性能曲线

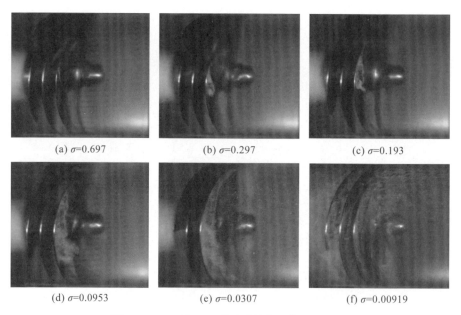

(a) $\sigma=0.697$　　　　(b) $\sigma=0.297$　　　　(c) $\sigma=0.193$

(d) $\sigma=0.0953$　　　　(e) $\sigma=0.0307$　　　　(f) $\sigma=0.00919$

图 5.14　$100\%Q_0$ 工况下诱导轮空化发展过程

110％Q_0 工况下诱导轮空化性能曲线和空化发展过程分别如图 5.15 和图 5.16 所示。在空化数较高的(a)点,可以观察到细微的泄漏涡空化,与小流量工况相比,110％Q_0 工况下的泄漏涡空化要微弱得多,且消失得更快。与 100％Q_0 工况类似,随着空化数的降低,空化区先在(b)点由剪切层空化和泄漏涡空化连成三角形

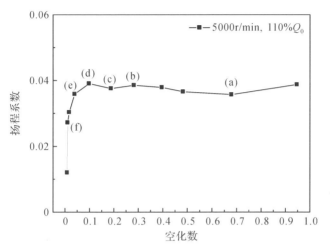

图 5.15　110％Q_0 工况下诱导轮空化性能曲线

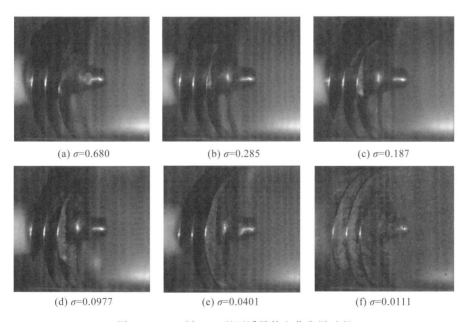

(a) $\sigma=0.680$　　　　(b) $\sigma=0.285$　　　　(c) $\sigma=0.187$

(d) $\sigma=0.0977$　　　　(e) $\sigma=0.0401$　　　　(f) $\sigma=0.0111$

图 5.16　110％Q_0 工况下诱导轮空化发展过程

空化区,之后空化区形态的变化主要表现为长度的增加,宽度上没有明显变化。110%Q_0工况下诱导轮的空化区面积小于小流量工况,这与大流量下来流的冲角较小有关。在扬程下降3%的(e)点,空化区的长度显著增加,伸长至流道内部,并被相邻叶片切割。在扬程完全断裂点(f),流道以及流道下游充斥着大量的空泡,诱导轮完全丧失做功能力。

对比不同流量下的空化性能曲线,可以发现,在大流量工况下,诱导轮在扬程下降3%的临界断裂点之后,扬程下降相比于小流量工况较缓一些;在小流量工况下,临界断裂点之后,诱导轮空化性能曲线几乎呈90°下降。为了分析产生这一现象的原因,80%Q_0工况和110%Q_0工况下从临界空化数到断裂空化数如图5.17所示。可以看到,在完全丧失诱导轮扬程时,流道内充满了大量空泡,空化产生的空穴区对诱导轮流道产生了明显的阻塞效应,从而导致诱导轮扬程急剧下降。在小流量工况下,由于回流的影响,空化产生的空穴区更靠近诱导轮的上游,因而当空化数降低时,空化区进一步发展并堵塞流道的过程是突然的,对应于空化性能曲线,就是扬程近似呈90°下降。在大流量工况下,回流影响较小,空化区更加细

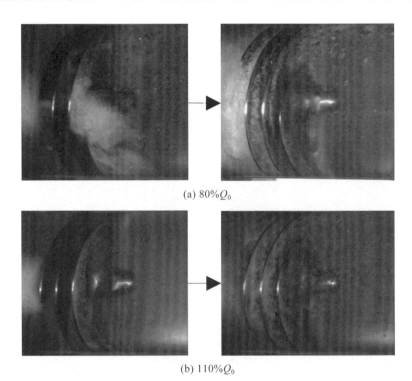

(a) 80%Q_0

(b) 110%Q_0

图5.17 两种流量下从临界空化数到断裂空化数

长,泄漏涡空化甚至可以延伸至诱导轮流道内部,从临界点降低空化数时,空化区堵塞流道的过程是随着空化区的增长而缓慢发生的,对应于空化性能曲线就是在临界点之后,扬程随着空化区堵塞流道程度的增加而缓慢下降。

5.2.4 叶顶间隙对空化性能的影响

诱导轮叶轮与壳体之间不可避免地存在一定的间隙,从而对诱导轮空化性能有一定影响。不同叶顶间隙(c)下的空化性能曲线如图 5.18 所示。其中 ψ_{ref} 为标准扬程系数,取值 0.055。

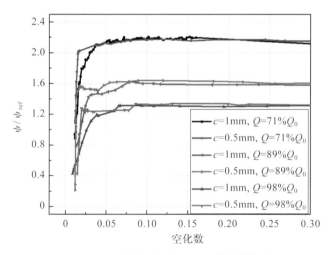

图 5.18 不同叶顶间隙下的空化性能曲线

可以看出,流量越大,扬程断裂越平缓;而流量越小,扬程断裂越急剧。对比不同叶顶间隙下的试验结果可知,增大间隙显著促进了空化性能断裂。

为了揭示大间隙下空化性能恶化的原因,对高速摄像获取的空化区结构进行进一步对比分析,远离断裂点时不同间隙下空化区结构对比如图 5.19 所示。可以看出,当空化数较高时($\sigma = 0.6$),小间隙下已经产生了显著的泄漏涡空化,空化尾缘在不停摆动;但是大间隙下,泄漏涡空化仍表现为一串难以分辨的空泡,这表明间隙越小,空化初生也越早,这是由于小间隙下叶顶泄漏流诱导的泄漏涡更强,空化更容易出现。随着空化数降低,空化区范围逐渐扩大,发展趋势与上一小节分析的一致,可以看出,相同空化数条件下,小间隙下的空化区范围均更大。大间隙下,能明显看到若干个向上游发展的小回流涡空化区,同时空化区尾部不稳定,形成大幅的空化脱落。

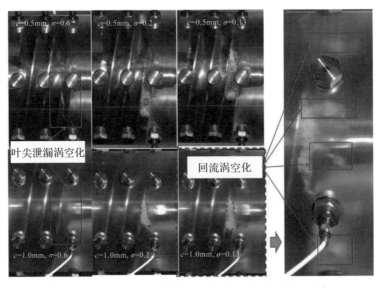

图 5.19　远离断裂点时不同间隙下空化区结构对比($98\%Q_0$)

综上可知,大间隙下的空化区范围更小,那么为什么诱导轮空化性能反而更加恶化?这里结合靠近断裂点时的空化区结构做进一步分析。由上一节分析可知,诱导轮能否发生扬程断裂取决于空化区能否发展至叶片流道出口,但是叶片流道内空化引起的阻塞会导致扬程下降。

$98\%Q_0$,$\sigma=0.04$工况下靠近断裂点时空化区结构对比如图 5.20 所示。由图5.18 可知,该工况下扬程明显下降,但是尚未发生断裂。可以看出,该工况两种间隙下均发生了显著的同步旋转空化(synchronous rotating cavitation,SRC),即3 个叶片上空化区呈明显的非对称分布,但是这种非对称性相对叶片固定,并不沿周向传播。

两种间隙下的空化区分布以及造成的阻塞程度是不同的。在小间隙下,3 个叶片上空化区呈"一长两短"的分布特征。叶片 1 上空化区最长,几乎达到流道出口;叶片 2、3 上空化区较小,这是由于叶顶间隙较小,空化流动难以跨过间隙在不同流道之间传递,同时叶片 2 压力面也被空化区覆盖,导致叶片 2 叶尖载荷大幅减小,同时叶片 2 上空化区减小。此外,叶片 1、2 之间的流道发生较严重的阻塞,大量流体被排挤至叶片 3、1 流道,导致叶片 3 前缘液流冲角显著减小,同时叶片 3 上空化区也大幅减小。因此,整体来看,只有叶片 1、2 之间的流道发生较严重的阻塞,而另外两个流道阻塞程度较轻。

在大间隙下,3 个叶片上空化区呈"两长一短"的分布特征。叶片 2 上空化区

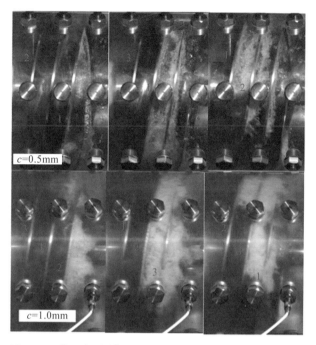

图 5.20　靠近断裂点时空化区结构对比($98\%Q_0$,$\sigma=0.04$)

最长(但未达到流道出口,小于$c=0.5$mm 时叶片 1 上的空化长度);但是在大间隙下,空化流动易于跨越叶顶间隙向相邻流道传递,导致叶片 3 上空化区也较长;而叶片 1 由于液流冲角减小,空化区也显著减小。因此,整体来看,叶片 2、3 之间的流道和叶片 3、1 之间的流道发生了较严重的阻塞,整体阻塞程度大于小间隙,所以在该工况下,大间隙下扬程下降幅度也更大。可以预见,当进一步减小空化数时,对于大间隙诱导轮,空化区更容易充满整个流道,造成更严重的阻塞,扬程下降将更为严重,直至发生断裂。这也是图 5.18 中大间隙下扬程断裂发生得更平缓的原因。

5.2.5　空化区发展与压力脉动的关系

空化的发展除了影响稳态的诱导轮空化性能,还会改变诱导轮内部流动的非定常特性。本小节以$98\%Q_0$,$c=0.5$mm,$T=298$K 工况下获取的试验结果为例,进一步讨论空化发展与压力脉动之间的关系。

不同位置[诱导轮入口(传感器 4)、中部(传感器 2)和出口(传感器 1)位置处]采集的压力脉动信号如图 5.21 所示,从中亦可见部分典型时刻空化区形态。3 个位置采集的压力脉动信号呈现出不同的特征,这与诱导轮内部的空化发展有着密不可分的联系。当空化数较高时($\sigma=0.8$),3 个位置采集的压力脉动信号均比较平稳,无明显波动,此时虽然已经形成了泄漏空化,但是空化范围有限,没有影响到传感器所在位置,即此时采集的压力信号不受空化的影响。当空化数降低时($\sigma=0.36$),空化区范围发展至入口传感器所在位置,空化区尾缘不停摆动,伴随有大量空泡不断生成和溃灭,且周期性扫过入口传感器测点。由于空泡溃灭过程会释放局部高压,因此受空化区波动的影响,入口采集的压力信号幅值开始增大,同时空化区尚未发展至中部传感器所在位置,中部位置采集的压力信号依然比较平稳。当空化数进一步降低至 $\sigma=0.1$ 时,空化区沿着流道发展至足以影响中部传感器所在位置,中部位置采集的压力信号幅值也开始显著增大。当空化数进一步降低时($\sigma=0.04$),发生同步旋转空化现象,中部位置采集的压力信号幅值大幅升高。在此过程中,出口位置采集的压力信号始终比较平稳,直至空化数降低至 $\sigma=0.02$,此时开始发生空化性能断裂,空化区发展至叶片流道出口,同样受空化波动的影响,出口采集的压力脉动幅值骤增。因此可以看出,动态压力传感器采集的压力脉动信号幅值直接受空化发展的影响,当空化区发展至传感器所在位置时,空化区内大量空泡的溃灭会导致局部压力升高,从而使得采集的压力脉动幅值增大。

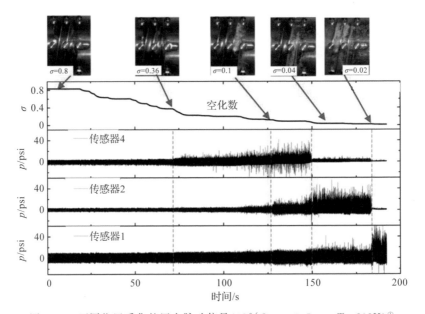

图 5.21　不同位置采集的压力脉动信号($98\%Q_0$,$c=0.5$mm,$T=298$K)[1]

---

① 1psi=6.895kPa。

从图 5.21 中还能看到,发生同步旋转空化后,中部位置采集的压力脉动幅值大幅增大,而入口压力脉动信号大幅降低。下面根据拍摄的空化区形态变化分析出现该现象的原因。压力脉动是空化区内大量空泡的非定常行为造成的,特别是空泡群的溃灭会产生局部高压,这是空化发生后,压力脉动增强的根源。研究表明,空化诱发的压力 p 与空化区体积 V_c 随时间变化的二阶导数呈正相关,即 $p \sim \mathrm{d}^2 V_c / \mathrm{d}t^2$,也就是说,空化区范围波动越剧烈,诱发的压力脉动幅值越大。不同空化数条件下空化区的对比如图 5.22 所示。当空化数较高时(未发生同步旋转空化),空化区没有受到相邻叶片的限制,空化区发展的自由度较高,因而非定常性更强,如图 5.22(a)所示。此时空化区面积不断变化,尤其是靠近入口测点的空化区外缘由于泄漏涡的非定常特性而不断波动,空化区内不断生成和溃灭的空泡群导致入口采集的压力脉动幅值增大。当空化区发展至与相邻叶片的重合区(喉部)时,特别是发生同步旋转空化后,空化区虽然较长,但是空化区的波动受到相邻叶片的限制,如图 5.22(b)所示。此时空化区的非定常性相较图 5.22(a)而言更弱,其他两个叶片空化区范围较小,不足以影响入口的压力测点,所以发生同步旋转空化后,入口压力脉动幅值大幅减小。3 个叶片上不均匀分布的空化区周期性扫过中部测点,同时伴随空化区内的大量空泡不断生成和溃灭,因此中部位置采集的压力脉动幅值大幅增加。

(a) σ=0.087　　　　　　　　　　(b) σ=0.065

图 5.22　不同空化数条件下空化区的对比

上述分析初步揭示了空化发展与压力脉动信号幅值的关系,那么空化发展如何影响压力脉动的频率特性?下面利用小波分析方法对数据做进一步处理,其中母小波函数采用 Morlet(莫莱)小波。贺象[6]基于该小波函数建立的分析方法已被成熟应用于轴流压气机旋转失速失稳机理分析,相关研究证实了该小波函数在处理非定常试验数据方面具备一定的优势。

不同空化数条件下压力脉动信号频谱分析如图 5.23 所示。均取 1s 采集的数据进行分析,图中上方为原始压力信号,中间为根据小波系数计算的小波能谱(为了使小波能量谱显示更加清晰,图中幅值均变换为以 2 为底的对数值),下方为

FFT 结果。可以看出,当空化数较高时($\sigma=0.8$),由于压力信号不受空化影响,信号整体比较平稳,小波能量主要集中于 3 倍频($3f_0$,其中 f_0 为诱导轮叶轮转频),对应着叶片通过频率;同时也能清晰分辨出 $6f_0$ 和 f_0 对应的能量带,在 f_0 和 $3f_0$ 之间存在若干个能量较高的斑块,这可能是信号采集过程中的物理扰动造成的;而在大于 $6f_0$ 的频率范围内小波能量较弱,即该工况下没有高频分量。当空化数有所降低时($\sigma=0.2,\sigma=0.13$),比较显著的变化是高频分量大幅增多,由图5.21可知,这两种工况下采集的信号已经受到空化发展的影响,这些高频分量可能是空化波动造成的;同时可以发现,压力信号不再保持平稳,而是呈毛刺状(这一特点从图 5.21 也能看出),小波变换由于采用可变化的时间和空间尺度,能够较好地捕捉信号中的突变特性,如图中的红色虚线框所示,高频范围内能量较强的斑点均与原始信号中的"毛刺"相对应。由第 1 章的研究可知,空泡溃灭的时间尺度非常小,释放局部高压也在瞬间完成,因此采集的压力信号具有"毛刺"的特征。但是压力信号的主频不变,依然为 $3f_0$ 和 $6f_0$,其幅值相较高空化数工况($\sigma=0.8$)均显著增加,这表明该工况下,空化诱发的高频分量无法形成稳定的特性频率,而是呈随机杂频状。

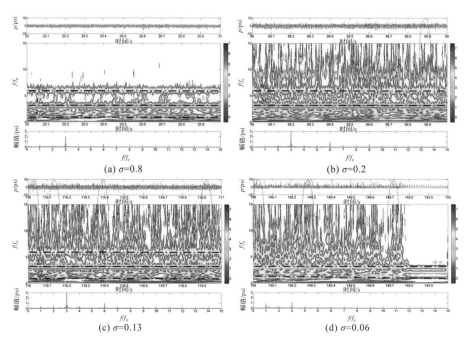

图 5.23　不同空化数条件下压力脉动信号频谱分析

当空化数进一步降低时($\sigma=0.06$),采集的压力信号受空化波动的影响更加剧烈,$6f_0$ 消失,被一系列杂频取代,主频依然为 $3f_0$,但是小波能量明显减小,同时

f_0 越来越突出,直至 $t=149.75\mathrm{s}$,f_0 能量大幅升高,成为主频。这是由于发生了同步旋转空化现象,空化发展对入口压力测点的影响大幅减小,因此高频分量几乎完全消失。同时注意到,图 5.23(d)中 FFT 能捕捉到幅值相当的 f_0 和 $3f_0$,但事实上,只有在发生同步旋转空化以后,f_0 才占据主导地位,FFT 并不能体现这一时空特性,而小波变换则表现出明显的优势。

综上所述,空化发展对诱导轮叶尖的压力脉动特性有较大的影响,发生旋转空化等不稳定现象以前,空化发展会显著增大压力脉动的幅值,导致呈随机杂频状的高频分量显著增多,但是不会改变压力脉动主频;只有在发生空化不稳定现象以后,压力脉动的频率特性才会被改变。对于真实涡轮泵而言,当空化流动引起的特征频率在特定工况下与结构固有频率耦合时,可能会产生结构的疲劳破坏,引起的危害更大,因此下一节将深入探讨空化不稳定现象如何改变诱导轮的叶尖压力脉动特性。

5.2.6　空化不稳定现象

5.2.6.1　空化不稳定现象的识别

由于空化不稳定的发生与诱导轮入口的来流压力密切相关,本小节重点分析入口采集的压力脉动信号。

不同叶顶间隙下入口压力脉动信号的 STFT 结果如图 5.24 所示。其中 PSD 表示功率谱密度(power spectral density),每个数据区间有 4096 个数据点,两个相邻区间有 50% 的重叠,窗口函数采用 Hanning(汉宁)窗口。可以看出,当空化数较高时,压力脉动主频为 $3f_0$,且幅值比较平稳。随着空化数降低,$3f_0$ 幅值不断增大,其原因已在上一节解释,同时注意到,增大叶顶间隙后,压力脉动的幅值大幅减小,因此在工程中,增大叶顶间隙是一种有效的减振手段,但是由图 5.18 可知,增大叶顶间隙会降低诱导轮的空化性能,因此需谨慎选择叶顶间隙的尺寸大小。

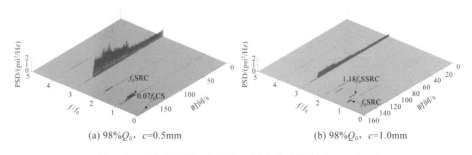

(a) 98%Q_0,c=0.5mm　　　　(b) 98%Q_0,c=1.0mm

图 5.24　不同叶顶间隙下入口压力脉动信号 STFT 结果

当空化数降低至一定程度时，$3f_0$ 突然消失，开始出现其他特征频率：在大间隙下出现 $1.18f_0$ 和 f_0，在小间隙下出现 f_0 和 $0.07f_0$。这 3 种频率分别对应着 3 种空化不稳定现象，下面进行详细分析。

为了确定不同频率对应的空化不稳定，取不同周向位置传感器采集的信号进行互相关分析。对于叶轮机械中的旋转不稳定现象，其内部的旋转单元数 n 可由信号的相位（φ）和传感器的角度距离（$\Delta\theta$）之比确定，即 $n=\varphi/\Delta\theta$，真实的旋转频率则为 $f_r=f/n$（f 为 FFT 结果）。4 个典型空化数条件下的互相关分析结果如图 5.25 所示。这里互相关系数如果接近 1，则两个信号之间有较强的相关性，可以认为该频率分量是客观存在的。如图 5.25(a) 所示，当 $\sigma=0.13$ 时，$3f_0$ 为主频，相应的相位 $\varphi=186°$，而传感器角度距离 $\Delta\theta=60°$，且相应的互相关系数为 1，由此说明

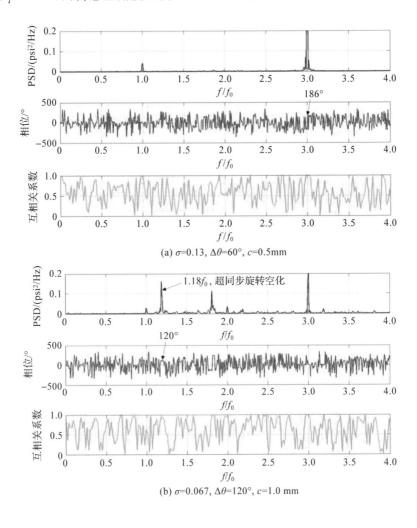

(a) $\sigma=0.13$, $\Delta\theta=60°$, $c=0.5$mm

(b) $\sigma=0.067$, $\Delta\theta=120°$, $c=1.0$ mm

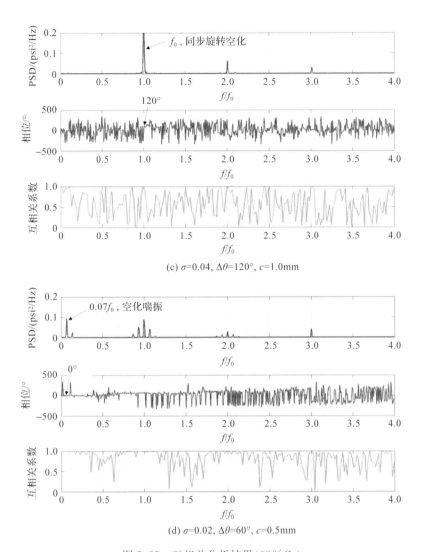

(c) $\sigma=0.04$, $\Delta\theta=120°$, $c=1.0$mm

(d) $\sigma=0.02$, $\Delta\theta=60°$, $c=0.5$mm

图 5.25 互相关分析结果（98%Q_0）

有 3 个旋转单元以转速 f_0 沿周向传播，这与诱导轮 3 个叶片是相对应的，证实了该方法的可靠性。在大间隙下，$3f_0$ 幅值大幅降低后，出现了特征频率$1.18f_0$ 及其与 $3f_0$ 相互作用产生的谐频 $1.82f_0$（$=3f_0-1.18f_0$），如图 5.25(b)所示。同时可以看到，$1.18f_0$ 对应的互相关系数为 1，相位 φ 与传感器角度距离 $\Delta\theta$ 一致，这表明此时有一个旋转单元在沿周向传播。

压力脉动特征频率与空化区的演变过程有着密切联系，下面进一步分析 $\sigma=0.067$工况下的空化演变规律。该工况下诱导轮内部的超同步旋转空化形态演变过程如图 5.26 所示,从中可见诱导轮连续旋转 6 圈,3 个叶片上的空化区结构变化。每个叶片上空化长度都在不断发生变化,且呈现出显著的沿周向传播的特征。如果关注每一圈的最短空化区,可以明显发现第 1 圈时最短空化区位于叶片 3 上,第 3 圈时位于叶片 2 上,第 5 圈时位于叶片 1 上,表明最短空化区是沿着叶片 3→2→1 方向传播,而这正是诱导轮的旋转方向,即空化区波动的传播方向与叶轮旋转方向一致,这表明空化区波动的传播速度快于诱导轮旋转速度(若是同步的话,任意时刻都是叶片 3 上空化区最短)。在大约第 6 圈时,最短空化区重新回到叶片 3 上,因此其传播周期为 5 圈,相应的传播频率为 $0.2f_0$。为了进一步确定空化区变化的传播频率,需要进行更准确的量化分析。

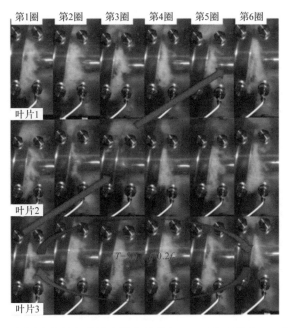

图 5.26 超同步旋转空化形态演变过程($\sigma=0.067, 98\%Q_0, c=1.0$mm)

采用图像处理得到的 $\sigma=0.067$ 工况下无量纲空化长度变化如图 5.27 所示,具体处理方法见参考文献[5]。图中除了试验结果,还有 3 条拟合曲线,均为正弦函数,其中曲线波动频率为 $0.18f_0$。拟合曲线与试验结果吻合较好,从图中能明显看到空化区波动沿着叶片 3→2→1 方向传播,且单个叶片上空化区波动频率为 $0.18f_0$,由于空化区波动沿周向的传播方向与诱导轮旋转方向一致,因此从静止的绝对坐标系来看,3 个叶片整体空化区波动传播频率需要加上叶轮转频,也就是 $1.18f_0$,这也很好地解释了图 5.24(b)中压力脉动特征频率的产生根源,即典型的超同步旋转空化(SSRC)。

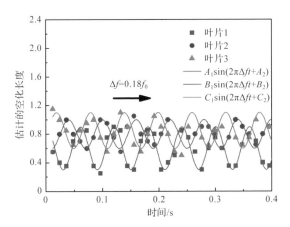

图 5.27　无量纲空化长度变化($\sigma=0.067,98\%Q_0,c=1.0$mm)

当空化数进一步降低时,$1.18f_0$消失,f_0成为主频,如图 5.25(c)所示,且相应的互相关系数为 1,信号相位差与传感器角度距离一致,这表明此时有一个旋转单元在沿周向传播。

$\sigma=0.04$ 工况下无量纲空化长度变化如图 5.28 所示。可以发现,叶片 2 表面空化区最长,叶片 3 其次,叶片 1 最短,而且这种不均匀分布并不随时间发生变化,因而压力脉动主频变为 f_0,这是典型的同步旋转空化(SRC)。从图 5.24(b)可以看出,随着空化数降低,SSRC 向 SRC 转变是突然发生的,这也是空化不稳定现象的特征之一。但是这一转变过程如何发生,尚无人彻底揭晓。Iga 等[7]基于二维叶栅的数值模拟提出了一种假设:在诱导轮正常工作过程中,存在一种潜在的"旋转失速"元素;在特定的工况下,该元素会被激发,且随着空化数降低,其特征频率

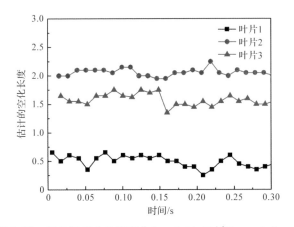

图 5.28　无量纲空化长度变化($\sigma=0.04,98\%Q_0,c=1.0$mm)

逐渐降低,依次出现超同步/同步/次同步旋转空化、空化喘振(CS)等空化不稳定现象。但是目前为止这一假设尚未得到有效的试验证实。

同步旋转空化同样发生在小间隙下,但是两种间隙下其形式和对空化性能的影响均有所不同,在前文中已详细讨论过。在小间隙下,当空化数进一步降低时,出现了低频分量 $0.07f_0$(5.8Hz)及其与 f_0 相互作用产生的谐频。如图 5.25(d)所示,$0.07f_0$ 对应的互相关系数为1,相位差为0°,表明这对应着一种轴向不稳定现象。

$\sigma=0.02$ 工况下无量纳空化长度变化如图 5.29 所示。可以看出,3 个叶片空化长度均呈现非常规律的周期性变化,周期为 0.18s,相应的频率为 5.5Hz,与压力脉动特征频率 $0.07f_0$(5.8Hz)非常接近。因此可认为,该工况下空化区周期性波动是压力脉动低频分量 $0.07f_0$ 的产生根源。同时注意到,3 个叶片表面空化区几乎同相位变化,因此压力脉动的相位差也为0°,这是典型的空化喘振现象。

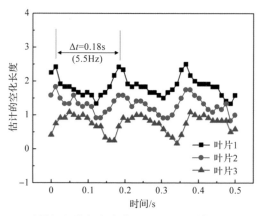

图 5.29　无量纲空化长度变化($\sigma=0.02,98\%Q_0,c=1.0$mm)

为了揭示空化不稳定现象对空化性能的影响,我们利用滤波提取了 3 种空化不稳定现象(SSRC、SRC、CS)与空化性能的关系,如图 5.30 所示(图中黑色曲线表示扬程系数,其余均表示 PSD)。可以看到,3 种空化不稳定现象均发生于扬程断裂点上游附近。发生 SSRC 时,诱导轮扬程并没有发生显著变化;而发生 SRC 时,扬程明显下降,这表明 SRC 对扬程的恶化效果更严重;SRC 消失后,出现 CS 时,扬程甚至出现一定程度的回升;进一步降低空化数,扬程彻底断裂,各类空化不稳定现象均消失。

5.2.6.2　不同因素对空化不稳定的影响

上一小节结合压力脉动和高速摄像获取的空化区结构,识别出超同步旋转空化(SSRC)、同步旋转空化(SRC)和空化喘振(CS)3 种空化不稳定现象,常温下这 3 种现象出现的工况范围如表 5.1 所示。

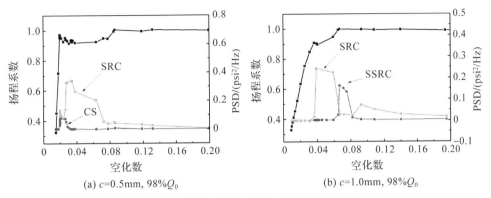

(a) $c=0.5$mm, 98%Q_0　　　　　　　(b) $c=1.0$mm, 98%Q_0

图 5.30　空化不稳定现象与空化性能的关系

表 5.1　常温下空化不稳定现象出现的工况范围

工况		空化数		
		SSRC	SRC	CS
71%Q_0	$c=0.5$mm	×	0.055~0.019	×
71%Q_0	$c=1.0$mm	×	×	×
89%Q_0	$c=0.5$mm	×	0.054~0.038	0.038~0.019
89%Q_0	$c=1.0$mm	×	0.069~0.055	×
98%Q_0	$c=0.5$mm	×	0.064~0.034	0.034~0.020
98%Q_0	$c=1.0$mm	0.082~0.062	0.062~0.037	×

注:×表示未出现。

可以看到,CS 只出现在小间隙下,因此轴向不稳定现象可能对叶顶间隙更加敏感;SRC 在各流量下均有出现,是一种比较常见的不稳定现象,但是增大叶顶间隙能够明显减小 SRC 出现的空化数范围跨度;SSRC 只出现在大间隙、大流量下,众多研究都表明诱导轮入口壳体加工台阶能够改善叶尖区域流动,从而抑制 SSRC。从试验结果来看,简单地增大叶顶间隙不一定能够抑制 SSRC,反而可能促进 SSRC 的发生,因此,在针对空化不稳定抑制进行诱导轮设计时,需谨慎处理叶顶间隙,合理选择间隙尺寸。

5.2.6.3　热效应对空化不稳定的影响

水温变化会影响诱导轮的空化性能,必然也会改变其非定常特性,下面进一步对比不同温度下的试验结果。不同温度下压力脉动频谱分析如图 5.31 所示。

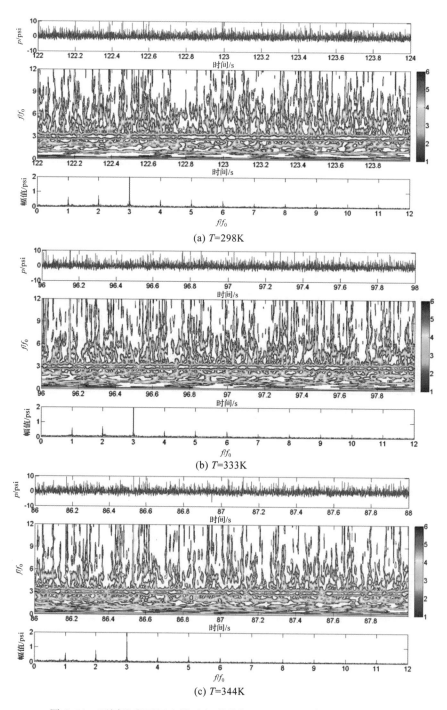

(a) T=298K

(b) T=333K

(c) T=344K

图 5.31　不同温度下压力脉动频谱分析(σ=0.1,98%Q_0,c=1.0mm)

由前文可知,该空化数条件下入口压力测点已经受空化发展的影响,对比不同温度下的压力脉动特性可以得到温度对空化发展的影响。可以看到,3 种温度下压力脉动主频均为 $3f_0$,且幅值相近,同时 f_0 和 $2f_0$ 也清晰可辨,因此该工况下温度升高对叶片通过频率及其谐频没有影响。

由前文可知,空化区内大量空泡的溃灭会导致采集的压力脉动信号呈毛刺状,反映到小波能量谱中就是高频范围(大于 $3f_0$)内的强能量斑。随着温度升高,高频范围内的强能量斑有逐渐减少的趋势,因此温度升高能够在一定程度上减弱空泡溃灭释放的压力。

为了进一步揭示上述趋势,不同流量和温度下入口压力脉动的 RMS 值与空化数的关系如图 5.32 所示。当空化数较高时,RMS 值保持恒定,即压力脉动各阶频率幅值比较稳定;随着空化数降低,入口压力测点受到空化发展的影响,压力脉动幅值逐渐增大,相应的 RMS 值也显著增大;直至发生空化不稳定现象或空化性能断裂,RMS 值骤降。对比不同温度下的计算结果,可以看出,当空化数较高时,

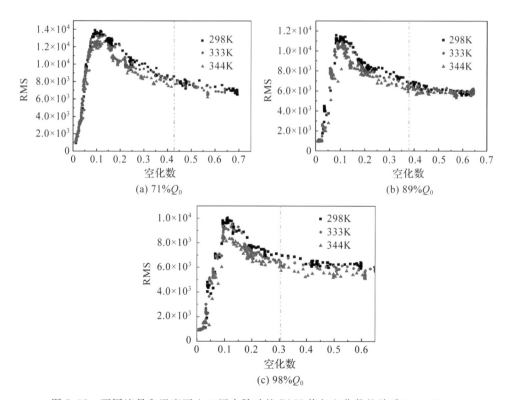

图 5.32　不同流量和温度下入口压力脉动的 RMS 值与空化数的关系($c=1.0$mm)

3 种温度下的 RMS 值比较接近,即在压力脉动不受空化发展影响的阶段,温度变化不影响压力脉动幅值;在压力测点受空化影响,RMS 值开始增大以后,RMS 值随温度升高而明显降低,即温度升高导致压力脉动的幅值降低;而 RMS 值开始骤降以后,3 种温度下 RMS 值的变化趋势又开始重合。该结果进一步证实了温度升高能够显著抑制空化诱发的压力脉动。

不同温度下入口压力脉动信号的 STFT 结果如图 5.33 所示。可以看到,高温下频率及幅值变化趋势与常温下的试验结果一致,而且高温下并没有出现新的空化不稳定现象(另外两个小流量下结果类似)。该流量下 SSRC 和 SRC 依然存在,但是对比图 5.20 可知,高温下这两种不稳定现象特征频率对应的幅值显著减小,因此温度升高对空化不稳定现象有较明显的抑制作用。

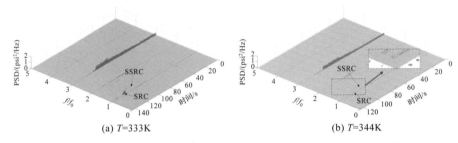

(a) T=333K   (b) T=344K

图 5.33　不同温度下入口压力脉动信号 STFT 结果(c=1.0mm,98%Q_0)

不同流量、不同温度下 SSRC 和 SRC 出现的工况范围如图 5.34 所示。图中纵坐标表示空化不稳定现象的初生和结束的空化数。对于大流量(98%Q_0)而言,随着空化数降低,先出现 SSRC,其消失后紧接着出现 SRC。可以看到,随着温度

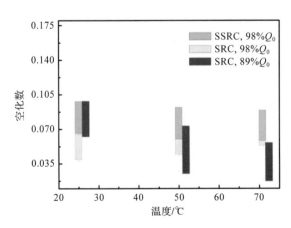

图 5.34　不同流量、不同温度下 SSRC 和 SRC 出现的工况范围(c=1.0mm)

升高,两种不稳定现象的初生空化数均有所减小,但是 SSRC 出现的空化数范围几乎保持不变,而 SRC 的出现范围大幅减小。对于小流量(89%Q_0)而言,只出现了SRC。可以看到,随着温度升高,SRC 的初生空化数大幅减小,出现范围则变化不大。空化不稳定现象出现于一定的空化长度之时(当空化长度达到 65% 叶片间距时开始出现),与温度无关,而温度升高则使热效应增强,会抑制空化的发展,因此随着温度的升高,相同空化数条件下空化长度有所减小,空化不稳定的起始空化数降低。

5.3 空化流动数值模拟研究

5.3.1 空化数值模拟方法

(1)控制方程

本节采用均相流模型模拟空化流动,假设液相和气相为均匀混合的介质,两相处于局部平衡状态,具有相同的速度、压力等流场信息。利用气相体积分数或质量分数对两相进行区分,同时引入气相体积分数的输运方程来描述气液两相之间的质量交换。当考虑空化过程中的能量交换时,还需耦合能量方程,即空化流动的控制方程为

$$\frac{\partial \rho_m}{\partial t} + \frac{\partial(\rho_m u_i)}{\partial x_i} = 0 \tag{5.8}$$

$$\frac{\partial(\rho_m u_i)}{\partial t} + \frac{\partial(\rho_m u_i u_j)}{\partial x_j} = -\frac{\partial p}{\partial x_i} + \frac{\partial}{\partial x_i}\left\{\mu_{eff}\left[\left(\frac{\partial u_i}{\partial x_j} + \frac{\partial u_j}{\partial x_i}\right) - \frac{2}{3}\delta_{ij}\frac{\partial u_k}{\partial x_k}\right]\right\} \tag{5.9}$$

$$\frac{\partial(\rho_m h_t)}{\partial t} + \frac{\partial(\rho_m u_j h_t)}{\partial x_i} = \frac{\partial}{\partial x_j}\left[\left(\frac{\mu_m}{Pr_l} + \frac{\mu_t}{Pr_t}\right)\frac{\partial h_t}{\partial x_j}\right] + S_E \tag{5.10}$$

式中,混合密度 $\rho_m = \alpha_v \rho_v + (1-\alpha_v)\rho_l$,$\rho_v$ 和 ρ_l 分别为气相和液相密度,α_v 为气相体积分数;有效黏度 $\mu_{eff} = \mu_m + \mu_t$,$\mu_m$ 为混合黏度,μ_t 为湍流黏度;h_t 为总焓,其表达式为 $h_t = h_m + u_i^2/2$,$h_m = [\alpha_v \rho_v h_v + (1-\alpha_v)\rho_l h_l]/\rho_m$,其中 h_m 为混合焓,h_v 为气相焓,h_l 为液相焓;Pr_l 和 Pr_t 分别为层流和湍流普朗特数;S_E 为空化引起的能量交换源项。

气相体积输运方程为

$$\frac{\partial}{\partial t}(\alpha\rho_v) + \nabla \cdot (\alpha\rho_v \boldsymbol{u}) = m^+ - m^- \tag{5.11}$$

式中,m^+ 为蒸发源项,m^- 为凝结源项。

(2) 湍流模型

为了对整个控制方程组进行封闭求解,引入湍流模型来计算式(5.9)中的湍流黏度。针对空化流动的数值模拟,目前仍以 RANS 方法为主,而以标准 k-ε 模型、k-ω 模型为代表的标准二方程湍流模型在流动滞止点产生了过量的湍动能,高估了分离点附近的湍流黏度。SST 模型结合了 k-ε 模型和 k-ω 模型的优势,在涡黏系数表达式中引入过渡函数,对湍流黏度进行限制:

$$\mu_t = \frac{\rho_m a_1 k}{\max(a_1 \omega, SF_2)} \tag{5.12}$$

式中 $a_1 = 0.31$,S 为应变率不变测度,其表达式为

$$S = \sqrt{2\Omega_{ij}\Omega_{ij}}, \quad \Omega_{ij} = \frac{1}{2}\left(\frac{\partial u_i}{\partial x_j} - \frac{\partial u_j}{\partial x_i}\right)$$

F_2 为过渡函数,其表达式为

$$F_2 = \tanh(\mathrm{arg}_2^2), \quad \mathrm{arg}_2 = \max\left(\frac{2\sqrt{k}}{\beta' \omega y}, \frac{500\nu}{y^2 \omega}\right)$$

式中,y 为网格节点与当地最近壁面的距离,ν 为运动黏度,β' 为常数,湍动能 k 和湍流旋涡频率 ω 则基于以下输运方程计算:

$$\frac{\partial(\rho k)}{\partial t} + \frac{\partial(\rho u_j k)}{\partial x_j} = \frac{\partial}{\partial x_j}\left[\left(\mu + \frac{\mu_t}{\sigma_{k3}}\right)\frac{\partial k}{\partial x_j}\right] + P_k - \beta' \rho k \omega \tag{5.13}$$

$$\frac{\partial(\rho \omega)}{\partial t} + \frac{\partial(\rho u_j \omega)}{\partial x_j} = \frac{\partial}{\partial x_j}\left[\left(\mu + \frac{\mu_t}{\sigma_{\omega 3}}\right)\frac{\partial \omega}{\partial x_j}\right] + \alpha_3 \frac{\omega}{k} P_k$$
$$- \beta_3 \rho \omega^2 + (1 - F_1)2\rho \frac{1}{\omega \sigma_{\omega 2}} \cdot \frac{\partial k}{\partial x_j} \cdot \frac{\partial \omega}{\partial x_j} \tag{5.14}$$

式中,$\beta' = 0.09$,σ_{k3},$\sigma_{\omega 3}$,α_3,β_3 是 k-ω 模型和 k-ε 模型相应系数的线性组合,F_1 是壁面距离的混合函数。SST 模型考虑了湍流剪切应力的传输,能较好地预测逆压梯度下的流动分离,目前在流体机械领域应用广泛。

(3) 空化模型

目前常用的空化模型表达式如表 5.2 所示。

表 5.2 常用空化模型表达式

模型	$\dot{m}_v$	$\dot{m}_c$
Zwart 模型[8]	$C_e \dfrac{3r_{nuc}\rho_v(1-\alpha_v)}{R_B}\left[\dfrac{2}{3}\left(\dfrac{p_v - p}{\rho_l}\right)\right]^{1/2}$	$C_c \dfrac{3\rho_v \alpha_v}{R_B}\left[\dfrac{2}{3}\left(\dfrac{p - p_v}{\rho_l}\right)\right]^{1/2}$
Schnerr-Sauer 模型[9]	$\dfrac{3\alpha_v(1-\alpha_v)}{R_B} \cdot \dfrac{\rho_l \rho_v}{\rho_m}\left[\dfrac{2}{3}\left(\dfrac{p_v - p}{\rho_l}\right)\right]^{1/2}$	$\dfrac{3\alpha_v(1-\alpha_v)}{R_B} \cdot \dfrac{\rho_l \rho_v}{\rho_m}\left[\dfrac{2}{3}\left(\dfrac{p - p_v}{\rho_l}\right)\right]^{1/2}$

续表

模型	$\dot{m}_v$	$\dot{m}_c$
Singhal 模型[10]	$C_e \dfrac{\sqrt{k}}{s}\rho_l\rho_v\left[\dfrac{2}{3}\left(\dfrac{p_v-p}{\rho_l}\right)^{1/2}\right](1-f_v-f_g)$	$C_c \dfrac{\sqrt{k}}{s}\rho_l\rho_l\left[\dfrac{2}{3}\left(\dfrac{p-p_v}{\rho_l}\right)^{1/2}\right]f_v$
Merkle 模型[11]	$\dfrac{C_e\rho_l\min(p-p_v,0)(1-\alpha_v)}{(0.5\rho_l U_\infty^2)\rho_v t_\infty}$	$\dfrac{C_c\max(p-p_v,0)\alpha_v}{(0.5\rho_l U_\infty^2)t_\infty}$
Kunz 模型[12]	$\dfrac{C_e\rho_l\min(p-p_v,0)(1-\alpha_v)}{(0.5\rho_l U_\infty^2)\rho_v t_\infty}$	$\dfrac{C_c\rho_v(1-\alpha_v)^2\alpha_v}{t_\infty}$
Liu 模型[13]	$C_e\dfrac{3(1-\alpha_v)}{R_B}\left(\dfrac{p_v-p}{\sqrt{2\pi R_g T}}\right)$	$C_c\dfrac{3\alpha_v}{R_B}\left(\dfrac{p-p_v}{\sqrt{2\pi R_g T}}\right)$
Saito 模型[14]	$C_e[\alpha_v(1-\alpha_v)]^2\left(\dfrac{\rho_l}{\rho_v}\right)\left(\dfrac{p_v-p}{\sqrt{2\pi R_g T}}\right)$	$C_c[\alpha_v(1-\alpha_v)]^2\left(\dfrac{p-p_v}{\sqrt{2\pi R_g T}}\right)$

表中模型可以分为三类。第一类基于简化的 Rayleigh-Plesset 方程,忽略压缩性添加项、二阶项、黏性项和表面张力项等,得到空泡半径变化与驱动压差之间的关系 $dR/dt\sim[(2/3)(p-p_v)/\rho_l]^{0.5}$,再通过不同假设条件建立气相体积分数 α_v 与空泡生长 dR/dt 之间的关系,得到驱动气相体积分数 α_v 发展的源项表达式,如 Zwart 模型、Schnerr-Sauer 模型和 Singhal 模型。其中,Zwart 模型的表达式形式最为简单,其初始空泡半径 R_B 和含气量 r_{nuc} 均假设为常数;Schnerr-Sauer 模型依赖的经验系数较少,唯一需要人为给定的是空泡数量,应用较为方便;Singhal 模型考虑了表面张力、湍流脉动等因素对空化发展的影响,相对而言考虑的因素较为全面,也被称为“全空化”模型。由于物理意义明确,这类空化模型应用较为广泛,且已被嵌入至商业软件中。

第二类模型从真实的物理过程出发,认为空化的发展直接由压差驱动,如 Merkle 模型和 Kunz 模型,并考虑液体的密度变化,利用动压($0.5\rho_l U_\infty^2$)将压差无量纲化,同时引入特征时间 t_∞,考虑了气液相变所需要的时间。Kunz 模型是对 Merkle 模型的进一步发展,其蒸发源项与 Merkle 模型一致,凝结过程主要由液相体积分数来驱动。这类空化模型几乎与气液密度比无关,能够较好地应用于空化流动非定常数值计算。

第三类模型是基于分子动力学的 Hertz-Knudsen 方程,从分子运动理论的角度分析空化和凝结过程,认为气液分子交换的势与温度的平方根成反比,因此空化发展主要由压差与温度平方根比值驱动,如 Liu 模型和 Saito 模型。其中,Liu

模型借鉴了 Zwart 模型的思路,将初始空泡半径引入模型,而 Saito 模型与 Schnerr-Sauer 模型类似,其蒸发和凝结源项中均包含了气相和液相体积分数。

在常温水条件下的空化流动数值模拟中,上述空化模型均有一定程度的应用,效果较好。下一小节首先基于 Zwart 模型,以常温水为工质,讨论诱导轮结构特征对其空化性能的影响;然后对空化模型进行修正,建立考虑热效应的低温空化数值计算方法,分析诱导轮内液氧空化流动特征。

5.3.2 空化数值模拟方法验证

本小节研究对象即前文中可视化试验采用的诱导轮,整体计算域如图 5.35 所示,包括入口域、旋转域和出口域。为了减弱回流的影响,入口域长度取 10D (D 为诱导轮外径,此处为 100mm),出口域长度取 5D,均采用结构网格,旋转域采用非结构网格,同时在壁面添加附面层网格。具体网格细节如图 5.36 所示。不同域之间采用动静交界面进行数据传输。在入口给定总压、温度和湍流度等条件,在出口给定流量。

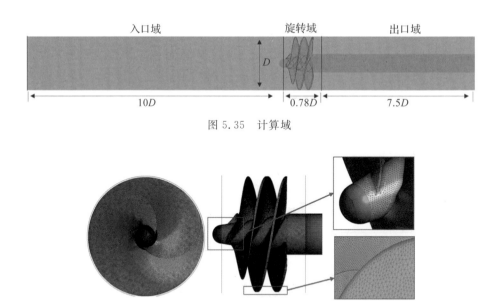

图 5.35　计算域

图 5.36　网格细节

根据参考文献[15],在针对该诱导轮的空化流动数值模拟中,网格节点数量超过 220 万时已经满足了网格无关性的要求。为了更好地捕捉流动细节,这里最终选择的网格节点数为 697 万。额定流量、大间隙下水力性能和空化性能数值模拟结果与试验结果的对比如图 5.37 所示。如图 5.37(a)所示,数值模拟的无空化水力性能与试验结果几乎完全重合,只有在小流量条件下略有偏差,因此这里采用的数值方法能够较好地预测诱导轮的无空化水力性能。如图 5.37(b)所示,数值模拟结果与试验结果吻合较好。以扬程下降 3% 作为诱导轮发生扬程断裂的判据,将对应的空化数定义为临界断裂空化数 $\sigma_{3\%}$。由数值计算得到的 $\sigma_{3\%}$ 为 0.0301,由试验得到的 $\sigma_{3\%}$ 为 0.0302,误差为 0.3%。由数值计算得到的临界断裂空化数略小于试验结果,这是由于计算中没有考虑来流杂质等因素的影响,误差在可接受范围内。

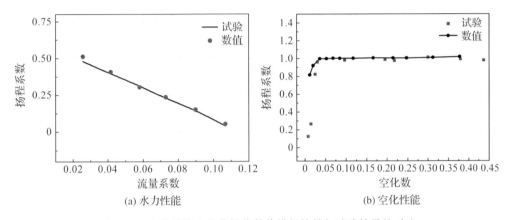

图 5.37　水力性能和空化性能数值模拟结果与试验结果的对比

不同空化数条件下空化区形态的对比如图 5.38 所示,其中数值计算给出的是蒸气体积分数为 0.01 时的空穴分布图(各子图右侧)。在不同的工况下,数值计算得到的空穴形态与试验结果吻合较好。当空化数较高时,在叶顶附近出现了轻微的泄漏涡空化,此时空化较弱,在流道中溃灭较快;空化数降低后,泄漏涡空化与剪切层空化连成一片,形成了三角形空泡云团,空泡云团区域面积进一步扩大;空化数进一步降低后,空化区的面积显著增大,拍摄到的空穴区域前端比之前溃灭得更严重,此时的泄漏涡振荡加剧,空穴脱落的幅度变大;在图 5.38(e)中,空穴区尾部发展至相邻叶片,与相邻叶片的空穴区相互作用,空穴区的振荡更加剧烈;当空化数进一步降低时,在图 5.38(f)中,空穴区域向流道下游延伸,占据了约 1/2 的流道长度;空化数继续降低后,诱导轮的扬程发生断裂。

整体来看,不论是水力性能、空化性能还是空化形态,数值模拟结果均与试验结果比较接近,证实这里采用的数值计算方法具有较高的可靠性。

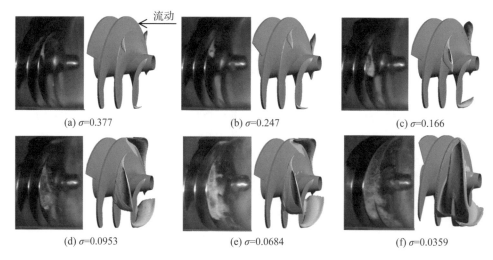

图 5.38　不同空化数条件下空化区形态的对比

5.3.3　基于正交优化的诱导轮结构参数设计

由于影响诱导轮空化性能的结构因素较多,为了探讨这些结构因素的影响,本小节基于正交优化设计,采用建立的空化数值计算方法对影响诱导轮的空化性能的结构因素进行研究,并对其影响水平做出评价。

影响诱导轮空化性能的结构因素较多,其中入口安放角、入口修圆形状、诱导轮螺距变化规律等因素受到的关注最多。为了使流动更加均匀,在实际设计过程中将诱导轮螺距变化分为 3 段:入口等螺距段、变螺距段以及出口等螺距段。这 3 段占总弦长的比例对诱导轮空化性能的影响是未知的。因此在本小节确定因素 A 为入口安放角 α,因素 B 为入口修圆包角 γ,因素 C 为入口等螺距段占总弦长的比例 L_1,因素 D 为变螺距段占总弦长的比例 L_2,每个因素分别取 3 个水平进行实验。其中因素 A 的水平是根据入口冲角的大小确定的,3 个水平下的设计入口冲角分别为 $2°,3°,3.5°$。根据所选取的因素和水平,我们采用正交实验表(表 5.3)安排实验。为了方便讨论,定义模型名称为 $\mathrm{I} \sim \mathrm{IX}$。

根据表 5.3,对 9 个改型诱导轮进行建模。在此过程中,保证诱导轮轴向长度、设计流量系数、叶顶间隙等其他因素不变。另外,还需要尽可能保证改型的诱导轮扬程与原始模型基本一致。根据无空化水力性能数值模拟结果,9 个改型诱导轮计算得到的无空化扬程系数与原始模型接近,波动范围在 10% 以内,满足诱导轮扬程基本不变的要求。

表 5.3　正交实验表

模型	$\alpha/°$	$\gamma/°$	L_1	L_2
I	6.98	150	0.1	0.5
II	6.98	120	0.2	0.6
III	6.98	90	0.3	0.7
IV	7.98	150	0.2	0.7
V	7.98	120	0.3	0.5
VI	7.98	90	0.1	0.6
VII	8.48	150	0.3	0.6
VIII	8.48	120	0.1	0.7
IX	8.48	90	0.2	0.5
原始模型	9.586	150	0.5	0

对 9 个改型诱导轮进行空化性能的计算,计算结果及局部放大图如图 5.39 所示。为了更好地比较各个模型之间断裂空化数的关系,图中对扬程系数进行了归一化处理。可以看到,模型 IV～IX 计算得到的扬程断裂空化数比原始模型小,而模型 IX 计算得到的断裂空化数在 9 个改型诱导轮中最小,空化性能最佳。此外,对 9 个改型诱导轮的水力效率也进行了比较,计算得到的断裂空化数 $\sigma_{3\%}$ 和扬程未断裂前的水力效率 η 如表 5.4 所示。可以看到,除了模型 I 和模型 II,其余改型诱导轮水力效率计算结果相比原始模型都有提升,模型 VIII、IX 的水力效率最高。

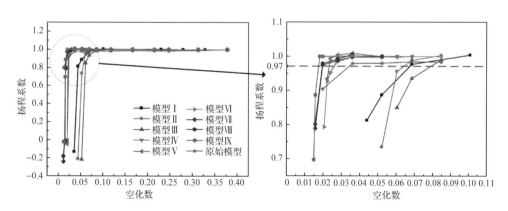

图 5.39　模型 I～IX 空化性能计算结果及局部放大图

表 5.4　断裂空化数和水力效率计算结果

模型	$\sigma_{3\%}$	η
I	0.0684	0.447
II	0.0603	0.536
III	0.0791	0.628
IV	0.0254	0.597
V	0.0230	0.610
VI	0.0278	0.652
VII	0.0197	0.609
VIII	0.0197	0.661
IX	0.0180	0.666
原始模型	0.0302	0.595

　　对计算结果进行极差分析,断裂空化数和水力效率的极差分析分别如表 5.5 和表 5.6 所示。其中 K_{ij} 表示因素 i 水平 j 所对应的计算指标,k_{ij} 为 K_{ij} 平均值,由 k_{ij} 的大小可以判断因素 i 的最优水平,R_i 为因素 i 的极差,依据极差的大小可以判断因素的主次。

表 5.5　断裂空化数 $\sigma_{3\%}$ 极差分析

参数	A	B	C	D
K_{i1}	0.208	0.114	0.116	0.110
K_{i2}	0.076	0.103	0.104	0.108
K_{i3}	0.057	0.125	0.122	0.124
k_{i1}	0.069	0.038	0.039	0.037
k_{i2}	0.025	0.034	0.035	0.036
k_{i3}	0.019	0.042	0.041	0.041
R_i	0.050	0.007	0.006	0.005

表 5.6　水力效率 η 极差分析

参数	A	B	C	D
K_{i1}	1.611	1.653	1.761	1.723
K_{i2}	1.860	1.708	1.799	1.898
K_{i3}	1.936	1.946	1.848	1.887
k_{i1}	0.537	0.551	0.587	0.574
k_{i2}	0.620	0.569	0.560	0.633
k_{i3}	0.645	0.649	0.616	0.629
R_i	0.108	0.098	0.029	0.058

从表 5.5 可以看到，对诱导轮断裂空化数影响最大的是因素 A，其次为因素 B，因素 C 和 D 对诱导轮断裂空化数影响的主次顺序比较接近且较小。根据 k_{ij} 的大小，若以诱导轮断裂空化数最小为目标，各因素的最优水平组合为 A3、B2、C1/C2、D1/D2。

从表 5.6 可以看到，4 个因素对诱导轮水力效率影响的主次顺序分别为因素 A、B、D、C。根据 k_{ij} 的大小，以水力效率最高为目标，各因素的最优水平组合为 A3、B3、C3、D2/D3。相比于诱导轮扬程断裂空化数，L_1 和 L_2 对诱导轮水力效率的影响更大。因素 A 对断裂空化数和水力效率的影响在 4 个因素中都是最大的。

5.3.4　涡轮泵空化不稳定现象数值模拟

前文中的研究对象为单独的诱导轮，本小节进一步以某型真实涡轮泵为研究对象，开展非定常数值计算，研究其内部的空化流动特性。计算域如图 5.40 所示，其包含诱导轮、离心轮、扩压器、密封环、增压轮、蜗壳等部件。其中诱导轮为 3 个叶片等螺距型，离心轮叶片数为 7 个，同时有 7 个分流叶片。介质为常温水，数值模拟工况为空化数 $\sigma = 0.0284$，流量系数 $\Phi = 0.025$，诱导轮与离心轮的周向匹配角度 $\Theta = 0°$，转速 $n = 13894\text{r/min}$，在入口给定总压、温度、湍流度和相分布等参数，在出口 1 给定流量，将出口 2 设置为开放出口并给定压力和相分布。总体网格数为 2304 万，根据杨宝锋等[16]的研究，该网格数量足够预测涡轮泵内的非定常流动特性。物理时间步为 $1.5575 \times 10^{-5}\text{s}$，相当于每一步转过 1.5°，虚拟时间步为 20 步，总共计算 27 圈，通过观察径向力和压力曲线，发现其中出现稳定周期，故可以认为计算已经收敛。本小节采用的方法与前文一致，由于前文中对数值模拟方法已进行过充分验证，这里直接对数值结果进行分析。

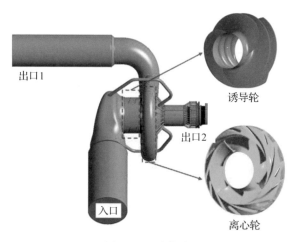

图 5.40　计算域

该工况下诱导轮和离心轮空化区分布如图 5.41 所示。可以看到,空化区集中于诱导轮入口处,离心轮入口也发生了空化,但是范围较小,对离心泵内流动特性影响较小。因此在工程中要提升涡轮泵的空化性能,需格外重视诱导轮的优化设计。

图 5.41　诱导轮和离心轮空化区分布($\sigma=0.0284,\Phi=0.025,\Theta=0°$)

该工况下叶轮径向力信号和 FFT 结果如图 5.42 所示。从径向力信号可以看到比较规律的周期性,FFT 结果显示其主频为 $f_0=232\text{Hz}$,对应着叶轮转频,同时在低频范围内存在 70Hz 左右的峰值,下文将进行详细分析。

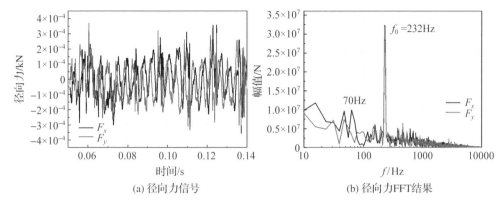

(a) 径向力信号　　　　　　　　(b) 径向力FFT结果

图 5.42　叶轮径向力信号和 FFT 结果($\sigma=0.0284,\Phi=0.025,\Theta=0°$)

为进一步揭示空化流动特性,提取诱导轮叶尖位置的压力脉动进行分析。压力测点布局如图 5.43 所示。沿不同周向和轴向位置布置 6 个测点,其中 3 个位于静止域,3 个位于旋转域,均间隔 $120°$,前者采集绝对压力信号,后者采集相对压力信号(以 rel 标记)。

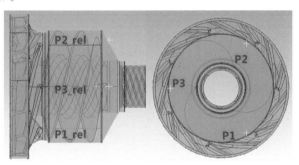

图 5.43　压力测点布局

不同测点采集的压力信号 FFT 结果如图 5.44 所示。在两个坐标系下均能看到显著的主频 $f_1=75\mathrm{Hz}$ 及其倍频,在绝对坐标系下还能清晰分辨出叶片通过频率 $3f_0$ 及其与 f_1 相互作用产生的谐频。同时注意到,径向力信号中同样存在较明显的低频峰值(70Hz),这里与 f_1 绝对值有一定区别,可能是计算总时长过小,导致频率分辨率不足,因此可以判断,该工况下出现了某种以频率 f_1 为主频的不稳定现象。

为了进一步揭示该工况下出现的不稳定现象,一个完整压力信号(相对坐标系下)周期内空化区的变化如图 5.45 所示。压力信号与空化区存在明显的一一对应关系,叶片上空化区范围呈周期性波动。当空化区范围最小时,相应压力值处于波峰;当空化区范围有所增加时,相应压力值减小;而当测点被空化区覆盖时,压力值则处于波谷。因此,压力信号直接反映了空化区的发展,即主频 f_1 是空化区波动的频率。注意到在两个波峰之间,空化区也经历了由小变大、再由大变小的周期性变化过程。特别是,在任意时刻,诱导轮 3 个叶片上的空化区范围都很接近,分布比较均匀,这意味着 3 个叶片表面空化区同步变化,这是典型的空化喘振现象。

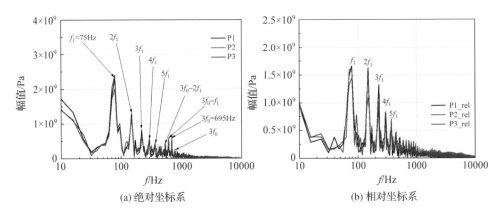

(a) 绝对坐标系　　　　　　　　　　(b) 相对坐标系

图 5.44　压力信号 FFT 结果($\sigma = 0.0284$,$\Phi = 0.025$,$\Theta = 0°$)

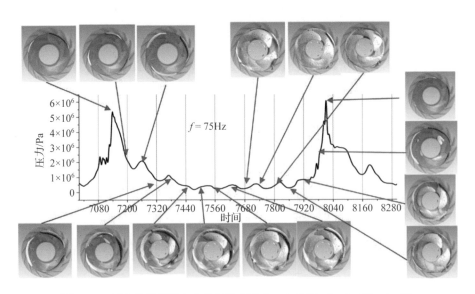

图 5.45　压力信号周期内空化区的变化($\sigma = 0.0284$,$\Phi = 0.025$,$\Theta = 0°$)

在涡轮泵的设计中,除了部件的结构特征,部件之间的匹配组合也会对整体性能产生较大影响,特别是诱导轮与离心轮之间的匹配方式可能对涡轮泵的空化流动特性产生一定影响,而目前对匹配方式的影响规律认识比较少。下面进一步改变诱导轮与离心轮之间的周向匹配角度,研究其对涡轮泵空化流动特性的影响。将诱导轮顺时针旋转 $15°$ 后得到的叶轮径向力和 FFT 结果如图 5.46 所示。计算过程中网格和边界条件设置等均与 $\Theta = 0°$ 时一致,因此可以认为这里出现的计算结果的差异是由诱导轮和离心轮周向匹配角度不一致引起的。如图 5.46(a) 所示,除了高频分量,还可以清晰分辨出显著的低频分量;如图 5.46(b)所示,存在两个明显的频率峰值,$f_0 = 232\text{Hz}$ 和 $f_2 = 30\text{Hz}$,其中前者对应着叶轮转频,后者背后的物理机制则有待进一步分析。

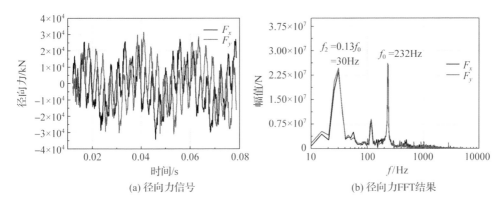

图 5.46 叶轮径向力信号和 FFT 结果($\sigma = 0.0284, \Phi = 0.025, \Theta = 15°$)

该工况下压力信号的 FFT 结果如图 5.47 所示。可以看到,改变匹配角度后压力信号频率特性与图 5.46 截然不同。在绝对坐标下,高幅值频率分量显著增多,并且这些分量全部为 f_2 的倍频或其与 f_0 相互作用产生的谐频,特别是出现了显著的 $1.13f_0 (= f_2 + f_0)$;而在相对坐标系下,峰值频率为 f_2,其倍频也清晰可辨,同时也可以分辨出其与主频相互作用产生的 $1.13f_0$。因此,主导该工况下压力信号频率特性的为 f_2 背后的物理现象,下面进行进一步分析。

相对坐标系下 3 个测点的压力信号如图 5.48 所示。可以看到,3 个不同周向位置采集的压力信号均呈现出规律的周期性波动。由图 5.45 可知,相对坐标系下采集的压力信号直接反映了空化区的波动,因此 f_2 为空化区波动的频率。但是注意到该工况下,3 个叶片上空化区波动并不是同步的,存在一定的相位差,这与图 5.45 有所不同。由于压力波动峰值代表着较短的空化区,而波谷代表着较长的空化区,因此图 5.48 清晰地显示了空化区波动沿着 P3→P2→P1 方向传播的特征。该方向正是诱导轮的旋转方向,即空化区波动的传播方向与叶轮旋转方向一致,这是典型的超同步旋转空化的特征。

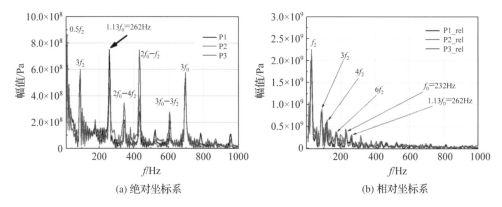

(a) 绝对坐标系　　　　　　　　　(b) 相对坐标系

图 5.47　压力信号 FFT 结果($\sigma=0.0284$, $\Phi=0.025$, $\Theta=15°$)

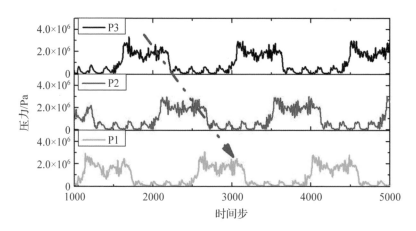

图 5.48　相对坐标系下 3 个测点的压力信号($\sigma=0.0284$, $\Phi=0.025$, $\Theta=15°$)

诱导轮转过 16 圈时每一圈叶片表面空化区的发展如图 5.49 所示。图中任意子图中诱导轮均处于相同位置。每一个叶片的表面空化区波动都经历着由大到小、再由小到大的周期性变化过程,但是 3 个叶片上空化区并不是同步变化的,例如第 2 圈时叶片 2 表面空化区最小,第 5 圈时叶片 1 表面空化区最小,第 7 圈时叶片 3 表面空化区最小,也就是说最短空化区沿着 2→1→3→2→1→⋯方向传播,而且对于每一个叶片而言,大约 7~8 圈为一个周期,对应的频率为 33~29 Hz,刚好

与 f_2 对应,由此可以进一步判断该工况下出现的是超同步旋转空化现象。因此,这里采用的数值模拟方法较好地捕捉到了超同步旋转空化现象。

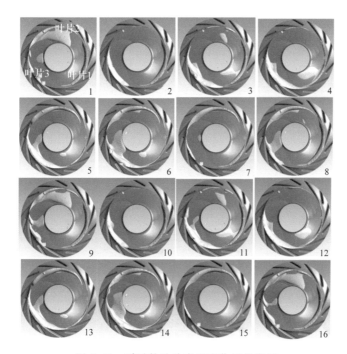

图 5.49　诱导轮叶片表面空化区的发展

从本小节的分析可以看到,诱导轮与离心轮的周向匹配角度对涡轮泵空化流动特性具有较显著的影响,不同的角度会导致截然不同的物理现象。因此,在工程应用中,需要谨慎控制诱导轮与离心轮的匹配。

5.4　空化不稳定机理分析

本节首先介绍描述旋转空化的一维理论模型及其应用,然后进一步对某二维平板叶栅进行非定常空化流动数值模拟,揭示超同步旋转空化传播机理。

5.4.1　理论模型

1978 年,Tsujimoto 等[17]利用激励盘模型(图 5.50)推导了一种非定常叶栅理论模型,该模型是旋转空化理论模型的基础。假设叶栅是没有升力的无交错叶栅,叶栅的节距和弦长无限小,可以将叶栅看成在 yz 平面内展开, x 轴方向是来流的速度方向, z 轴方向是叶栅的伸展方向,并且假设速度和压力在 $x=0$ 处发生突变。

在激励盘模型的基础假设下,假定叶栅内的流动是二维无黏的,流动完全由叶片导流,考虑流道高度和叶栅中的冲角损失和过流损失,假定入口的小扰动可以线性化,建立如图 5.51 所示的模型。叶栅的入口和出口安放角分别为 β_1^* 和 β_2^*,叶栅沿着 y 轴正向以速度 U_T 平移。在叶栅上游($x<0$),流道高度为 1,流动的平均速度为(U_1,0);在叶栅下游($x>0$),流道高度为 $1/b$,流动的平均速度为(U_2,$U_2\tan\gamma$),考虑到质量守恒,叶栅上下游的平均速度存在关系 $U_2=bU_1$。

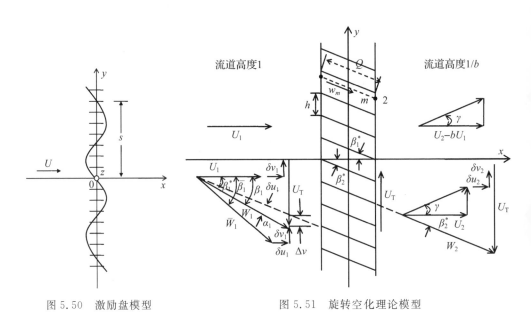

图 5.50 激励盘模型　　　　　　　　　图 5.51 旋转空化理论模型

假定该模型中速度和压力的扰动 δp 和(δu,δv)在无穷远处是有限的,那么可以表示为

$$\frac{\delta p}{\rho U_1^2}=A_1\exp\left[2\pi\mathrm{j}\left(nt-\frac{y}{s}\right)\right]\mathrm{e}^{\frac{2\pi x}{s}}$$

$$\frac{\delta u}{U_1}=B_1\exp\left[2\pi\mathrm{j}\left(nt-\frac{y}{s}\right)\right]\mathrm{e}^{\frac{2\pi x}{s}} \quad (x<0) \qquad (5.15)$$

$$\frac{\delta v}{U_1}=D_1\exp\left[2\pi\mathrm{j}\left(nt-\frac{y}{s}\right)\right]\mathrm{e}^{\frac{2\pi x}{s}}$$

$$\frac{\delta p}{\rho U_2^2} = A_2 \exp\left[2\pi \mathrm{j}\left(nt - \frac{y}{s}\right)\right]\mathrm{e}^{\frac{-2\pi x}{s}}$$

$$\frac{\delta u}{U_2} = B_2 \exp\left[2\pi \mathrm{j}\left(nt - \frac{y}{s}\right)\right]\mathrm{e}^{\frac{-2\pi x}{s}} + C_2 \exp\left[2\pi \mathrm{j}\left(nt - \frac{y}{s}\right)\right]\mathrm{e}^{\frac{-\mathrm{j}2\pi x}{s}\left(\frac{k}{b}-\tan\gamma\right)} \quad (x>0)$$

$$\frac{\delta v}{U_2} = D_2 \exp\left[2\pi \mathrm{j}\left(nt - \frac{y}{s}\right)\right]\mathrm{e}^{\frac{2\pi x}{s}} + E_2 \exp\left[2\pi \mathrm{j}\left(nt - \frac{y}{s}\right)\right]\mathrm{e}^{\frac{-\mathrm{j}2\pi x}{s}\left(\frac{k}{b}-\tan\gamma\right)}$$

$$(5.16)$$

式中，s 为扰动的波长；复数 n 的实部表示频率，虚部表示阻尼。

将该模型下的速度压力扰动代入二维无黏无外力的线性化动量方程中，可得

$$B_1 = -\frac{1}{1+\mathrm{j}k}A_1$$

$$B_2 = \frac{-1}{1-\mathrm{j}\left(\dfrac{k}{b}-\tan\gamma\right)}A_2$$

$$D_1 = \frac{\mathrm{j}}{1+\mathrm{j}k}A_1$$

$$D_2 = \frac{-\mathrm{j}}{1-\mathrm{j}\left(\dfrac{k}{b}-\tan\gamma\right)}A_2 \qquad (5.17)$$

式中，$k=sn/U_1$，是约化频率。系数 A、B、C、D、E 表示无量纲扰动的幅值，其中 $B_{1,2}$ 和 $D_{1,2}$ 表示无旋，C_2 和 E_2 表示有旋，即对应叶栅中的旋涡脱落。

将速度和压力的扰动代入连续性方程中，可得

$$E_2 = -\left(\frac{k}{b}-\tan\gamma\right)C_2 \qquad (5.18)$$

可以看出，方程组目前存在 8 个未知数和 5 个方程，方程组不封闭，还需要额外的 3 个条件。进一步考虑叶栅中压力变化、空穴体积变化以及库塔条件，则可以得到关于 k 的一元三次方程：

$$b \cdot \left[1+\Omega_{\mathrm{h}}'(k-\tan\overline{\beta_1})(F_4+kF_5)+\mathrm{j}\Omega_{\mathrm{h}}'(k-\tan\overline{\beta_1})(F_3-F_5)\right]$$
$$\cdot \left[(1+\Omega_1')(k-\tan\overline{\beta_1})-\frac{\mathrm{j}b}{\cos^2\beta_2^*}\right]+k-\tan\overline{\beta_1}-L_v-\mathrm{j}L_u=0 \qquad (5.19)$$

式中，Ω_{h} 为无量纲叶片间距，Ω_1 为无量纲叶片弦长，L 为损失系数，u 和 v 分别为 x 和 y 方向分量。

由方程(5.19)可求解出 3 个复特征根，以 k^* 标记，$k^*=k_{\mathrm{R}}^*+\mathrm{j}k_{\mathrm{I}}^*$，实部 k_{R}^* 为扰动传播的速度比(即旋转空化的频率)，虚部 k_{I}^* 为扰动的阻尼。

在旋转空化过程中，诱导轮出口压力脉动要远小于入口压力脉动，可以将式

(5.19)进行简化,得到

$$\Omega'_h(k^*-1)\left[j(F_5-F_3)-k^*F_5\tan\overline{\beta}_1-F_4\right]\tan\overline{\beta}_1-1=0 \qquad (5.20)$$

在描述空穴体积变化的方程中引入两个关键参数,质量增益系数 M 和空化柔度 K,$M\equiv\dfrac{\partial V_C}{\partial a_1}$,$K\equiv-\dfrac{\partial V_C}{\partial\sigma}$,分别表示空化区体积($V_C$)随入口冲角($a_1$)和空化数($\sigma$)的变化率。由式(5.20)可以得到旋转空化的发生条件:

$$M>2K(1+\sigma)\cot\overline{\beta}_1 \qquad (5.21)$$

5.4.2　模型分析与应用

从式(5.21)中可以看出影响旋转空化的因素有 4 个,分别为空化数 σ、流量系数 Φ(即入口平均液流角 $\overline{\beta}_1$)、质量增益系数 M 和空化柔度 K。下面具体分析这 4 个参数对旋转空化的影响。以下模型中的诱导轮采用典型的结构参数:入口安装角 $8.327°$,稠度 2.73。

5.4.2.1　质量增益系数的影响

保持诱导轮空化数 $\sigma=0.08$,流量系数 $\Phi=0.103$ 和空化柔度 $K=0.15$ 不变,质量增益系数 M 在 $[-2,2]$ 区间内变化,代入式(5.20)进行计算,得到旋转空化的变化如图 5.52 所示(图中左侧纵坐标为旋转空化频率 k_R^*,右侧纵坐标为扰动阻尼 k_I^*)。当阻尼为正时,扰动会被抑制;当阻尼为负时,扰动会被放大。因此在一维

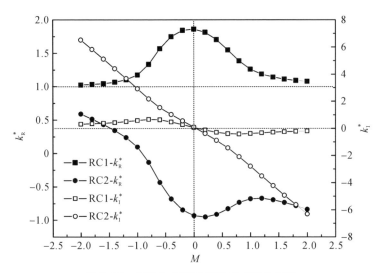

图 5.52　旋转空化随质量增益系数的变化

模型中,当阻尼为负时,便认为发生了旋转空化。当 $M<0$ 时,扰动阻尼大于零,因而没有不稳定状态发生;当 $M>0$ 时,出现阻尼为负的情况,发生了旋转空化。结合质量增益系数的定义可知,当 M 为正时,增加流量(增大液流角)会使冲角减小,则空穴体积减小,减小的部分需要更大的流量进行填充,流量进一步增加后,正的质量增益系数容易诱发旋转空化;反之,负的质量增益系数会抑制旋转空化。

同时,当 $M>0$ 即出现旋转空化时,可以看到:RC1 的旋转空化频率大于 1,称为超同步旋转空化;RC2 的旋转空化频率小于零,这种类型的旋转空化的传播方向与叶栅的运动方向相反,频率的幅值小于 1,称为次同步旋转空化。随着 M 正向增加,RC1 的频率逐渐接近 1,阻尼逐渐接近 -0;RC2 的频率在 0 与 -1 之间变化,而阻尼越来越小。

5.4.2.2　空化柔度的影响

保持诱导轮空化数 $\sigma=0.08$,流量系数 $\Phi=0.103$ 和质量增益系数 $M=1$ 不变,空化柔度 K 在[0.1,2]区间内变化,代入式(5.20)进行计算,得到旋转空化的变化如图 5.53 所示。可以看到,同样出现了两种类型的旋转空化,从频率上可以清晰地分辨出超同步旋转空化与次同步旋转空化,这两种类型的阻尼都随着 K 的增加而增加。对于 RC1,当 $K\leqslant0.9$ 时,其阻尼小于零,即发生了旋转空化;当 $K\geqslant1.0$ 时,RC1 的阻尼大于零,即不稳定状态消失。对于 RC2,虽然其对应的阻尼都是小于零的,但当 $K=2.0$ 时,RC2 的阻尼已经非常接近零。由空化柔度的定义可

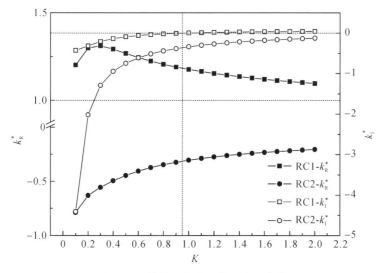

图 5.53　旋转空化随空化柔度的变化

知,当 K 为正时,增加入口的流量会减小入口的压力,即空化数,从而增加空穴体积,导致入口流量减小,整个过程形成了一个负反馈,从而达到抑制旋转空化的目的。随着 K 值的不断增加,流动不稳定会逐渐被抑制。

5.4.2.3 空化数的影响

随着空化数的降低,空化会越来越剧烈,旋转空化也可能会变得剧烈。保持诱导轮流量系数 $\Phi=0.103$,质量增益系数 $M=1$ 和空化柔度 $K=1$ 不变,空化数 σ 在 $[0.01,0.15]$ 区间内变化,代入式 (5.20) 进行计算,得到的旋转空化的变化如图 5.54 所示。两种旋转空化的频率和阻尼随 σ 的增加而线性变化。在给定的空化数范围内,RC2 的阻尼为负,旋转空化现象一直存在。对于 RC1,当 $\sigma \leqslant 0.03$ 时,阻尼小于零,发生了旋转空化;当 $\sigma \geqslant 0.04$ 时,阻尼大于零,不稳定状态被抑制。

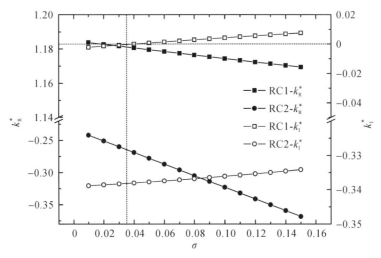

图 5.54 旋转空化随空化数的变化

5.4.2.4 流量系数的影响

保持诱导轮的空化数 $\sigma=0.08$,质量增益系数 $M=0.08$ 和空化柔度 $K=0.15$ 不变,流量系数 Φ 在 $[0.043,0.118]$ 区间内变化,代入旋转空化理论模型 (5.20) 进行计算,得到旋转空化的变化如图 5.55 所示(图中横坐标为 $\Phi=0.103$ 时诱导轮的设计流量系数)。在给定的流量系数范围内,RC2 的阻尼一直为负,旋转空化现象一直存在;RC1 的阻尼在流量较小($\Phi \leqslant 0.103$)时为正,而在流量较大($\Phi > 0.103$)时为负,才出现旋转空化现象。入口流量直接影响入口的平均液流角。当入口流量较小时,入口平均液流角小,冲角为正;随着入口流量的增加,入口平均液流角

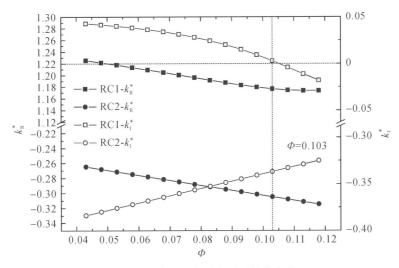

图 5.55　旋转空化随流量系数的变化

也会增加,冲角逐渐减小甚至变为负值。对于负冲角,入口流体与叶片相互作用时流动损失会发生在叶片的压力面,空化也会发生在压力面,同时向低压区扩散,不利于入口的稳定状态。冲角并不是越大越好,若冲角过大,流体与叶片的相互作用更加明显,会增加入口的能量损失。因此,流量对旋转空化的影响实际上是冲角的作用,相对较小的正冲角是有利于抑制旋转空化的。

5.4.2.5　理论模型的工程应用

西安航天动力研究所在涡轮泵研制过程中,为了解决旋转空化诱发振动量级过高的问题,对诱导轮进行过一系列优化。早期的诱导轮Ⅰ中出现了明显的 1.13 倍频旋转空化现象,如图 5.56 所示。

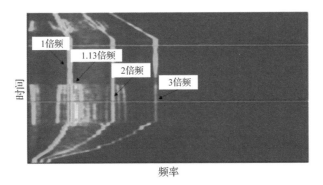

图 5.56　诱导轮Ⅰ旋转空化现象

综合上述研究可知,诱导轮入口冲角是影响空化发生和发展的关键参数,解决旋转空化问题的关键在于入口安装角的选择。在诱导轮 I 的基础上,可适当降低入口安装角,从而降低入口冲角,建立诱导轮 II～IV,具体参数如表 5.7 所示。

表 5.7 诱导轮参数

参数	I	II	III	IV
流量系数	0.103	0.103	0.103	0.103
入口冲角	4.04°	2.43°	2.79°	3.05°
叶片数	3	3	3	3

旋转空化流量范围如图 5.57 所示(图中横坐标为相对流量,纵坐标为旋转空化发生时转子径向位移的幅值)。4 条曲线分别对应试验测得的 4 种诱导轮发生旋转空化时的相对流量范围以及振动幅度,而 4 条垂直于坐标轴的虚线则对应旋转空化一维模型计算所得的不同诱导轮发生旋转空化时的流量。可以看出,试验测得 4 种诱导轮都在不同程度上出现了旋转空化现象,诱导轮 I 发生旋转空化时的流量及流量范围(74%～117%)都是最大的;诱导轮 II 发生旋转空化时的流量是最小的,流量范围为 62%～88%;诱导轮 III 与诱导轮 IV 介于前两者之间,其中诱导轮 III 旋转空化对应的流量范围 62%～92% 要略大于诱导轮 II,诱导轮 IV 旋转空

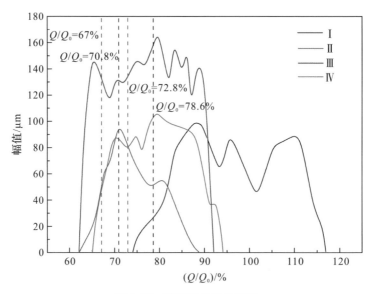

图 5.57 旋转空化流量范围

化对应的流量范围 65%～94%要略大于诱导轮Ⅲ。一维理论模型计算所得的诱导轮发生旋转空化的流量排序为Ⅰ(78.6%)＞Ⅳ(72.8%)＞Ⅲ(70.8%)＞Ⅱ(67%),与试验结果一致,这说明一维理论模型可以定性地分析诱导轮旋转空化,具有一定的准确性。

前面分析流量对旋转空化的影响时提到,实际上是冲角对旋转空化产生影响。4 个诱导轮的入口冲角从大到小的排序为Ⅰ(4.04°)＞Ⅳ(3.05°)＞Ⅲ(2.79°)＞Ⅱ(2.43°),与 4 种诱导轮的旋转空化流量区间排序一致。当流量较小时,叶片载荷和诱导轮冲角都比较大,不容易发生不稳定情况;随着流量的增加,叶片载荷和诱导轮冲角都在减小,小冲角对不稳定状态的调节能力较差,因而最先发生旋转空化;而随着流量的进一步增加,大冲角的诱导轮才会相继发生旋转空化。

5.4.3 基于平板叶栅的旋转空化传播机理分析

为了揭示旋转空化的发生机理,本小节以二维平板叶栅为研究对象进行数值计算,叶栅取自诱导轮 98%叶高位置,如图 5.58 所示。其中叶片安装角 $\beta=9.6°$,叶片稠度 $C/h=3.2$,叶片厚度 2mm,流域上下边界取为周期性边界条件。为了模拟真实诱导轮叶片入口边打磨区,叶栅前缘为呈一定角度的楔形,网格细节如图 5.59 所示。

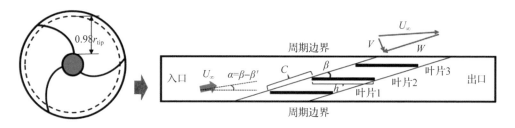

图 5.58 叶栅计算域

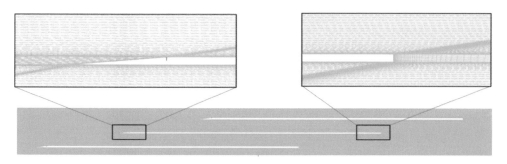

图 5.59 网格细节

根据真实诱导轮的旋转空化发生工况,计算出相应的液流角 $\beta'=4.9°$,叶片牵连速度 $W=\Omega r_{\text{tip}}=26.18\text{m/s}$,来流绝对速度 $V=Q/(\pi r_{\text{tip}}^2)=2.278\text{m/s}$。由图 5.58 所示速度三角形,可以得到相对速度 $U_\infty=26.28\text{m/s}$,液流冲角 $\alpha=\beta-\beta'=4.7°$。将其作为入口来流条件,同时给定来流温度 $T=298\text{K}$,湍流度 5%,在出口给定平均静压,通过调节出口背压改变来流空化数。这里忽略了诱导轮的旋转,模拟的是相对坐标系下的流场信息。空化模型为 Singhal 模型,介质为常温水,为了简化流动分析,聚焦于空化区与叶片流道之间的相互作用关系,忽略空化区尾缘的脱落,湍流模型采用原始 SST 模型;网格数量约为 22 万,非定常计算时间步长为 0.0001s。

二维叶栅空化性能数值结果与试验结果的对比如图 5.60 所示(图中纵坐标为归一化的扬程系数)。可以看到,数值模拟的断裂点的空化数与试验结果比较接近,但是扬程变化趋势有一定区别。试验结果显示,空化断裂前扬程基本保持水平,而数值模拟的扬程则不断下降,直至发生断裂,这是由于简化的二维叶栅无法复现三维诱导轮内的复杂流动特性。图中标注了 SSRC 的发生范围,数值模拟的空化数范围大于试验结果,但是针对二维叶栅的数值模拟可为揭示 SSRC 的发生机理提供重要的流场信息。

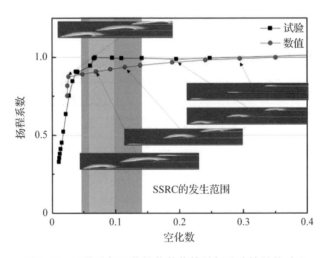

图 5.60　二维叶栅空化性能数值结果与试验结果的对比

从空化区分布来看,在大空化数范围内,3 个叶片上的空化区呈规律的对称分布,且随着空化数降低,空化区范围逐渐扩大;而在 SSRC 发生范围内,3 个叶片上的空化区分布明显不均匀,下文将详细分析;直至 3 个叶片上空化区均发展至喉部位置,流道较严重阻塞,开始发生空化性能断裂。整体而言,空化区发展规律与试验结果比较一致,因此可认为这里的数值模拟具备一定的可靠性。

空化数 $\sigma=0.09$ 工况下计算得到的 3 个叶片表面升力和空化区面积随时间的变化如图 5.61 所示。可以看到,随着时间步推进,升力和空化区面积分别由较小的稳定值逐渐提升和扩大,最终形成稳定的周期性波动,而且空化区波动明显沿叶片 3→2→1 方向传播,根据图 5.58,与诱导轮的旋转方向一致,即空化区波动的传播方向与叶轮旋转方向一致,这是典型的 SSRC 现象。同时注意到,升力和空化区波动呈明显的相关性,即空化区面积越大,相应的升力也越大。升力由叶片表面静压值积分所得,其绝对值取决于压力面和吸力面的压差,对于空化区面积较大的叶片,其吸力面低压区范围较大,压差也更大,因此叶片升力较大。下文将重点分析叶片表面空化区的变化。

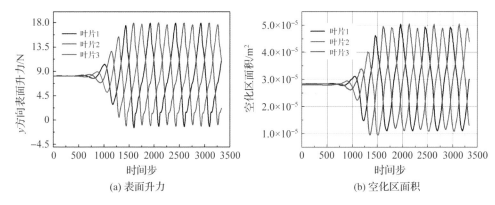

(a) 表面升力　　　　　　　　　　(b) 空化区面积

图 5.61　3 个叶片表面升力和空化区面积随时间的变化($\sigma=0.09$)

不同工况下 3 个叶片无量纲空化区面积随时间的变化如图 5.62 所示,无量纲空化区面积的计算方式与第 3 章一致。当空化数较高($\sigma=0.18$)或较低($\sigma=0.02$)时,空化区面积基本保持恒定,不随时间波动;当空化数处于一定范围内时,空化区面积呈明显的周期性波动,且波动的传播方向与叶轮旋转方向一致,传播速率有一定区别。对于单个叶片,空化区面积波动频率分别为 $28\,\mathrm{Hz}(\sigma=0.15)$,$26\,\mathrm{Hz}(\sigma=0.14)$,$22\,\mathrm{Hz}(\sigma=0.09)$,$9\,\mathrm{Hz}(\sigma=0.05)$。根据 Iga 等[7]的研究,空化区沿周向传播的速度比(propagation velocity ratio, PVR)可定义为 $\mathrm{PVR}=(U_{\mathrm{cav}}+W)/W$,其中 U_{cav} 为空化区沿叶片旋转方向的传播速度。上述 4 个空化数条件下空化区的周向传播频率比 PVR 分别为 1.336,1.312,1.264,1.108,这与 SSRC 的特征频率范围相符,而且 PVR 随着空化数降低而不断降低,这也是 SSRC 的典型特征。

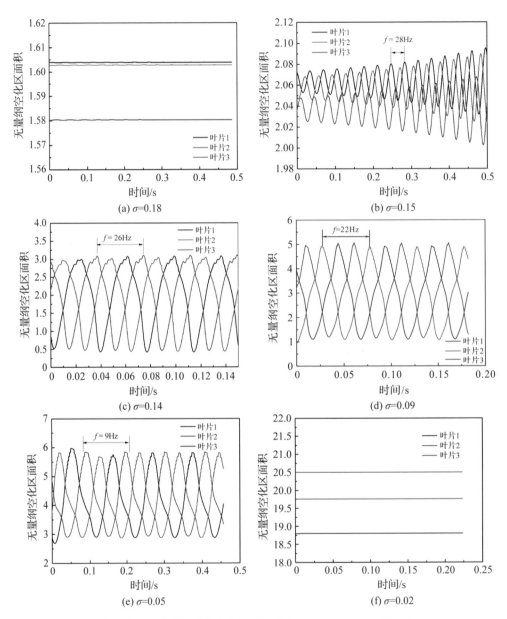

图 5.62 不同工况下 3 个叶片无量纲空化区面积随时间的变化

　　综上可知，数值方法较好地捕捉到了二维叶栅内发生的 SSRC 现象。下面以 $\sigma=0.09$ 工况的计算结果为例来揭示空化区变化规律。连续一段时间内空化区和冲角的云图如图 5.63(a) 所示，其间隔时间 $\Delta t=0.048\mathrm{s}$。从图中能直观地看出空化区波动沿叶片旋转方向传播。叶片前缘的冲角与空化区发展呈现出较好的一致性,即冲角越大,相应的空化区也越大,这证实了空化区的增长或缩短是冲角的变化引起的。空化区与冲角的相互作用关系如图 5.63(b) 所示。其中冲角取自叶尖前缘的监控点,相同颜色曲线代表相同叶片,F_B1 和 V_B1 分别表示叶片 1 前缘冲角和叶片 1 表面空化区面积,其他类同。可以看到,空化区和冲角变化均呈现出非常规律的周期性,但是波动曲线形状有所不同;对于同一个叶片(如图中蓝色虚线框),若冲角越大,则空化区越大,若冲角越小,则空化区也越小。但空化区的发展滞后于冲角的变化,即只有当冲角在最大值维持一定时间时,空化区才会显著增长;而冲角一旦开始减小,空化区面积立即减小。如果关注两个相邻叶片(如图中黑色虚线框),可以看到空化区和冲角的变化呈负相关,当叶片 3 上空化区面积从最大值开始减小时,叶片 1 前缘冲角开始增加;而当叶片 3 空化区从最小值开始增大时,叶片 1 前缘冲角减小。同时注意到,只有当叶片 3 空化区增大至一定程度时,叶片 1 前缘冲角才会大幅减小。因此,空化区发展不仅受冲角的影响,而且反过来会显著影响相邻叶片的冲角。

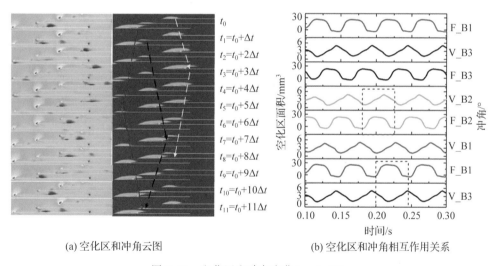

(a) 空化区和冲角云图   (b) 空化区和冲角相互作用关系

图 5.63　空化区和冲角变化($\sigma = 0.09$)

总结空化区面积和冲角的相互作用关系,可以得出 3 个重要特征:
①叶片前缘冲角变化直接影响叶片表面空化区的发展,两者呈正相关;
②空化区变化会影响相邻叶片的前缘冲角,且两者呈负相关;
③只有当空化区增长至一定程度时,才会影响到相邻叶片的前缘冲角。

　　不同时刻气相体积分数差值和速度矢量差值云图如图 5.64 所示,以更清晰地揭示空化区变化对流场的扰动。例如 t_1 和 t_3 两个时刻瞬态计算结果的差值如图 5.64(a)所示,其中负值代表空化区减小,正值代表空化区扩大。从速度矢量差值来看,大部分流场速度几乎不受影响,但是在空化区尾部,空化区的变化会对流场产生显著的影响。

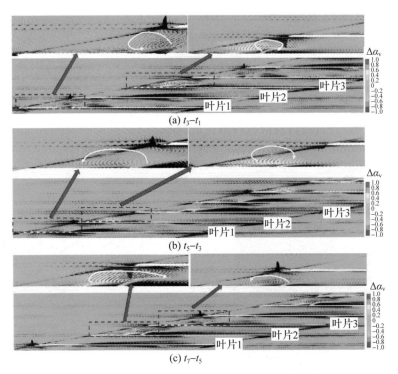

图 5.64　不同时刻气相体积分数差值和速度矢量差值云图

　　从 t_1 到 t_3 时刻,叶片 3 上空化区扩大,由于空化区内空泡的生长,在空化区尾缘发生较大的顺时针涡扰动(如图中白色箭头)。当涡扰动靠近喉部附近时,出现正的流向速度分量,叶片 1 前缘液流角因而大幅减小,叶片 1 上空化区随即减小;大量空泡溃灭,导致空化区尾缘形成较大的逆时针涡扰动,此时出现负的流向速度增量,叶片 2 前缘冲角因而显著增大,叶片 2 上空化区开始增长。

　　从 t_3 到 t_5 时刻,由于前缘液流角较大,叶片 2 上空化区不断扩大,但是其诱发的顺时针涡扰动尚未达到喉部位置,即不足以影响叶片 3 前缘的冲角,此时叶片 3 上空化区仍然在增长,同时叶片 1 前缘冲角继续减小,相应的空化区也减小,因此叶片 2 前缘冲角进一步增大,叶片 2 上空化区进一步发展。

　　从 t_5 到 t_7 时刻,叶片 2 上空化区进一步增长,其诱发的顺时针涡扰动达到喉部位置,叶片 3 前缘冲角因而大幅减小,叶片 3 上空化区也显著减小,并且叶片 1 前缘冲角增大,自此开始,叶片 1 上空化区开启了新一轮生长周期。

　　可以看到,上述过程完成了最大空化区从叶片 3 向叶片 2 的传播。进一步重复该过程,将会形成沿着叶片旋转方向的周期性传播。

　　进一步总结上述分析,可以得到超同步旋转空化的传播机理(图 5.65)。

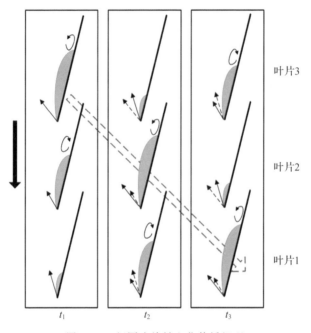

图 5.65　超同步旋转空化传播机理

　　假设在 t_1 时刻,3 个叶片表面空化区呈非对称分布,其中叶片 3 上空化区最长,叶片 1 上空化区最短,叶片 2 上空化区刚好发展至足以影响叶片 3 的长度。结合 Tsujimoto 等[17]的研究,可认为当空化长度达到 65% 叶片间距时,就会对相邻叶片产生影响,开始出现各类空化不稳定现象。叶片 2 上空化区持续增长,其空化区尾缘诱发的顺时针涡扰动到达喉部位置,叶片 3 前缘冲角因而大幅减小,相应空化区也大幅减小,同时在空化区尾缘出现逆时针涡扰动,叶片 1 上空化区开始增大。

　　在 t_2 时刻,由于冲角增大,叶片 1 上空化区显著扩大,但是其长度尚未达到

65%叶片间距,叶片 2 上空化区继续增长,直至达到最大;在此过程中,受叶片 2 上空化区生长的影响,叶片 3 上空化区持续减小,直至最小。

在 t_3 时刻,叶片 1 上空化区开始影响叶片 2,此后叶片 1 上空化区继续生长,直至最大;受其影响,叶片 2 上空化区减小至最小,并进一步促进了叶片 3 上空化区的发展,由此完成了空化区波动沿叶片旋转方向的传播。

参考文献

[1] 布伦南. 空化与空泡动力学[M]. 王勇,潘中永,译. 镇江:江苏大学出版社,2013.

[2] Tan D, Li Y, Wilkes I, et al. Experimental investigation of the role of large scale cavitating vortical structures in performance breakdown of an axial waterjet pump[J]. Journal of Fluids Engineering, 2015, 137(11):111301.

[3] Fanning D T, Gorrell S E, Maynes D, et al. Contributions of tip leakage and inlet diffusion on inducer backflow[J]. Journal of Fluids Engineering, 2019, 141(12):121102.

[4] Wang C, Xiang L, Tan Y, et al. Experimental investigation of thermal effect on cavitation characteristics in a liquid rocket engine turbopump inducer[J]. Chinese Journal of Aeronautics, 2021, 34(8):48-57.

[5] Xiang L, Tan Y, Chen H, et al. Experimental investigation of cavitation instabilities in inducer with different tip clearances[J]. Chinese Journal of Aeronautics, 2021, 34(9):168-177.

[6] 贺象. 轴流压气机非定常流动及气动失稳机理的数值模拟和试验研究[D]. 北京:北京航空航天大学,2014.

[7] Iga Y, Yoshida Y. Mechanism of propagation direction of rotating cavitations in a cascade[J]. Journal of Propulsion and Power, 2011, 27(3):675-683.

[8] Zwart P J, Gerber A G, Belamri T. A two-phase flow model for predicting cavitation dynamics [C]//Proceeding of 5th International Conference of Multiphase Flow. Yokohama, Japan, 2004.

[9] Schnerr G H, Sauer J. Physical and numerical modeling of unsteady cavitation dynamics[C]// Proceeding of 4th International Conference of Multiphase Flow. New Orleans, US, 2001.

[10] Singhal A K, Athavale M M, Li H Y, et al. Mathematical basis and validation of the full cavitation model[J]. Journal of Fluids Engineering, 2002, 124(3):617-624.

[11] Merkle C L, Feng J, Buelow P E O. Computational modeling of the dynamics of sheet cavitation [C]//Proceeding of 3rd International Symposium of Cavitation. Grenoble, France, 1998.

[12] Kunz R F, Boger D A, Stinebring D R, et al. A preconditioned Navier-Stokes method for two-phase flows with application to cavitation prediction[J]. Computers & Fluids, 2000, 29(8):849-875.

[13] Liu S H, Li S C, Zhang L, et al. A mixture model with modified mass transfer expression for cavitating turbulent flow simulation[J]. Engineering Computations, 2008, 25(4):290-304.

［14］Saito Y，Takami R，Nakamori I，et al．Numerical analysis of unsteady behavior of cloud cavitation around a NACA0015 foil［J］．Computational Mechanics，2007，40(1)：85-96．

［15］张亚太，陈晖，项乐，等.基于正交优化设计的诱导轮空化性能研究［J］.推进技术，2020，41(2)：343-352．

［16］杨宝锋，李斌，陈晖，等.新 Omega 涡识别法在液体火箭发动机涡轮氧泵中的应用［J］.推进技术，2019，40(9)：2105-2112．

［17］Tsujimoto Y，Kamijo K，Yoshida Y．A theoretical analysis of rotating cavitation in inducers［J］．Journal of Fluids Engineering，1993，115(1)：135-141．

第6章 间隙密封动力学特性

对于液体火箭发动机涡轮泵,通常采用间隙密封来控制流体介质的泄漏,以提高涡轮泵的工作效率。然而密封在减小泄漏的同时,会产生密封流体激励力,进而对转子系统动力学特性产生影响。本章介绍了间隙密封动力学特性系数(简称动特性系数)求解方法及试验验证,研究了不同密封参数对涡轮泵密封动力学特性的影响,为后续考虑密封耦合作用的涡轮泵非定常流体激振特性研究提供基础。

液体火箭发动机涡轮泵工作时,泵内环形密封在转子偏心小扰动作用下会产生流体激励力。可以通过引入动特性系数来考虑该流体激励力:

$$-\begin{bmatrix} F_x \\ F_y \end{bmatrix} = \begin{bmatrix} K_{xx} & K_{xy} \\ K_{yx} & K_{yy} \end{bmatrix} \begin{bmatrix} x \\ y \end{bmatrix} + \begin{bmatrix} C_{xx} & C_{xy} \\ C_{yx} & C_{yy} \end{bmatrix} \begin{bmatrix} \dot{x} \\ \dot{y} \end{bmatrix} + \begin{bmatrix} M_{xx} & M_{xy} \\ M_{yx} & M_{yy} \end{bmatrix} \begin{bmatrix} \ddot{x} \\ \ddot{y} \end{bmatrix} \quad (6.1)$$

式中,F_x 和 F_y 分别为密封流体激励力在笛卡尔坐标系 x 和 y 方向的分量,K_{xx} 和 K_{yy} 为主刚度系数,K_{xy} 和 K_{yx} 为交叉刚度系数,C_{xx} 和 C_{yy} 为主阻尼系数,C_{xy} 和 C_{yx} 为交叉阻尼系数,M_{xx} 和 M_{yy} 为主质量系数,M_{xy} 和 M_{yx} 为交叉质量系数。

对于同心式密封而言,由于间隙流场在结构上的对称性,其动特性系数存在主项对称、交叉项反对称的特性。并且一般来说,密封交叉质量系数 m 较小,可以忽略[1],因此可以表示为

$$-\begin{bmatrix} F_x \\ F_y \end{bmatrix} = \begin{bmatrix} K & k \\ -k & K \end{bmatrix} \begin{bmatrix} x \\ y \end{bmatrix} + \begin{bmatrix} C & c \\ -c & C \end{bmatrix} \begin{bmatrix} \dot{x} \\ \dot{y} \end{bmatrix} + \begin{bmatrix} M & 0 \\ 0 & M \end{bmatrix} \begin{bmatrix} \ddot{x} \\ \ddot{y} \end{bmatrix} \quad (6.2)$$

式中,K 为密封主刚度系数,k 为密封交叉刚度系数,C 为密封主阻尼系数,c 为密封交叉阻尼系数,M 为密封质量系数。

涡轮泵工作时,密封对转子系统动力学特性的影响本质上是密封小间隙流动向转子系统引入了额外的刚度、阻尼和质量系数。因此,如何准确获得间隙密封

动特性系数是涡轮泵转子动力学领域至关重要的研究内容。

目前常用的间隙密封动特性系数求解方法有 3 种:基于整体流动理论(bulk-flow theory)的二维求解方法(简称整体流动方法)、三维 CFD 准稳态求解方法(简称 CFD 准稳态方法)和三维 CFD 瞬态求解方法(简称 CFD 瞬态方法)。

整体流动方法忽略了密封径向速度变化情况,通过试验结果建立了壁面剪切力与平均流速之间的关系,极大地简化了求解过程。该方法因其求解速度快,一定条件下可获得较为可靠的结果,在工程中得到了广泛的应用。相比该方法,后两种三维 CFD 求解方法无须做过多假设,理论上是更为精确的求解方法。CFD 准稳态方法假定转子绕密封中心轴线做圆形涡动,通过引入固定在转子上的动参考系,将瞬态问题转化为稳态问题,从而避免了瞬态模拟的复杂耗时,是近年来密封动力学研究中使用最为广泛的求解方法[2-6]。CFD 瞬态方法则直接在静止坐标系下对密封流场进行模拟,对涡动轨迹等无限制,是研究密封的一种普适方法。但瞬态求解方法由于复杂耗时,并且在处理小间隙网格变形等方面存在诸多难点,因此在工程应用方面受到限制。

以液体火箭发动机涡轮泵领域实际工程应用为出发点,本章将重点介绍一种修正的整体流动方法[7-9]以及 CFD 准稳态方法,为后续流体激励下转子-密封耦合系统动力学特性研究提供基础。

6.1　密封动力学特性系数求解方法

6.1.1　修正的整体流动计算方法

6.1.1.1　间隙密封整体流动模型建立

与滑动轴承相比,密封的间隙相对更大,并且压力也更高,因此密封间隙内部流动通常表现出较强的湍流特性。环形密封几何结构及坐标系如图 6.1 所示。其中 h 为间隙高度,Ω 为转子壁面角速度,e 为转子静偏心。对于离心泵内环形密封,考虑到间隙流体介质的不可压缩性以及小间隙内流体径向速度远小于流体轴向速度和切向速度的特性,通过对三维 N-S 方程(连续方程及动量方程)进行简化,可获得间隙流体运动方程如下:

$$\frac{\partial u}{\partial x}+\frac{\partial v}{\partial y}+\frac{\partial w}{\partial z}=0 \tag{6.3}$$

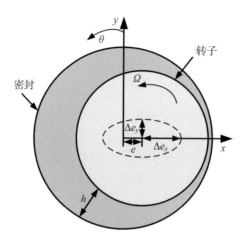

图 6.1 环形密封几何结构及坐标系

$$\rho\left(\frac{\partial u}{\partial t}+u\,\frac{\partial u}{\partial x}+v\,\frac{\partial u}{\partial y}+w\,\frac{\partial u}{\partial z}\right)=-\frac{\partial p}{\partial x}+\frac{\partial}{\partial y}\left(\mu\,\frac{\partial u}{\partial y}-\rho\,\overline{u'v'}\right) \tag{6.4}$$

$$\rho\left(\frac{\partial w}{\partial t}+u\,\frac{\partial w}{\partial x}+v\,\frac{\partial w}{\partial y}+w\,\frac{\partial w}{\partial z}\right)=-\frac{\partial p}{\partial z}+\frac{\partial}{\partial y}\left(\mu\,\frac{\partial w}{\partial y}-\rho\,\overline{w'v'}\right) \tag{6.5}$$

在整体流动模型中,速度被定义为沿间隙高度方向的平均速度:

$$\overline{u}=\frac{1}{h}\int_0^h u\mathrm{d}y,\overline{w}=\frac{1}{h}\int_0^h w\mathrm{d}y \tag{6.6}$$

密封间隙流动中,湍流耗散是流体阻力的主要来源,对于式(6.4)和式(6.5)中的黏性应力分量,Childs[10]给出的湍流阻力计算公式为

$$\frac{\partial}{\partial y}\left(\mu\,\frac{\partial u}{\partial y}-\rho\,\overline{u'v'}\right)=\frac{\rho}{2}\overline{uu_s}f_s+\frac{\rho}{2}(\overline{u}-R\Omega)\overline{u}_r f_r \tag{6.7}$$

$$\frac{\partial}{\partial y}\left(\mu\,\frac{\partial w}{\partial y}-\rho\,\overline{w'v'}\right)=\frac{\rho}{2}\overline{wu_s}f_s+\frac{\rho}{2}\overline{wu_r}f_r \tag{6.8}$$

式中,$\overline{u}_r=\sqrt{(\overline{u}-\Omega R)^2+\overline{w}^2}$,$\overline{u}_s=\sqrt{\overline{u}^2+\overline{w}^2}$;$f_r$ 和 f_s 分别为转子和密封壁面的摩擦阻力。

壁面摩擦阻力大小对数值模拟结果影响较大,本章采用 Moody 摩擦力模型进行计算:

$$f_r=a_1\left[1+\left(\frac{a_2\times r_r}{2h}+\frac{a_3}{Re_r}\right)\right]^{1/\gamma},\quad f_s=a_1\left[1+\left(\frac{a_2\times r_s}{2h}+\frac{a_3}{Re_s}\right)\right]^{1/\gamma} \tag{6.9}$$

式中,$a_1=1.375\times10^{-3}$,$a_2=2\times10^4$,$a_3=1\times10^6$,$Re_r=\rho h\,\overline{u}_r/\mu$,$Re_s=\rho h\,\overline{u}_s/\mu$,$r_r$ 和 r_s 分别为转子和密封壁面的表面粗糙度,一般取 $r_r=r_s=0.001$,γ 为阻力系数。

沿间隙厚度方向(y 方向)对流体控制方程(6.3)~(6.5)进行积分,并将式(6.6)~(6.8)代入其中,则可获得间隙密封的整体流动模型运动方程如下:

$$\frac{\partial h}{\partial t}+\frac{\partial(h\,\overline{u})}{\partial x}+\frac{\partial(h\,\overline{w})}{\partial z}=0 \tag{6.10}$$

$$-h\frac{\partial\overline{p}}{\partial x}=\frac{\rho}{2}\overline{uu}_s f_s+\frac{\rho}{2}(\overline{u}-R\Omega)\overline{u}_r f_r+\rho\left[\frac{\partial(h\,\overline{u})}{\partial t}+\frac{\partial I_{xx}}{\partial x}+\frac{\partial I_{xz}}{\partial z}\right] \tag{6.11}$$

$$-h\frac{\partial\overline{p}}{\partial z}=\frac{\rho}{2}\overline{wu}_s f_s+\frac{\rho}{2}\overline{wu}_r f_r+\rho\left[\frac{\partial(h\,\overline{w})}{\partial t}+\frac{\partial I_{xz}}{\partial x}+\frac{\partial I_{zz}}{\partial z}\right] \tag{6.12}$$

式中,平均压力 $\overline{p}=\dfrac{1}{h}\displaystyle\int_0^h p\mathrm{d}y$,动量通量积分项分别为

$$I_{xx}=\int_0^h\overline{u}^2\mathrm{d}y,\quad I_{zz}=\int_0^h\overline{w}^2\mathrm{d}y,\quad I_{xz}=I_{zx}=\int_0^h\overline{u}\cdot\overline{w}\mathrm{d}y \tag{6.13}$$

可以看出,该通量积分项为整体流动模型速度分量的函数。实际上,流体惯性对流体速度分布形式影响较小,因此可以利用层流无惯性流体的速度剖面对上述通量积分进行评估。

对于间隙层流无惯性流动,其速度分量可被视为泊肃叶流(Poiseuille flow,为压力流)和库埃特流(Couette flow,为剪切流)的叠加。相应的速度分量分别为

$$u=\frac{1}{2\mu}\cdot\frac{\partial p}{\partial x}(y^2-yh)+\frac{y}{h}U,\quad w=-\frac{1}{2\mu}\cdot\frac{\partial p}{\partial z}(y^2-yh) \tag{6.14}$$

式中,U 为转子壁面速度,即 $U=\Omega R$。

压力梯度 $\partial p/\partial x$ 为整体流动模型速度分量的函数,即

$$\frac{\partial p}{\partial x}=-\frac{12\mu}{h^2}\left(\overline{u}-\frac{U}{2}\right),\quad\frac{\partial p}{\partial z}=-\frac{12\mu}{h^2}\overline{w} \tag{6.15}$$

因此,层流流动的速度分量可表示为

$$u=-6\left(\overline{u}-\frac{U}{2}\right)\left[\left(\frac{y}{h}\right)^2-\frac{y}{h}\right]+\frac{y}{h}U,\quad w=-6\,\overline{w}\left[\left(\frac{y}{h}\right)^2-\frac{y}{h}\right] \tag{6.16}$$

将式(6.16)代入动量-通量积分方程(6.13)中,可得到

$$I_{xx}=\alpha\overline{u}^2\cdot h+\beta U^2\cdot h-\gamma U\cdot\overline{u}\cdot h \tag{6.17}$$

$$I_{zz}=\alpha\overline{w}^2\cdot h \tag{6.18}$$

$$I_{xz}=I_{zx}=\alpha\overline{uw}\cdot h-\gamma\overline{w}\cdot(U/2)\cdot h \tag{6.19}$$

对于高雷诺数条件下($Re\gg1$)充分发展的湍流流动,上式中动量-通量积分系数分别为 $\alpha=1,\beta=\gamma=0$,因此有

$$I_{xx}=\overline{u}^2\cdot h,\quad I_{zz}=\overline{w}^2\cdot h,\quad I_{xz}=I_{zx}=\overline{uw}\cdot h \tag{6.20}$$

将式(6.20)代入方程(6.10)~(6.12),得到最终的间隙密封整体流动模型:

$$\frac{\partial h}{\partial t}+\frac{\partial(h\,\overline{u})}{\partial x}+\frac{\partial(h\,\overline{w})}{\partial z}=0 \tag{6.21}$$

$$-h\frac{\partial \overline{p}}{\partial x}=\frac{\rho}{2}\overline{uu}_s f_s+\frac{\rho}{2}(\overline{u}-R\Omega)\overline{u}_r f_r+\rho\left[\frac{\partial(h\,\overline{u})}{\partial t}+\frac{\partial(h\,\overline{uu})}{\partial x}+\frac{\partial(h\,\overline{uw})}{\partial z}\right] \tag{6.22}$$

$$-h\frac{\partial \overline{p}}{\partial z}=\frac{\rho}{2}\overline{wu}_s f_s+\frac{\rho}{2}\overline{wu}_r f_r+\rho\left[\frac{\partial(h\,\overline{w})}{\partial t}+\frac{\partial(h\,\overline{uw})}{\partial x}+\frac{\partial(h\,\overline{ww})}{\partial z}\right] \tag{6.23}$$

6.1.1.2 密封间隙流动方程数值求解

上一小节基于整体流动理论,建立了间隙密封动力学模型,如式(6.21)～(6.23)所示。对于上述偏微分方程组,通常可采用有限差分法、有限体积法和有限元法等数值方法进行求解。本章将采用文献[7]所示的有限元法对间隙密封动力学模型进行求解。

离心泵稳态工作时,转子弯曲、安装偏差等因素使得转子平衡位置处于静偏心位置 e 处,如图6.1所示。假设转子绕平衡位置做椭圆形小扰动($\Delta e_x,\Delta e_y \ll$ 半径间隙 C_r),其涡动轨迹可通过涡动频率 ω 及幅值 $\Delta e_x,\Delta e_y$ 来表述,则间隙高度 h 可表示为

$$h=h_0(e_{x0},e_{y0})-\Delta e_x\cos\omega t\cos\theta-\Delta e_y\sin\omega t\sin\theta \tag{6.24}$$

基于线性扰动理论,忽略二阶以及更高阶项,间隙内速度场及压力场可表示零阶场和一阶场的叠加。其中零阶项用于描述转子平衡条件,一阶项则用于表征转子的扰动运动,具体表达式如下:

$$\varphi=\varphi_0+\Delta e_x(\varphi_{xc}\cos\omega t+\varphi_{xs}\sin\omega t)+\Delta e_y(\varphi_{yc}\cos\omega t+\varphi_{ys}\sin\omega t) \tag{6.25}$$

式中,$\varphi=\{\overline{p},\overline{u},\overline{w}\}$,将式(6.24)和式(6.25)代入间隙密封动力学模型中,可获得相应的零阶方程组:

$$\left(h_0\frac{\partial u_0}{\partial x}+u_0\frac{\partial h_0}{\partial x}\right)+\left(h_0\frac{\partial w_0}{\partial z}+w_0\frac{\partial h_0}{\partial z}\right)=0$$

$$-h_0\frac{\partial p_0}{\partial x}=\frac{\rho}{2}u_0 u_{s0}f_{s0}+\frac{\rho}{2}(u_0-R\Omega)u_{r0}f_{r0}+\rho h_0\left(u_0\frac{\partial u_0}{\partial x}+w_0\frac{\partial u_0}{\partial z}\right)$$

$$-h_0\frac{\partial p_0}{\partial z}=\frac{\rho}{2}w_0 u_{s0}f_{s0}+\frac{\rho}{2}w_0 u_{r0}f_{r0}+\rho h_0\left(u_0\frac{\partial w_0}{\partial x}+w_0\frac{\partial w_0}{\partial z}\right) \tag{6.26}$$

一阶方程组为

$$u_{xc}\frac{\partial h_0}{\partial x}+h_0\frac{\partial u_{xc}}{\partial x}+w_{xc}\frac{\partial h_0}{\partial z}+h_0\frac{\partial w_{xc}}{\partial z}=\frac{1}{R}u_0\sin\theta-\frac{\partial u_0}{\partial x}\cos\theta-\frac{\partial w_0}{\partial z}\cos\theta$$

$$\frac{1}{2}\rho\gamma_{11}u_{xc} + \frac{1}{2}\rho(\gamma_{12}+\delta)w_{xc} + \rho h_0\left(u_0\frac{\partial w_{xc}}{\partial x} + w_0\frac{\partial w_{xc}}{\partial z}\right) + h_0\frac{\partial p_{xc}}{\partial z} + \rho h_0\omega w_{xc}$$

$$= \frac{1}{2}\rho\zeta_1\cos\theta - \frac{\partial p_0}{\partial z}\cos\theta$$

$$\frac{\rho}{2}(\gamma_{21}+\delta)u_{xc} + \rho h_0\left(u_0\frac{\partial u_{xc}}{\partial x} + w_0\frac{\partial u_{xc}}{\partial z}\right) + \frac{\rho}{2}\gamma_{22}w_{xc} + h_0\frac{\partial p_{xc}}{\partial x} + \rho h_0\omega u_{xc}$$

$$= \frac{\rho}{2}\zeta_2\cos\theta - \frac{\partial p_0}{\partial x}\cos\theta$$

$$u_{xs}\frac{\partial h_0}{\partial x} + h_0\frac{\partial u_{xs}}{\partial x} + w_{xs}\frac{\partial h_0}{\partial z} + h_0\frac{\partial w_{xs}}{\partial z} = \omega\cos\theta$$

$$-\rho h_0\omega w_{xc} + \frac{\rho}{2}\gamma_{11}u_{xs} + \frac{\rho}{2}(\gamma_{12}+\delta)w_{xs} + \rho h_0\left(u_0\frac{\partial w_{xs}}{\partial x} + w_0\frac{\partial w_{xs}}{\partial z}\right) + h_0\frac{\partial p_{xs}}{\partial z} = 0$$

$$-\rho h_0\omega u_{xc} + \frac{\rho}{2}(\gamma_{21}+\delta)u_{xs} + \rho h_0\left(u_0\frac{\partial u_{xs}}{\partial x} + w_0\frac{\partial u_{xs}}{\partial z}\right) + \frac{\rho}{2}\gamma_{22}w_{xs} + h_0\frac{\partial p_{xs}}{\partial x} = 0$$

$$u_{yc}\frac{\partial h_0}{\partial x} + h_0\frac{\partial u_{yc}}{\partial x} + w_{yc}\frac{\partial h_0}{\partial z} + h_0\frac{\partial w_{yc}}{\partial z} = -\omega\sin\theta$$

$$\frac{\rho}{2}\gamma_{11}u_{yc} + \frac{\rho}{2}(\gamma_{12}+\delta)w_{yc} + \rho h_0\left(u_0\frac{\partial w_{yc}}{\partial x} + w_0\frac{\partial w_{yc}}{\partial z}\right) + h_0\frac{\partial p_{yc}}{\partial z} + \rho h_0\omega w_{ys} = 0$$

$$\frac{\rho}{2}(\gamma_{21}+\delta)u_{yc} + \rho h_0\left(u_0\frac{\partial u_{yc}}{\partial x} + w_0\frac{\partial u_{yc}}{\partial z}\right) + \frac{\rho}{2}\gamma_{22}w_{yc} + h_0\frac{\partial p_{yc}}{\partial x} + \rho h_0\omega u_{ys} = 0$$

$$u_{ys}\frac{\partial h_0}{\partial x} + h_0\frac{\partial u_{ys}}{\partial x} + w_{ys}\frac{\partial h_0}{\partial z} + h_0\frac{\partial w_{ys}}{\partial z} = -\frac{1}{R}u_0\cos\theta - \sin\theta\frac{\partial u_0}{\partial x} - \sin\theta\frac{\partial w_0}{\partial z}$$

$$-\rho h_0\omega w_{yc} + \frac{\rho}{2}\gamma_{11}u_{ys} + \frac{\rho}{2}(\gamma_{12}+\delta)w_{ys} + \rho h_0\left(u_0\frac{\partial w_{ys}}{\partial x} + w_0\frac{\partial w_{ys}}{\partial z}\right) + h_0\frac{\partial p_{ys}}{\partial z}$$

$$= \frac{\rho}{2}\zeta_1\sin\theta - \frac{\partial p_0}{\partial z}\sin\theta$$

$$-\rho h_0\omega u_{yc} + \frac{\rho}{2}(\gamma_{21}+\delta)u_{ys} + \rho\left(u_0\frac{\partial u_{ys}}{\partial x} + w_0\frac{\partial u_{ys}}{\partial z}\right) + \frac{\rho}{2}\gamma_{22}w_{ys} + h_0\frac{\partial p_{ys}}{\partial x}$$

$$= \frac{\rho}{2}\zeta_2\sin\theta - \frac{\partial p_0}{\partial x}\sin\theta$$

$$(6.27)$$

零阶方程组(6.26)由 3 个微分方程组成,而一阶方程组(6.27)由 12 个微分方程组成。在利用有限元法对上述方程组进行求解时,可通过如图 6.2 所示的单元 Ω^e 对间隙流域进行离散,每个单元包含 4 个节点。在每个单元内,可认为变量 φ

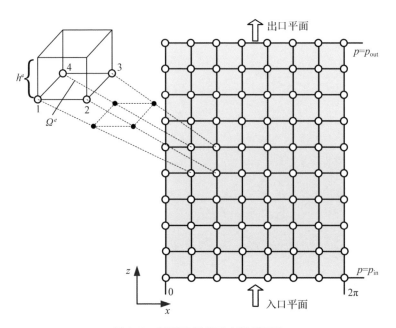

图 6.2 环形密封模型有限元网格

为线性分布[7],则有

$$\varphi = \sum_{m=1}^{4} N_m \varphi_m \tag{6.28}$$

形函数 N_m 采用双线性插值函数,其表达式为

$$N_1 = \frac{1}{4}\left[1 - \frac{2z - (z_1 + z_2)}{z_2 - z_1}\right]\left[1 - \frac{2x - (x_1 + x_2)}{x_2 - x_1}\right]$$

$$N_2 = \frac{1}{4}\left[1 + \frac{2z - (z_1 + z_2)}{z_2 - z_1}\right]\left[1 - \frac{2x - (x_1 + x_2)}{x_2 - x_1}\right]$$

$$\tag{6.29}$$

$$N_3 = \frac{1}{4}\left[1 + \frac{2z - (z_1 + z_2)}{z_2 - z_1}\right]\left[1 + \frac{2x - (x_1 + x_2)}{x_2 - x_1}\right]$$

$$N_2 = \frac{1}{4}\left[1 - \frac{2z - (z_1 + z_2)}{z_2 - z_1}\right]\left[1 + \frac{2x - (x_1 + x_2)}{x_2 - x_1}\right]$$

对零阶方程组(6.26)和一阶方程组(6.27)分别乘以形函数 N_m,并将式(6.28)和式(6.29)代入其中,整理后,采用勒让德-高斯求积(Legendre-Gauss quadrature)公式进行求解。对于每个流体单元,由零阶方程组可得到一个线性系统方程:

$$\begin{bmatrix} A_0 & B_0 & 0 \\ 0 & F_0 & G_0 \\ I_0 & 0 & K_0 \end{bmatrix}\begin{bmatrix} u_0 \\ w_0 \\ p_0 \end{bmatrix} = \begin{bmatrix} 0 \\ 0 \\ L_0 \end{bmatrix} \tag{6.30}$$

式中，$A_0 = \bigcup\limits_{e=1}^{N} a_0^e$，$B_0 = \bigcup\limits_{e=1}^{N} b_0^e$，$F_0 = \bigcup\limits_{e=1}^{N} f_0^e$，$G_0 = \bigcup\limits_{e=1}^{N} g_0^e$，$I_0 = \bigcup\limits_{e=1}^{N} i_0^e$，$K_0 = \bigcup\limits_{e=1}^{N} k_0^e$，$L_0 = \bigcup\limits_{e=1}^{N} l_0^e$。

同样，由一阶方程组可得到两个线性系统方程：

$$
\begin{bmatrix}
A_{xc} & B_{xc} & 0 & 0 & 0 & 0 \\
E_{xc} & F_{xc} & G_{xc} & 0 & \Lambda & 0 \\
I_{xc} & J_{xc} & K_{xc} & \Lambda & 0 & 0 \\
0 & 0 & 0 & A_{xs} & B_{xs} & 0 \\
0 & -\Lambda & 0 & E_{xs} & F_{xs} & G_{xs} \\
-\Lambda & 0 & 0 & I_{xs} & J_{xs} & K_{xs}
\end{bmatrix}
\begin{bmatrix}
u_{xc} \\ w_{xc} \\ p_{xc} \\ u_{xs} \\ w_{xs} \\ p_{xs}
\end{bmatrix}
=
\begin{bmatrix}
D_{xc} \\ H_{xc} \\ L_{xc} \\ D_{xs} \\ 0 \\ 0
\end{bmatrix}
\tag{6.31}
$$

$$
\begin{bmatrix}
A_{yc} & B_{yc} & 0 & 0 & 0 & 0 \\
E_{yc} & F_{yc} & G_{yc} & 0 & \Lambda & 0 \\
I_{yc} & J_{yc} & K_{yc} & \Lambda & 0 & 0 \\
0 & 0 & 0 & A_{ys} & B_{ys} & 0 \\
0 & -\Lambda & 0 & E_{ys} & F_{ys} & G_{ys} \\
-\Lambda & 0 & 0 & I_{ys} & J_{ys} & K_{ys}
\end{bmatrix}
\begin{bmatrix}
u_{yc} \\ w_{yc} \\ p_{yc} \\ u_{ys} \\ w_{ys} \\ p_{ys}
\end{bmatrix}
=
\begin{bmatrix}
D_{yc} \\ 0 \\ 0 \\ D_{ys} \\ H_{ys} \\ L_{ys}
\end{bmatrix}
\tag{6.32}
$$

利用交替线性迭代求解上述系统方程组，即可获得间隙内流体速度场及压力场。

6.1.1.3　间隙流场边界条件及动力学系数求解

(1) 边界条件

对于环形密封小间隙流动，密封入口处截面流通面积突然减小，造成入口压力突降。这种压力损失效应可通过伯努利方程进行描述：

$$
p_{en} = p_{in} - \frac{1}{2}\rho(1+\xi)w_{en}^2
\tag{6.33}
$$

式中，p_{in} 为密封远场入口平均压力，p_{en} 为间隙入口平均压力，ξ 为入口压力损失系数，w_{en} 为间隙入口处的轴向平均速度。

此外，由于叶轮带动流体旋转，密封间隙入口处流体切向速度不为零，存在预旋效应。该预旋效应可通过预旋系数 β 来表示：

$$
\beta = \frac{v_{en}}{\Omega R}
\tag{6.34}
$$

式中，Ω 为转子表面角速度，v_{en} 为入口处切向平均速度。

就图 6.2 所示的有限元离散方法而言，存在周向循环边界条件，对于零阶方程有

$$\varphi_0(\theta,z) = \varphi_0(\theta+2\pi,z), \quad \varphi = p,u,w \tag{6.35}$$

对于一阶方程有

$$\varphi(\theta,z) = \varphi_\kappa(\theta+2\pi,z), \quad \varphi = p,u,w, \quad \kappa = xc,xs,yc,ys \tag{6.36}$$

(2)密封动力学特性系数求解

对于静力学系数,即密封泄漏量 Q,可直接通过对密封出口轴向平均流速积分获得:

$$Q = \int_0^{2\pi} h w_{\text{out}} \, \mathrm{d}\theta \tag{6.37}$$

为求解密封动特性系数,首先对转子表面流体压力进行积分,获得间隙密封 x,y 方向的流体激励力如下:

$$\begin{bmatrix} F_x \\ F_y \end{bmatrix} = \int_0^L \int_0^{2\pi} p \begin{bmatrix} \cos\theta \\ \sin\theta \end{bmatrix} R \, \mathrm{d}\theta \mathrm{d}z \tag{6.38}$$

则密封动特性系数可通过对一阶压力场在流动区域范围内进行积分并利用最小二乘法拟合得到:

$$
\begin{aligned}
K_{ij} - \omega^2 M_{ij} &= -\int_0^L \int_0^{2\pi} p_{j\nu} \Phi_i R \, \mathrm{d}\theta \mathrm{d}z \\
\omega C_{ij} &= -\int_0^L \int_0^{2\pi} p_{i\zeta} \Phi_i R \, \mathrm{d}\theta \mathrm{d}z
\end{aligned}
\tag{6.39}
$$

式中, ω 为涡动频率; K_{ij} 为刚度系数, C_{ij} 为阻尼系数, M_{ij} 为质量系数, $i,j=x,y$; $\Phi_x = \cos\theta, \Phi_y = \sin\theta$; 当 $j=x$ 时, $\nu=c, \zeta=s$; 当 $j=y$ 时, $\nu=s, \zeta=c$。

(3)模型经验系数修正

在间隙密封整体流动模型中,入口压力损失系数 ξ、湍流摩擦系数 γ 和预旋系数 β 对模型的求解精度影响较大。这些经验参数虽然可通过试验确定,然而对于不同密封结构,其具体数值往往不同,因此直接试验测量的成本过高。随着计算流体动力学的发展,CFD方法在密封稳态流场数值模拟中的优势逐渐凸显出来。本章将基于密封稳态流场数值模拟结果,结合式(6.33)和式(6.34)对密封入口损失系数及预旋系数进行修正;对于湍流摩擦系数,则鉴于CFD方法在密封泄漏量预测方面的高可靠性,可基于泄漏量相等原则进行优化,以最终获得修正后的湍流摩擦系数。

6.1.2 CFD 准稳态方法

6.1.2.1 数值求解思想

对于间隙密封流动,假设转子做圆形涡动,则在静止 x-y 坐标系下,涡动转子位置以及间隙流场形状均随时间发生变化。此时,间隙内部流动为瞬态问题。然而当坐标系固定在转子上随转子一起绕密封中心涡动时,从动参考系 r-t 上看,任意时刻转子都是静止不动的,如图 6.3 所示。因此,通过建立动参考系 r-t 下的控制方程,可将间隙内部瞬态流动转换成稳态问题进行求解,从而简化计算过程,节省计算所需时间及资源。

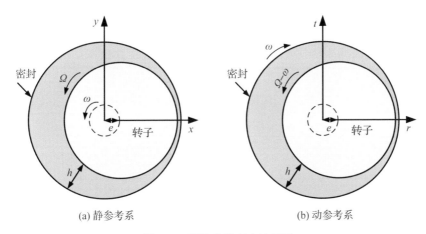

(a) 静参考系   (b) 动参考系

图 6.3 CFD 准稳态方法原理

转子涡动过程中,在小扰动假设下,同心密封所受流体激励力如式(6.2)所示。当转子做如图 6.3 所示的圆形涡动时,轴心处位移 (x, y) 可表示为

$$\begin{cases} x = e\cos(\omega t) \\ y = e\sin(\omega t) \end{cases} \tag{6.40}$$

为获得密封所受的径向以及切向流体激励力 F_r 和 F_t,将直角坐标系转换到柱坐标系下,则有

$$\begin{bmatrix} F_r \\ F_t \end{bmatrix} = \begin{bmatrix} \cos(\omega t) & \sin(\omega t) \\ -\sin(\omega t) & \cos(\omega t) \end{bmatrix} \begin{bmatrix} F_x \\ F_y \end{bmatrix} \tag{6.41}$$

联合式(6.2)、式(6.40)和式(6.41),可得

$$\begin{cases} \dfrac{F_r}{e} = -K - c\omega + M\omega^2 \\[2mm] \dfrac{F_t}{e} = k - C\omega \end{cases} \tag{6.42}$$

对于一般液体环形密封,其动特性系数与涡动频率 ω 基本无关[11]。因此,在偏心距一定(一般取 $0.1C_r$)的条件下,上式中密封径向力 F_r 和切向力 F_t,仅是涡动频率 ω 的函数。对此,可采用改变涡动频率的方式,基于 CFD 准稳态方法获得不同涡动频率下的 F_r 和 F_t(2 个方程,5 个未知数,因此至少需要 3 组不同涡动频率下的数据),再通过最小二乘拟合获得环形密封 5 个动特性系数。

6.1.2.2　物理模型及网格划分

本章研究所涉及的密封模型共两种:模型 1 为试验条件下的密封,主要用于对两种求解方法进行验证,其几何参数及运行条件如表 6.1 所示;模型 2 为某型火箭发动机涡轮泵密封,为本章的主要研究对象,其几何参数及运行条件如表 6.2 所示。

表 6.1　试验密封几何参数及运行条件

长度/mm	半径/mm	间隙/mm	介质密度/ (kg/m³)	介质黏度/ (Pa·s)	转速/(r/min)	压差/MPa
20	48	0.15	1000	0.895×10^{-3}	18000	0.73

表 6.2　涡轮泵密封几何参数及运行条件

长度/mm	半径/mm	间隙/mm	介质密度/ (kg/m³)	介质黏度/ (Pa·s)	转速/(r/min)	压差/MPa
20	90.5	0.15	1086.9	0.15×10^{-3}	17300	17.25

为考虑预旋效应以及入口节流引起的压力损失效应,在三维建模过程中,对模型 1 入口处远场流域以及模型 2 密封入口前泄漏流域进行建模。利用 ANSYS Workbench 对两种模型进行三维结构化网格划分,并对间隙壁面区域进行网格加密,两种模型的网格划分结果如图 6.4 所示。

利用 7 套网格方案对两种模型进行网格无关性验证,间隙网格层数分别为 4、6、8、10、12、14、16 层,模型 1 对应网格数为 15 万~200 万,模型 2 对应网格数为 52 万~860 万。网格无关性计算结果表明,当网格层数≥8 层时,泄漏量结果基本稳定,变化率不超过 0.2%,但流体激励力在网格层数≥12 层时才开始稳定。因此,为了保证数值模拟结果的可靠性,选择间隙层数为 14 层的网格方案进行研

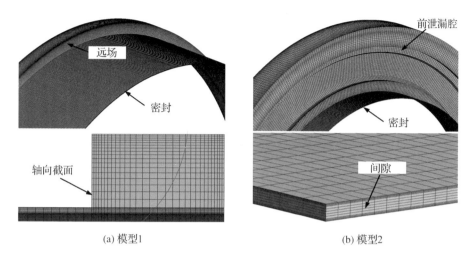

图 6.4　两种模型的网格划分结果

究,模型 1 网格数为 150.5 万,模型 2 网格数为 560.4 万。

6.1.2.3　数值方法及设置

利用 ANSYS CFX 对间隙流场进行准稳态数值模拟。对于密封动特性的研究,早期使用较多的湍流模型为标准 k-ε 模型及其改进型模型,近年来 SST k-ω 模型的应用也逐渐增多,均获得了较好的计算结果。我们对标准 k-ε、RNG k-ε 以及 SST k-ω 这 3 种模型的数值模拟结果与试验进行对比,最终确定选取 SST k-ω 模型进行后续数值模拟研究。给定入口总压以及出口静压边界条件,将转子壁面角速度设为($\Omega-\omega$),密封壁面角速度设为 $-\omega$,收敛残差为 1×10^{-7},同时监控流量曲线以及流体激励力作为收敛判定准则。待所有结果稳定后,即认为计算结果达到收敛。最后选取 5 种涡动频率比 $\omega/\Omega=-1,-0.5,0,0.5,1$,计算密封动特性系数。

6.1.3　试验验证

6.1.3.1　间隙密封动力学特性试验

间隙密封动力学试验在哈尔滨工业大学高速密封试验台上进行,试验台以常温水为试验工质,其基本原理如图 6.5 所示。整个试验装置安装在试验平台基础之上,通过电机以及齿轮箱实现系统的驱动,采用滚动轴承对转子系统进行支承,密封试验腔悬浮于转子之上并通过支承结构安装固定。具体的试验系统设计及方法详见文献[8]。

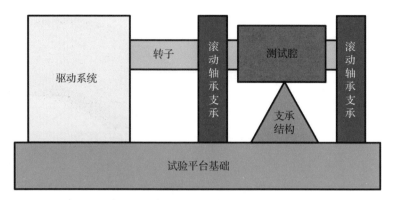

图 6.5 密封试验台基本原理

在间隙密封泄漏特性测量中,密封试验腔支承结构需选择刚性支承,通过刚性转子模拟转子系统的转动及涡动,获得密封泄漏量;而在间隙密封动特性测量中,则将试验腔支承结构替换为弹性支承,利用刚性转子模拟转子转动,利用激振器对密封试验腔进行激励,测量试验腔位移和速度等振动信息,最后通过参数识别获得间隙密封的刚度系数和阻尼系数。试验现场如图 6.6 所示。

图 6.6 间隙密封动力学试验现场

对表 6.1 所示的光滑环形密封进行试验,试验时密封入口压力为 0.73MPa,出口压力为 0.1MPa。将转速提升至 18000r/min,通过对密封腔体做两次线性独立的椭圆轨迹激振,得到线性不相关数据。利用快速傅里叶变换进行频域分析,最终提取出密封动特性系数如表 6.3 所示。由于试验中无法确保转子同心扰动,因此所获的不同方向的主系数和交叉系数有所差别,后续将取其平均值与数值模拟结果进行对比。

表 6.3　间隙密封动特性系数试验结果

$K_{xx}/$ (N/m)	$K_{yy}/$ (N/m)	$K_{xy}/$ (N/m)	$K_{yx}/$ (N/m)	$C_{xx}/$ (N·s/m)	$C_{yy}/$ (N·s/m)	$C_{yy}/$ (N·s/m)	$C_{yx}/$ (N·s/m)
$1.374×10^6$	$1.281×10^6$	$1.854×10^6$	$1.723×10^6$	2838	2720	942	898

6.1.3.2　数值模拟结果验证

本小节利用试验所获得的密封动特性系数对上述修正的整体流动方法和 CFD 准稳态方法两种求解方法进行验证。在整体流动方法求解中,修正前根据文献[10]推荐,选取入口损失系数为 1.4,预旋系数为 0.5,湍流摩擦系数为 3;而基于本章的修正方法所获得的入口损失系数为 0.5,预旋系数为 0.22,湍流摩擦系数为 3。数值模拟与试验结果如表 6.4 所示。

表 6.4　数值模拟与试验结果

方法	$K/(N/m)$	$k/(N/m)$	$C/(N·s/m)$	$c/(N·s/m)$	$Q/(kg/m^3)$
试验	$1.328×10^6$	$1.789×10^6$	2779	920	0.52
整体流动方法	$1.674×10^6$	$2.597×10^6$	3770	1306	0.47
修正的整体流动方法	$1.464×10^6$	$2.032×10^6$	3374	1118	0.52
CFD 准稳态方法	$1.273×10^6$	$1.850×10^6$	3066	1254	0.5215

由表 6.4 可以看出,与试验结果相比,修正后的整体流动方法计算结果相比修正前精度显著提高。泄漏量(Q)方面,修正前数值模拟结果与试验结果误差为 9.6%,而由于是基于泄漏量相等原则进行模型修正,因此修正后的模型所得泄漏量与试验结果保持一致;密封动特性系数方面,修正后的主刚度系数(K)误差由 26.05% 下降至 10.24%,交叉刚度系数(k)误差由 45.16% 下降至 13.58%,主阻尼系数(C)误差由 35.66% 下降至 21.41%,交叉阻尼系数(c)误差由 41.96% 下降至 21.52%。此外,三维 CFD 方法总体上呈现出更高的求解精度,泄漏量计算结果与试验基本一致,主刚度和交叉刚度系数误差仅为 4.14% 和 3.41%,主阻尼系数误差为 10.33%,而交叉阻尼系数误差为 36.30%,略高于修正的整体流动方法结果。总体来说,本章所采用的修正的整体流动方法和 CFD 准稳态方法均能较好地预测密封动特性系数。其中,整体流动方法过高地预测了密封各动特性系数,而 CFD 准稳态方法对主刚度系数的预测偏低,对其他系数的预测均偏高一些。此外,由于 CFD 方法能够准确预测密封泄漏量,与试验结果非常接近,因此后续研究均通过 CFD 方法获得泄漏量结果,从而对湍流摩擦系数进行修正。

6.2　涡轮泵密封动力学特性研究

本节以某型火箭发动机涡轮泵浮动环为研究对象,开展稳态浮动环锁死状态密封动力学特性研究。浮动环密封是一种可相对转子运动的间隙密封元件,相比于固定式密封更不容易发生碰摩失效的问题,其自动对中的特性可使密封间隙设计得更小,因此能够更好地减少工质的泄漏,提高机组运行效率,这也使其在液体火箭发动机涡轮泵中得到了广泛的应用。浮动环密封结构原理如图 6.7 所示。当涡轮泵启动时,外部流体压力将浮环压紧在支撑壁面上,同时间隙内部压力激励浮环向转子涡动中心运动。当涡轮泵运行到一定状态时,间隙内部流体激励力、接触面上摩擦力以及浮环自身重力最终达到平衡,浮动环密封将锁死在某一固定位置,达到自锁状态,自锁后其作用与固定式密封相同。本节主要针对自锁后的浮动环密封动特性及其与转子之间的耦合作用进行研究。

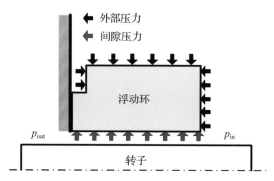

图 6.7　浮动环密封结构原理

6.2.1　间隙密封动力学特性系数

本小节将采用修正的整体流动方法和 CFD 准稳态方法对某型涡轮泵浮动环间隙密封动力学特性进行求解。假定密封与转子同心,转子做偏心小扰动运动,扰动半径为 $0.1C_r$。基于 CFD 结果对整体流动模型的经验参数进行修正,修正后的入口损失系数为 0.58,预旋系数为 0.4,湍流摩擦系数为 3.5。

用修正的整体流动方法和 CFD 准稳态方法获得的涡轮泵额定工况下浮动环密封动特性系数如表 6.5 所示。可以看出,用两种方法获得的刚度和阻尼系数均十分接近,其中主刚度系数(K)相差 1.38%,交叉刚度系数(k)相差 3.69%,主阻尼系数(C)相差 0.54%,交叉阻尼系数(c)相差 7.19%,这一定程度上也表明了两种求解方法的可靠性。此外,由表 6.5 还可以得知,对于高压力、高转速涡轮泵,采用小间隙浮动环密封引入的主刚度系数可达 1×10^8 N/m 以上,与滚动轴承的支承刚度量级相当。因此,在涡轮泵转子动力学特性的研究中,密封的作用应该受到重视。此外,对于采用刚性转子的低温涡轮泵来说,轴承阻尼较小,可以忽略。密封几乎是唯一可引入较大阻尼的部件,其主阻尼系数达到 40000N・s/m 以上。合理的密封设计,可能会对转子系统振动的抑制起到良好的效果。

表 6.5　浮动环密封动特性系数

方法	K/(N/m)	k/(N/m)	C/(N・s/m)	c/(N・s/m)
修正的整体流动方法	1.0766×10^8	2.9982×10^7	42381	2572
CFD 准稳态方法	1.0617×10^8 (−1.38%)	2.8876×10^7 (−3.69%)	42610 (0.54%)	2387 (−7.19%)

　　CFD 方法获得的浮动环密封轴向截面压力分布如图 6.8 所示。可以看出,密封入口前泄漏腔压力较高,但在密封入口处由于流道截面迅速减小,流速增大,压力迅速降低(见局部放大图),导致一部分能量损失。在密封间隙内部,随着密封长度的增大,压力基本呈现出线性减小的趋势,在出口处达到最低值,这也符合密封的实际工作状态。

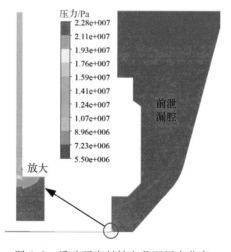

图 6.8　浮动环密封轴向截面压力分布

6.2.2 不同参数对密封动力学特性系数的影响

鉴于整体流动方法的高效性,本小节将采用修正的整体流动方法对线性扰动下密封参数变化对其动力学特性的影响进行研究。

6.2.2.1 密封间隙的影响

密封间隙的大小一方面影响密封效果,另一方面也影响密封对转子系统的辅助支承效果。在保证其他参数不变的情况下,选取最常用的密封间隙取值范围 0.1~0.5mm 进行研究。密封动特性系数随密封间隙的变化如图 6.9 所示。可以看出,密封各动特性系数均随间隙减小而呈现增大趋势,并且该增大趋势随间隙减小而有所增加。当间隙≤0.2mm 时,各动特性系数迅速增大,然而由于浮动环

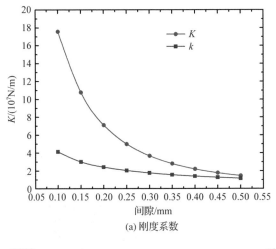

(a) 刚度系数

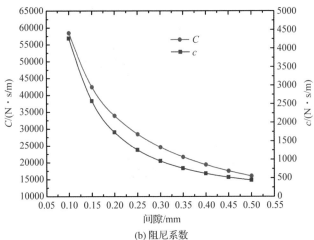

(b) 阻尼系数

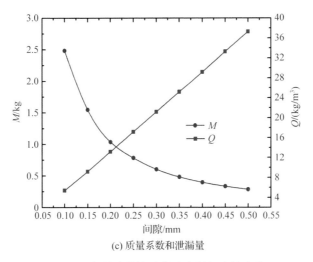

图 6.9　密封动特性系数随密封间隙的变化

长度较短，其引入的质量系数（M）并不是很大。密封各动特性系数中，主刚度系数（K）主要影响密封对转子的支承效果，进而影响转子系统的临界转速，而主阻尼系数（C）和交叉刚度系数（k）主要影响转子系统的稳定性，通常可采用式（6.43）所示的转子涡频比 f_Ω 对转子系统的稳定性进行评估，当 $f_\Omega > 1$ 时，转子系统将发生失稳[12]。因此，为提高转子性能，通常希望密封主刚度系数和主阻尼系数尽量大，而交叉刚度系数则尽量小一些。

$$f_\Omega = \frac{k}{C\Omega} \tag{6.43}$$

由图 6.9 可知，当间隙由 0.5mm 减小到 0.1mm 时，主刚度系数增幅最大，达 11.05 倍，主阻尼系数和交叉刚度系数增幅分别为 2.65 倍和 2.56 倍，转子涡频比 f_Ω 小幅减小，因此稳定性也有所提升。此外，泄漏量（Q）随密封间隙的减小呈线性减小的趋势。因此，从提高密封性能以及涡轮泵转子系统动力学行为的角度来看，密封间隙应尽量取小一些，但过小的密封间隙容易引起转子碰摩等故障，因此需综合考虑。

6.2.2.2　密封长度的影响

密封长度的选择同样会对密封动力学特性产生影响，选取密封长度范围 10～50mm 进行研究。密封动特性系数随密封长度的变化如图 6.10 所示。可以看出，密封各动特性系数均随密封长度增加而呈现增大趋势，其中主刚度系数（K）的增大趋势随密封长度增加而逐渐减小，其余系数的增大趋势随密封长度增加而逐渐

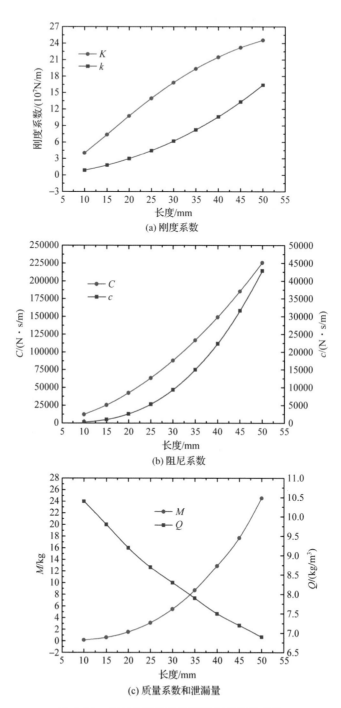

图 6.10 密封动特性系数随密封长度的变化

增大。当密封长度由 10mm 增大到 50mm 时,主刚度系数增幅达 5.07 倍,主阻尼系数(C)和交叉阻尼系数(c)增幅分别为 17.48 倍和 17.75 倍,涡频比 f_Ω 增加 1.46%,转子稳定性降低。此外,泄漏量(Q)随密封长度的增加呈线性减小趋势。因此,在短密封假设的范围内,在确保转子稳定性的基础上,密封长度应尽可能取大一些。

6.2.2.3　密封压差的影响

在密封工作过程中,进出口压差也是影响其性能的主要因素之一。密封动特性系数随密封压差的变化如图 6.11 所示。可以看出,随着密封压差的增大,刚度系数(K 和 k)和主阻尼系数(C)均呈现增大趋势,而交叉阻尼系数(c)和质量系数

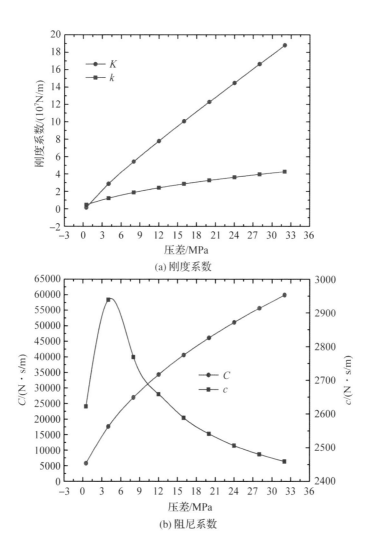

(a) 刚度系数

(b) 阻尼系数

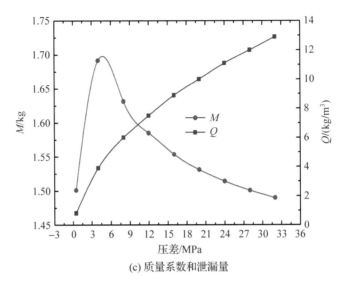

(c) 质量系数和泄漏量

图 6.11 密封动特性系数随密封压差的变化

(M)均呈现先增大后减小的趋势。当密封压差从 0.5MPa 增加到 32MPa 时,主刚度系数增幅达 127.78 倍,主阻尼系数和交叉刚度系数增幅分别为 9.34 倍和 7.96 倍,涡频比 f_Ω 降低 13.35%,转子系统稳定性增加。此外,在较小压差时会出现交叉刚度系数大于主刚度系数的情况,这与前面密封试验中压差 0.63MPa 时的结果相符,但随着压差的增大,主刚度系数增加迅速,而交叉刚度系数增加较为缓慢,最终主刚度系数将远大于交叉刚度系数。

6.2.2.4 转子转速的影响

密封动特性系数随转子转速的变化如图 6.12 所示。可以看出,随着转速的升高,主刚度系数(K)、交叉刚度系数(k)、交叉阻尼系数(c)以及质量系数(M)均呈现增大趋势,而主阻尼系数(C)却呈现下降趋势。当转速由 100r/min 增加到 40000r/min 时,主刚度系数增加 24.79%,交叉刚度系数增幅达 314.97 倍,主阻尼系数降低 18.32%,涡频比 f_Ω 急剧增大,转子稳定性快速下降。由此可见,单纯提高转子转速并不能明显提升密封对转子的支承作用,反而会使转子系统稳定性恶化。这也表明,密封对转子系统的支承作用主要来源于密封两端压差,与滑动轴承支承原理不同,这与文献[13]中的分析结果相同。

6.2.2.5 转子偏心率的影响

在涡轮泵实际运行过程中,由于转子安装误差和重力等作用,浮动环往往会锁死在不同程度的偏心位置,此时密封各主系数和交叉系数将不再相同。

　　密封动特性系数随转子偏心率的变化如图 6.13 所示。可以看出,当偏心率小于 0.2 时,各系数大小基本保持不变;而当偏心率大于 0.2 时,除了交叉阻尼系数 c_{xy} 之外,其余系数均呈现增大的趋势。当偏心率由 0 增加到 0.8 时,主刚度系数 K_{xx} 和 K_{yy} 分别增加 56.94% 和 21.72%,交叉刚度系数 k_{xy} 和 k_{yx} 分别增加 19.38% 和 10.80%,主阻尼系数 C_{xx} 和 C_{yy} 分别增加 85.57% 和 17.35%,平均涡频

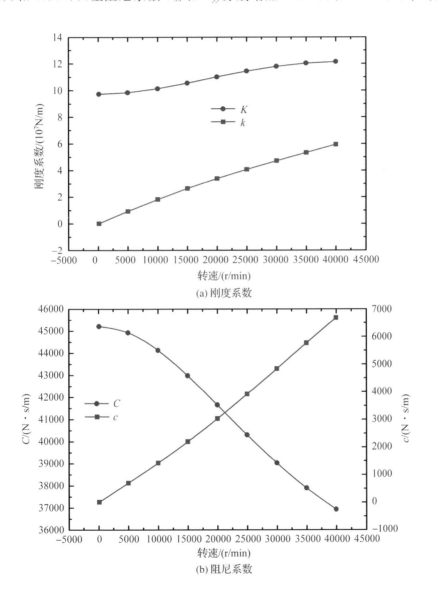

(a) 刚度系数

(b) 阻尼系数

比 f_{Ω} 降低 20.63%,转子系统稳定性提升。此外,随着偏心率的上升,泄漏量缓慢增大,但变化幅度不大。总的来说,密封静偏心作用对转子系统动力学特性具有积极的影响,同心假设下可获得较为保守的结果,因此下一章的研究将在同心假设的基础上进行。

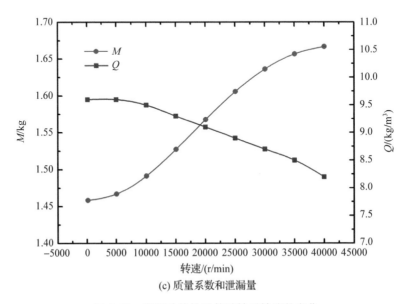

(c) 质量系数和泄漏量

图 6.12   密封动特性系数随转子转速的变化

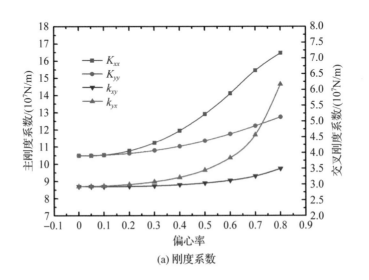

(a) 刚度系数

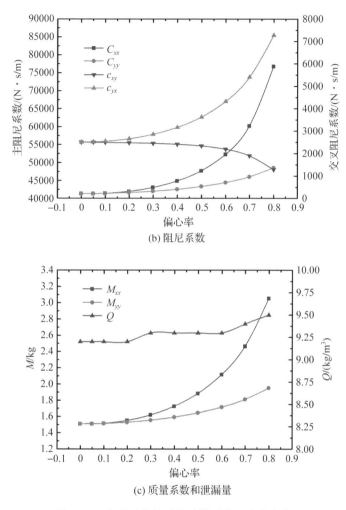

(b) 阻尼系数

(c) 质量系数和泄漏量

图 6.13　密封动特性系数随转子偏心率的变化

参考文献

[1] 姜新阔. 环形密封瞬态流场模拟及其动力学特性研究[D]. 杭州:浙江大学,2016.

[2] Ha T W,Choe B S. Numerical simulation of rotordynamic coefficients for eccentric annular-type-plain-pump seal using CFD analysis[J]. Journal of Mechanical Science and Technology,2012,26(4):1043-1048.

[3] Kim S H,Ha T W. Prediction of leakage and rotordynamic coefficients for the circumferential-groove-pump seal using CFD analysis[J]. Journal of Mechanical Science and Technology,2016,

30(5):2037-2043.

[4] Ha T W, Choe B S. Numerical prediction of rotordynamic coefficients for an annular-type plain-gas seal using 3D CFD analysis[J]. Journal of Mechanical Science and Technology, 2014, 28(2): 505-511.

[5] Untaroiu A, Untaroiu C D, Wood H G, et al. Numerical modeling of fluid-induced rotordynamic forces in seals with large aspect ratios[J]. Journal of Engineering for Gas Turbines and Power, 2013, 135(1):012501.

[6] Untaroiu A, Hayrapetian V, Untaroiu C D, et al. On the dynamic properties of pump liquid seals[J]. Journal of Fluids Engineering, 2013, 135(5):051104.

[7] 夏鹏. 涡轮泵中浮动间隙密封运动机理的理论和试验研究[D]. 哈尔滨:哈尔滨工业大学, 2018.

[8] 赵经明. 涡轮泵表面织构间隙密封-转子系统动力学特性研究[D]. 哈尔滨:哈尔滨工业大学, 2018.

[9] 杨宝锋, 贾少锋, 李斌, 等. 大偏心及大扰动下涡轮泵密封转子动力特性[J]. 火箭推进, 2019, 45(6):1-9.

[10] Childs D. Turbomachinery Rotordynamics: Phenomena, Modeling, and Analysis[M]. New York, US: John Wiley and Sons, 1993.

[11] 徐悦, 田爱梅, 何磊, 等. 涡轮泵环形密封激振特性的数值计算[J]. 水动力学研究与进展, 2005, 20(S1):815-821.

[12] Subramanian S, Sekahar A S, Prasad B V S S. Rotordynamic characterization of rotating labyrinth gas turbine seals with radial growth: Combined centrifugal and thermal effects[J]. International Journal of Mechanical Sciences, 2017, 123:1-19.

[13] 蒋庆磊. 环形密封和多级转子系统耦合动力学数值及实验研究[D]. 杭州:浙江大学, 2012.

第 7 章 涡轮泵非定常流体激振特性

涡轮泵流体激振特性是涡轮泵内不稳定流动作用在结构上的宏观表现,其包含流体激励下转子和壳体结构的动力学特性等研究内容。本章建立了涡轮泵转子-密封耦合系统动力学模型及求解方法,研究考虑流体作用的转子系统稳态动力学特性以及流体激励下的转子系统振动特性;建立了离心泵流体激励壳体振动响应的定量预测方法,从流体-壳体以及流体-转子-支承-壳体两条流体激励力传递途径研究壳体振动特性,确定壳体振动的主要原因及来源。

7.1 考虑流体作用的转子系统稳态动力学特性

涡轮泵运行过程中,转子部件大部分浸没在周围的流体工作介质中,流体与结构之间的相互作用会对转子系统的动力学特性产生影响。尤其在高压力、高转速下,泵内密封小间隙流动以及叶轮内部充液特性对转子系统稳态动力学特性的影响应当受到重视。本节基于有限元法和矩阵运算方法推导建立转子-密封耦合系统动力学模型,提出考虑密封动特性系数变化的耦合求解方法;在此基础上,分别研究考虑密封流体作用和叶轮充液流体作用对转子系统临界转速以及不平衡响应的影响。

7.1.1 转子-密封耦合系统动力学模型

涡轮泵转子系统包含转轴、诱导轮、离心轮、涡轮、轴承和密封等部件。其中转轴是整个转子系统最为重要的载体,转子的动力学响应实际上就是承载外力情况下轴系的动力学响应[1]。在利用有限元法进行建模时,转子系统被分为离散的刚性盘、具有分布质量的弹性轴以及具有刚度和阻尼的轴承等,其运动方程由这些元素的运动方程根据一定规则组合而成。为了考虑密封与转子的耦合作用,本小节将基于有限元法建立转子系统运动方程,通过矩阵运算方法将线性密封动特性系数耦合到转子系统运动方程中,最终建立转子-密封耦合系统动力学模型。

经典的转子有限元模型(即转子系统运动方程)如式(7.1)所示,其详细建模过程见文献[2]。

$$M\ddot{q} + (C - \omega G)\dot{q} + Kq = Q \tag{7.1}$$

式中,M 为转子系统质量矩阵,C 为阻尼矩阵,K 为刚度矩阵,G 为陀螺矩阵,均为 $4n \times 4n$ 阶矩阵,ω 为转子涡动频率,Q 为外力,广义位移矢量 $q = (x_1, y_1, \theta_{x1}, \theta_{y1}, x_2, y_2, \theta_{x2}, \theta_{y2}, \cdots x_n, y_n, \theta_{xn}, \theta_{yn})^T$,其中,$x_n$ 和 y_n 分别为节点 n 在笛卡尔坐标系 x 和 y 方向的线位移,θ_{xn} 和 θ_{yn} 分别为相应的角位移。

转子小扰动下环形密封所受流体激励力如式(6.2)所示。结合式(7.1)和式(6.2)可以看出,密封流体激励力模型与转子系统运动方程具有相似的结构,但其系数矩阵与位移矢量维数不同,无法进行整合。对此,可引入 $2 \times 4n$ 阶转换矩阵 T_j,使该转换矩阵第 1 行第 $4j+1$ 列以及第 2 行第 $4j+2$ 列元素为 1,其余元素为 0。以 3 个节点转子系统为例,$q = (x_1, y_1, \theta_{x1}, \theta_{y1}, x_2, y_2, \theta_{x2}, \theta_{y2}, x_3, y_3, \theta_{x3}, \theta_{y3})^T$,当密封位于节点 2 处时,引入的转换矩阵 T_2 为

$$T_2 = \begin{bmatrix} 0 & 0 & 0 & 0 & 1 & 0 & 0 & 0 & 0 & 0 & 0 & 0 \\ 0 & 0 & 0 & 0 & 0 & 1 & 0 & 0 & 0 & 0 & 0 & 0 \end{bmatrix} \tag{7.2}$$

则有

$$\begin{bmatrix} x_2 \\ y_2 \end{bmatrix} = T_2 q \tag{7.3}$$

将式(7.3)代入式(6.2),则节点 2 的密封流体激励力可表示为

$$\begin{bmatrix} F_x \\ F_y \end{bmatrix} = -\begin{bmatrix} K & k \\ -k & K \end{bmatrix} T_2 q - \begin{bmatrix} C & c \\ -c & C \end{bmatrix} T_2 \dot{q} - \begin{bmatrix} M & 0 \\ 0 & M \end{bmatrix} T_2 \ddot{q} \tag{7.4}$$

$$= -K_s T_2 q - C_s T_2 \dot{q} - M_s T_2 \ddot{q}$$

式中,K_s、C_s 和 M_s 分别为密封刚度系数矩阵、阻尼系数矩阵和质量系数矩阵。

对密封流体激励力进行扩维处理,可得扩维后的密封激励力矩阵:

$$Q_s = \begin{bmatrix} 0 & 0 & 0 & 0 & F_x & F_y & 0 & 0 & 0 & 0 & 0 & 0 \end{bmatrix}^T = T_2^T \begin{bmatrix} F_x \\ F_y \end{bmatrix} \tag{7.5}$$

考虑密封流体作用时,转子系统运动方程(7.1)变为

$$M\ddot{q} + (C - \omega G)\dot{q} + Kq = Q + Q_s \tag{7.6}$$

结合式(7.5)和式(7.6),将密封流体力耦合到转子系统刚度、阻尼和质量矩阵中,则可获得转子-密封耦合系统运动方程:

$$(M + T_2^T M_s T_2) \ddot{q} + (C - \omega G + T_2^T C_s T_2) \dot{q} + (K + T_2^T K_s T_2) q = Q \tag{7.7}$$

将此推导扩展到一般情况,即当节点 j 处存在密封时,转子-密封耦合系统运动方程为

$$(M + T_j^T M_s T_j) \ddot{q} + (C - \omega G + T_j^T C_s T_j) \dot{q} + (K + T_j^T K_s T_j) q = Q \tag{7.8}$$

进一步,当系统存在 n 个密封时,转子-密封耦合系统动力学模型(即转子-密封耦合系统运动方程)为

$$\left(M + \sum_{j=1}^{n} T_j^T M_s T_j\right) \ddot{q} + \left(C - \omega G + \sum_{j=1}^{n} T_j^T C_s T_j\right) \dot{q} + \left(K + \sum_{j=1}^{n} T_j^T K_s T_j\right) q = Q$$

$$\tag{7.9}$$

7.1.2　稳态动力学耦合求解方法

为完成转子-密封耦合系统稳态动力学特性的求解,应分别对密封动特性系数以及转子-密封耦合系统运动方程进行求解,在求解运动方程的每一步内将所求解的密封动特性系数引入转子系统运动方程中。相应的耦合求解流程如图 7.1 所示,具体步骤如下:

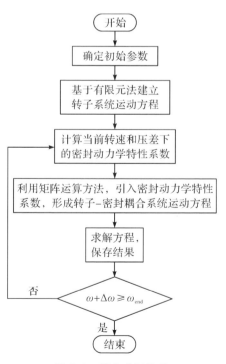

图 7.1　耦合求解流程

①确定初始参数,如转子转速、密封压力和入口损失系数等;

②基于有限元法建立转子系统运动方程,即式(7.1);

③利用第6.1.1节给出的修正的整体流动方法,计算当前转速和压差下的密封动特性系数(刚度、阻尼和质量系数);

④利用矩阵运算方法,将计算获得的密封动特性系数引入方程(7.1),形成转子-密封耦合系统运动方程(7.9);

⑤求解方程(7.9),获得当前运行工况下转子系统响应及固有频率,并保存结果;

⑥增加转子转速,重复上述步骤③~⑤,直到转速达到最大给定值,求解结束。

基于MATLAB软件编制相应程序,完成上述求解流程,并对结果进行处理,最终获得转子系统坎贝尔图以及相应的响应曲线等。

7.1.3 涡轮泵转子系统建模及验证

采用有限单元法对转子系统进行建模,基于Timoshenko梁单元假设,将转轴离散为26个轴段(共27个节点),将诱导轮、离心轮和涡轮简化为集中质量单元,考虑其附加转动惯量并施加在相应节点处。由于低温下滚动轴承阻尼较小,因此将其简化为弹簧单元,其刚度系数通过经验公式(7.10)确定。密封作为辅助支承和阻尼元件,其与转子之间的相互影响通过前面建立的转子-密封耦合系统动力学模型(7.9)来考虑。最终建立的涡轮泵转子系统有限元模型如图7.2所示。

$$K_{rr} = 0.117 \times 10^4 \sqrt[3]{F_r n^2 d \cos^5 \beta} \tag{7.10}$$

式中,K_{rr} 为轴承径向刚度,F_r 为轴承所受径向载荷,n 为滚珠数,d 为滚珠直径,β 为轴承接触角。

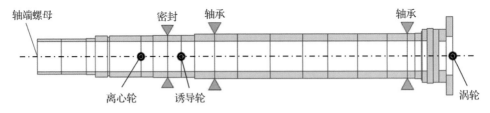

图 7.2 转子系统有限元模型

在如图7.2所示的转子系统中,两个轴承之间存在轴套结构。该结构主要用于对轴承进行轴向定位,同时在较高预紧力下也会起到强化转子刚度的作用,进而对转子系统固有特性产生影响。为了更精确地获得转子系统动力学特性,在建立有限元模型的过程中,对轴套进行等效建模,以此获得考虑轴套时该处轴段的等效密度和刚度。

为获得等效密度,分别建立转子/轴套的原始装配模型和等效模型如图 7.3 所示,其中等效模型采用原转子模型。转子与轴套的密度均为 7800kg/m³,转子质量为 4.456kg,轴套质量为 2.4543kg,基于质量相等原则,可得等效模型的等效密度为 12096kg/m³。

(a) 原始装配模型　　　　　　　(b) 等效模型

图 7.3　轴套结构等效建模

为获得等效刚度,基于 ANSYS 结构动力学软件,对图 7.3 中两种模型在相同受力情况下的位移响应进行计算,以此获得考虑轴套时的等效弹性模量。首先计算原始模型,将模型左端轴承固定,在右端轴承处施加轴向预紧力 91383N 以及一定的径向载荷(本章取 1000N),计算右端轴承的径向位移;然后对等效模型与原始模型施加同样的边界条件,修改材料弹性模型,计算右端轴承的径向位移,使之与原始模型计算结果相等,此时的材料弹性模量即为等效弹性模量。等效弹性模量计算结果如表 7.1 所示。

表 7.1　等效弹性模量计算结果

模型	弹性模量/GPa	位移/mm
原始装配模型	200.2	0.144
等效模型	281	0.144

为验证转子系统有限元模型的可靠性,我们开展了涡轮泵真实转子系统自由模态试验和转子运转试验。

考虑轴套等效前后数值模拟获得转子系统模态频率与试验结果如表 7.2 所示。可以看出,考虑轴套等效后,模型求解精度显著上升。一阶模态频率误差由 8.23% 降低到 2.01%,二阶模态频率误差由 2.96% 降低到 1.11%。这表明了本章所建立的涡轮泵转子系统有限元模型的准确性以及转子建模考虑轴套强化作用等效的必要性。

表 7.2　模态频率数值模拟与模态试验结果

方法	一阶模态频率/Hz	二阶模态频率/Hz
试验	561.7	1115.2
数值模拟(不考虑轴套等效)	515.5(−8.23%)	1082.2(−2.96%)
数值模拟(考虑轴套等效后)	550.4(−2.01%)	1127.6(1.11%)

　　临界转速数值模拟与试验结果如表 7.3 所示。可以看出，数值模拟获得的转子系统一阶和二阶临界转速分别为 21687r/min 和 25700r/min，与试验结果的误差分别为 5.30% 和 2.64%，这也验证了上述模型及求解方法的可靠性。

表 7.3　临界转速数值模拟与试验结果

方法	一阶临界转速/(r/min)	二阶临界转速/(r/min)
试验	22900	25040
数值模拟	21687(−5.30%)	25700(2.64%)

7.1.4　密封流体作用下转子系统动力学分析

　　涡轮泵实际运行过程中，密封两端的压差会随着转子运行转速的变化而改变，因此其引入的刚度阻尼系数也会随之发生改变，进而会对转子系统动力学行为产生影响。本小节将利用上述耦合求解方法，考虑密封动特性系数随运行工况的变化情况，研究密封流体作用对转子系统临界转速和不平衡响应的影响。

　　涡轮泵运行时，泵端密封压差与泵扬程近似成正比，因此基于离心泵相似定律，可认为不同转速下密封两端压差关系为

$$\frac{\Delta p}{\Delta p_d} = \left(\frac{n}{n_d}\right)^2 \tag{7.11}$$

式中，Δp 和 n 分别为任意工况下密封两端压差和转速，Δp_d 和 n_d 分别为额定工况下密封两端压差和转速，其数值分别为 17.25MPa 和 17300r/min。

　　涡轮泵运行时密封刚度系数和阻尼系数随转速的变化分别如图 7.4 和图 7.5 所示。可以看出，在涡轮泵升速过程中，由于转速和压差的共同作用，密封主刚度系数和交叉刚度系数显著增大，并且随转速增大而呈现近似二次曲线增大的趋势；而主阻尼系数和交叉阻尼系数随转速增大而呈现线性增长的趋势。由此可以看出，对于高压力、高转速涡轮泵，密封与转子之间的耦合作用应当受到重视。

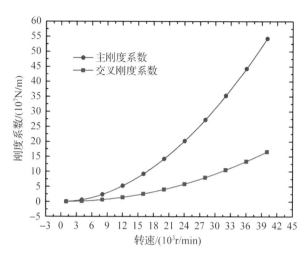

图 7.4　刚度系数随转速的变化

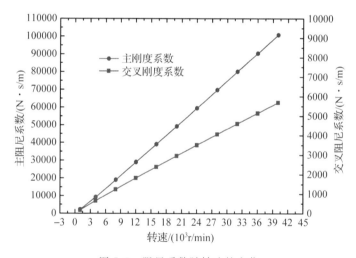

图 7.5　阻尼系数随转速的变化

本章所研究的涡轮泵，其泵端支承刚度为 $K_1=2.84\times10^8\,\mathrm{N/m}$，但由于涡轮端轴承座为悬臂结构并与壳体之间呈间隙装配状态，因此涡轮端支承刚度 K_2 无法准确确定。

考虑密封流体作用前后转子系统一阶和二阶临界转速随涡轮端支承刚度（K_2）的变化分别如图 7.6 和图 7.7 所示。可以看出，密封流体作用对转子系统临界转速影响显著。不考虑密封时，一阶临界转速随 K_2 增大而缓慢上升，后趋于稳定,二阶临界转速则呈现近似线性增大的趋势。考虑密封后,转子系统一阶和二阶临界转速均比考虑密封作用前显著上升。当 $K_2 = 1.35 \times 10^8 \text{N/m}$ 时,一阶临界转速上升 1788r/min;当 K_2 增大到 $3.15 \times 10^8 \text{N/m}$ 时,一阶临界转速增幅达 9267r/min。随着 K_2 增大,一阶临界转速显著上升,密封流体作用显著增强;二阶临界转速则基本保持不变。

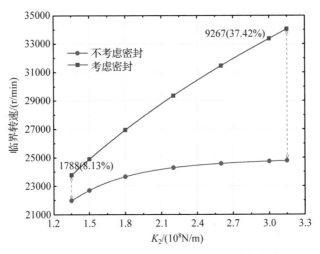

图 7.6　一阶临界转速随涡轮端支承刚度的变化

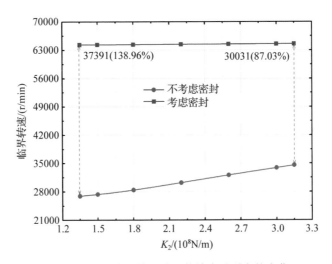

图 7.7　二阶临界转速随涡轮端支承刚度的变化

　　为解释上述密封流体作用,选取两种转子支承方案(方案 1:$K_2 = 1.35 \times 10^8$ N/m;方案 2:$K_2 = 3.15 \times 10^8$ N/m)进行分析。两种转子支承方案下转子系统的坎贝尔图如图 7.8 和图 7.9 所示。可以看出,不考虑密封时,由于转子陀螺效应的影响,正反进动曲线呈现平稳的增加、减小趋势。考虑密封后,由于不同涡动频

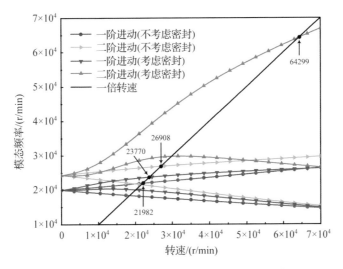

图 7.8　$K_2 = 1.35 \times 10^8$ N/m 时转子系统的坎贝尔图

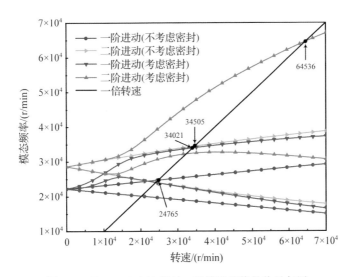

图 7.9　$K_2 = 3.15 \times 10^8$ N/m 时转子系统的坎贝尔图

率下密封引入的刚度和阻尼效应不同,因此正反进动曲线均发生了明显变化。当转速为零时,密封流体作用消失,此时转子固有频率与不考虑密封时相同;随着转速增大,密封流体作用逐渐增强,此时在转子陀螺效应和密封效应的共同作用下,正反进动曲线不再是线性地增大、减小,而是呈现出复杂的变化趋势。

由图 7.8 可知,当 $K_2 = 1.35 \times 10^8 \text{N/m}$ 时,密封流体作用对一阶正反进动曲线有一定的影响,随着转速增大,一阶正反进动频率均有所增大,但增幅不大,一阶临界转速上升 1788r/min,增幅约 8.13%。然而,密封流体作用对二阶正反进动曲线的影响非常显著,随着转速增大,二阶正进动频率迅速增大,二阶临界转速大幅上升,增幅达 138.96%。

由图 7.9 可知,当 $K_2 = 3.15 \times 10^8 \text{N/m}$ 时,密封对一阶和二阶进动曲线均有显著的影响。与图 7.8 相比,密封对一阶固有频率的影响显著增强。随着转速增大,一阶正进动曲线迅速上升,之后与不考虑密封时的二阶正进动曲线趋于一致,一阶临界转速增大 9267r/min,增幅达 37.42%,并且与不考虑密封时的二阶临界转速相近。由于该涡轮泵工作转速位于一阶临界转速附近,因此这一发现对于涡轮泵提速以及发动机性能提升具有重要意义。此外,与 $K_2 = 1.35 \times 10^8 \text{N/m}$ 时相似,二阶涡动频率在密封流体作用下迅速上升,且上升的趋势相当,两种转子支承方案下的二阶临界转速基本一致。

两种转子支承方案下转子系统的前两阶振型如图 7.10 和图 7.11 所示。由图 7.10 可知,不考虑密封时,转子一阶振型为前后摆动,其中泵端摆幅较大,即密封处幅值较大;考虑密封后,振型发生改变,泵端摆幅减小,涡轮端摆幅增大,对应的一阶临界转速有所增加。此外,二阶振型为弯曲振型,不考虑密封时,该振型的节点数为 0,而考虑密封后,节点数变为 2,对应的二阶临界转速显著增大。由图 7.11 可知,当涡轮端支承刚度 K_2 增大到 $3.15 \times 10^8 \text{N/m}$ 时,不考虑密封时,由于涡轮端刚度的增大,一阶振型为泵端摆动;而考虑密封后,泵端刚度的增大导致振型发生显著变化,变为涡轮端摆动,对应的一阶临界转速显著增大。二阶振型变化情况与图 7.10 相似,且考虑密封后的二阶振型与图 7.10 一致,这也解释了考虑密封后二阶临界转速不随 K_2 变化的原因。

为获得密封流体作用对转子系统稳态响应的影响,两种转子支承方案下涡轮泵稳定工作时转子系统的不平衡响应如表 7.4 和表 7.5 所示。其中不平衡量按照 GB/T 9239.1—2006 中的平衡品质 G 2.5 进行选取,并同相平均施加在诱导轮、离心轮和涡轮上。可以看出,考虑密封流体作用后,由于密封刚度和阻尼效应的引入,转子各部件不平衡响应大幅减小,降幅均在 60% 以上,其中方案1(表 7.4)中密封抑振效果更为明显。

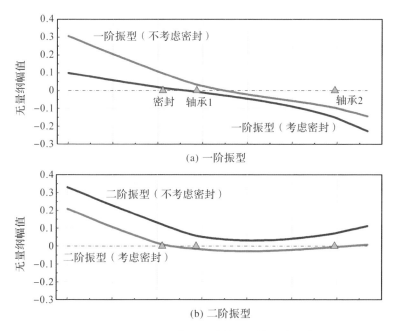

图 7.10　$K_2 = 1.35 \times 10^8$ N/m 时转子系统的前两阶振型

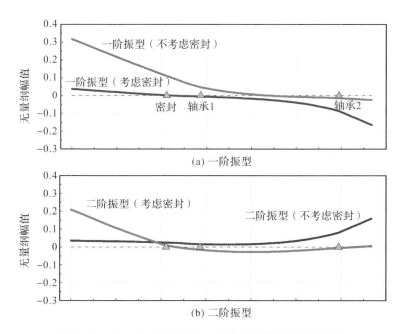

图 7.11　$K_2 = 3.15 \times 10^8$ N/m 时转子系统的前两阶振型

表 7.4　$K_2 = 1.35 \times 10^8\,\text{N/m}$ 时转子系统的不平衡响应

工况	位移/μm			
	轴端螺母	诱导轮	离心轮	密封
不考虑密封	5.22	2.43	1.47	1.79
考虑密封	1.63 （−68.77%）	0.68 （−72.02%）	0.39 （−73.47%）	0.47 （−73.74%）

表 7.5　$K_2 = 3.15 \times 10^8\,\text{N/m}$ 时转子系统的不平衡响应

工况	位移/μm			
	轴端螺母	诱导轮	离心轮	密封
不考虑密封	5.54	2.59	1.56	1.91
考虑密封	1.98 （−64.26%）	0.82 （−68.34%）	0.45 （−71.15%）	0.56 （−70.68%）

由表 7.4 和表 7.5 还可以看出,轴端螺母处不平衡响应幅值最大,并且该处的振动还关系到泵内端面密封的工作环境,因此选取此处的不平衡响应进行分析。两种转子支承方案下轴端螺母处的不平衡响应如图 7.12 和图 7.13 所示。可以看出,随着转速增大,不平衡响应分别在各阶临界转速附近达到最大值。不考虑密

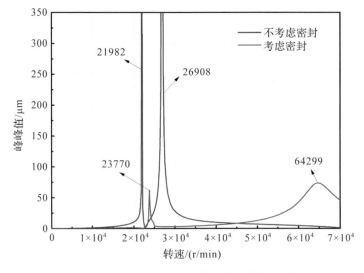

图 7.12　$K_2 = 1.35 \times 10^8\,\text{N/m}$ 时轴端螺母处的不平衡响应

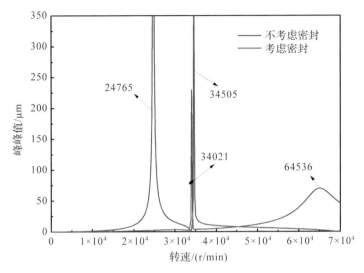

图 7.13　$K_2 = 3.15 \times 10^8 \, \text{N/m}$ 时轴端螺母处的不平衡响应

封时,由于转子系统阻尼较小,理论上不平衡响应将在临界转速处达到无穷;考虑密封后,由于密封阻尼的引入,不平衡响应在临界转速处得到有效抑制。但由于密封刚度、阻尼效应对临界转速的影响,不平衡响应最大值出现位置也出现了明显偏移。此外,可以看出,方案 2(表 7.5)中一阶临界转速处的不平衡响应较方案 1 明显增大,可能的原因有两方面:一是方案 2 的临界转速更高,故不平衡力更大;二是方案 2 的轴端螺母处有效阻尼比较小。

7.1.5　叶轮充液下转子系统动力学分析

浸液转子运行过程中,叶轮内部流体作用会对干状态转子起到软化作用,相当于在原有叶轮质量的基础上引入了一定的附加质量[3],这可能会对转子系统的动力学行为产生影响。目前该方面的研究已有一定的基础,但都集中在各种理论假设条件下对简化模型的定性研究,暂无相关定量研究。因此,本小节将基于离心轮充液试验结果,提出模态降低相等原则来定量获取叶轮附加质量,以此研究叶轮充液作用对转子系统稳态动力学特性的影响。

7.1.5.1　现有结论和基本假设

离心泵工作时,叶轮会围绕中心位置发生涡动现象,类似于密封流体支承作用,叶轮出口周向压力分布不均也会使叶轮产生相应的流体激励力,该激励力同样可以表示为刚度、阻尼和质量系数的线性化模型,如式(6.2)所示。大量试验结果表明,叶轮流体作用引入的主刚度系数和主阻尼系数较小,对转子固有模态的影响可以忽略,但其引入的质量系数非常显著,应当受到重视[4]。Bollester 等[5]在对某一带扩压器的离心泵进行测试时证明,叶轮流体引入的动特性系数与离心泵几何参数密切相关,且刚度系数与转速的平方成正比,阻尼系数与转速成正比,而质量系数与转速基本无关,如图 7.14 所示。基于上述研究结论,下面将开展静止状态下的离心轮充液试验,并基于模态降低相等原则获得叶轮流体引入的等效附加质量,在此基础上研究其对转子系统临界转速和不平衡响应的影响。

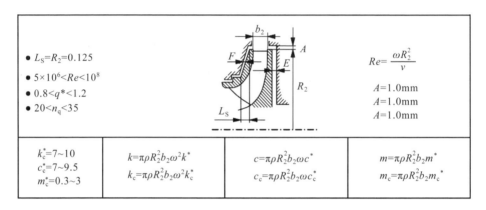

图 7.14 叶轮水力干涉系数

7.1.5.2 离心轮充液试验

离心轮充液试验在西安航天动力研究所力学与环境研究中心进行。为模拟实际工作状态下的离心轮约束状况,试验中将离心轮通过上下螺栓压紧在轴上,并将轴与工装固定连接,具体连接情况如图 7.15(a)所示。首先进行离心轮干状态模态试验,通过 B&K 力锤对离心轮进行轴向激振,运用 POLYTEC 激光测振系统进行拾振,采用 LMS Test.Lab 模态分析系统分析试验数据,分析带宽为 0~4kHz,频率分辨率为 0.625Hz。采用同样的方法开展离心轮充液(湿)状态模态试验,充液介质为等密度盐水,用以模拟液氧介质。离心轮干、湿状态模态试验如图 7.15(b)和图 7.15(c)所示。

干、湿状态下离心轮模态试验结果如表 7.6 所示。可以看出,叶轮充液对其结构模态影响显著。充液状态下,离心轮结构前三阶模态频率较干状态均发生明显下降,其中一阶频率下降 14.01%,二阶频率下降 12.16%,三阶频率下降 13.21%。由此可见,叶轮充液对其结构动力学行为影响显著,因此,进一步研究其对转子系统动力学行为的影响很有必要。

(a) 试验件　　　　　　　(b) 干状态模态试验　　　　(c) 充液(湿)状态模态试验

图 7.15　离心轮模态试验

表 7.6　离心轮模态试验结果

状态	一阶频率/Hz	二阶频率/Hz	三阶频率/Hz
干状态	2134	3594	3935
充液状态	1835 (−14.01%)	3157 (−12.16%)	3415 (−13.21%)

7.1.5.3　叶轮充液的影响

(1)叶轮附加质量获取

为获得叶轮充液对转子系统稳态动力学特性的影响,我们提出基于模态降低相等原则的等效质量法,以定量获取叶轮充液引起的附加质量。

首先利用 ANSYS Workbench 对干状态下的离心轮模态进行数值计算,对离心轮施加底部固支、顶部轴向位移约束边界条件,以模拟试验工况。离心轮模态分析结果如表 7.7 所示,相应的模态振型如图 7.16 所示。可以看出,前三阶模态频率吻合较好,数值模拟结果稍高于试验结果,其中一阶频率误差为 3.42%,二阶和三阶频率误差分别仅为 1.56% 和 0.38%,这也验证了数值模拟模型的可靠性。

表 7.7　离心轮模态分析结果

方法	一阶频率/Hz	二阶频率/Hz	三阶频率/Hz
试验	2134	3594	3935
数值模拟	2207 (3.42%)	3650 (1.56%)	3950 (0.38%)

(a) 一阶振型　　　　　　　(b) 二阶振型　　　　　　　(c) 三阶振型

图 7.16　离心轮模态振型

以干湿模态试验结果为基础,基于模态降低相等原则对充液状态下的离心轮模态进行数值计算,求解叶轮充液引起的流体附加质量。保持边界条件与干状态数值计算相同,通过改变材料密度使得离心轮一阶模态频率等于充液状态下的一阶频率基准值,以此获得充液后离心轮的等效质量,进而求得相应的流体附加质量。在充液状态下,当叶轮密度修正为 10550kg/m^3(原密度为 7800kg/m^3)时,数值模拟与试验结果对比如表 7.8 所示。可以看出,模态频率吻合较好,在一阶频率相等的基础上,二阶和三阶频率数值模拟结果误差分别仅为 2.09% 和 0.93%,这也证明了附加质量求解方法的可靠性。最终求得充液状态下的流体附加质量为 2.46kg,占叶轮总质量(6.98kg)的 35.24%。

表 7.8　充液状态下数值模拟与试验结果对比

方法	一阶频率/Hz	二阶频率/Hz	三阶频率/Hz
充液状态试验	1935	3206	3428
充液状态数值模拟	1935 (0%)	3139 (−2.09%)	3396 (−0.93%)

(2)叶轮充液对转子稳态动力学的影响

在获得叶轮充液流体附加质量后,将其引入转子-密封耦合系统动力学模型(7.9)中,然后利用第 7.1.2 节建立的耦合求解方法,即可获得叶轮充液下转子系统的稳态动力学特性。

两种转子支承方案下,充液前后转子系统临界转速计算结果如表 7.9 和表 7.10所示。可以看出,两种转子支承方案下考虑叶轮充液后,转子各阶临界转速均有所下降。当 $K_2 = 1.35 \times 10^8\text{N/m}$ 且不考虑密封作用时,叶轮充液前后转子一

阶和二阶临界转速分别下降 497r/min 和 773r/min,变化率分别为 2.26% 和
2.87%;而考虑密封作用后,充液前后各阶临界转速基本不变。当 $K_2 = 3.15 \times 10^8$ N/m 且不考虑密封作用时,叶轮充液前后转子一阶临界转速下降 1241r/min,
变化率达 5.01%,这对于工作在一阶临界转速附近的准刚性转子来说应当特别注
意;而考虑密封作用后,转子系统各阶临界转速变化较小。这是由于本章所研究
的涡轮泵间隙密封位于离心轮前凸肩位置,在高压差作用下该密封引入的主刚度
系数高达 10^8 N/m 量级[6],其显著的支承效果削弱了叶轮充液作用的影响。

表 7.9　$K_2 = 1.35 \times 10^8$ N/m 时临界转速计算结果

状态	不考虑密封		考虑密封	
	一阶临界转速/ (r/min)	二阶临界转速/ (r/min)	一阶临界转速/ (r/min)	二阶临界转速/ (r/min)
干状态	21982	26908	23770	64299
充液状态	21485 (−2.26%)	26135 (−2.87%)	23752 (−0.08%)	64257 (−0.07%)

表 7.10　$K_2 = 3.15 \times 10^8$ N/m 时临界转速计算结果

状态	不考虑密封		考虑密封	
	一阶临界转速/ (r/min)	二阶临界转速/ (r/min)	一阶临界转速/ (r/min)	二阶临界转速/ (r/min)
干状态	24765	34505	34021	64536
充液状态	23524 (−5.01%)	34558 (0.15%)	33912 (−0.32%)	64480 (−0.09%)

综上可知,叶轮充液流体作用对转子系统临界转速的影响与转子支承方案密
切相关。对于工作在临界转速附近的转子系统而言,应该重视该充液作用的影
响,防止工作转速与临界转速距离过近引起转子振动剧增,进而发生破坏。然而,
对于高压力、高转速离心泵而言,叶轮前凸肩小间隙密封显著的支承作用使得叶
轮充液的影响可以忽略。

两种转子支承方案下,充液前后转子各节点的不平衡响应如图 7.17 和图7.18
所示。可以看出,不考虑密封时,两种支承方案下考虑叶轮充液后离心泵端转子
各节点的不平衡响应均呈增大趋势,而涡轮端不平衡响应基本不变;而考虑密封
后,叶轮充液的影响基本可以忽略。

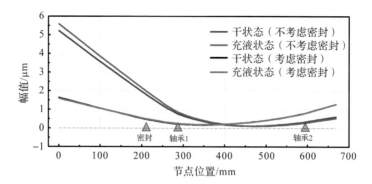

图 7.17 $K_2 = 1.35 \times 10^8\,\mathrm{N/m}$ 时的不平衡响应

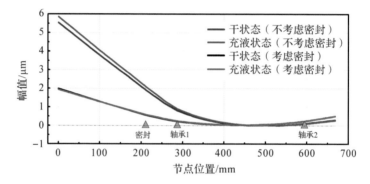

图 7.18 $K_2 = 3.15 \times 10^8\,\mathrm{N/m}$ 时的不平衡响应

叶轮充液前后轴端螺母的不平衡响应如表 7.11 所示。可以看出,不考虑密封时,充液后不平衡响应增加,两种转子支承方案下分别增加 7.09% 和 5.78%;而考虑密封后,叶轮充液作用的影响显著降低,充液后不平衡响应分别降低 2.45% 和 2.02%。由此可见,对于不平衡响应,转子支承方案的变化同样会改变充液作用的影响。当考虑密封流体作用时,叶轮充液作用对转子系统不平衡响应的影响相对较小,实际分析中也可以忽略该影响。

表 7.11 叶轮充液前后轴端螺母的不平衡响应

状态	位移/μm			
	不考虑密封		考虑密封	
	$K_2 = 1.35 \times 10^8\,\mathrm{N/m}$	$K_2 = 3.15 \times 10^8\,\mathrm{N/m}$	$K_2 = 1.35 \times 10^8\,\mathrm{N/m}$	$K_2 = 3.15 \times 10^8\,\mathrm{N/m}$
干状态	5.22	5.54	1.63	1.98
充液状态	5.59 (7.09%)	5.86 (5.78%)	1.59 (−2.45%)	1.94 (−2.02%)

7.2　流体激励下转子系统振动特性

第 7.1 节基于线性密封流体力假设,对转子系统的稳态动力学特性进行了研究,这一方法可以较好地预测转子系统稳态性能。然而对于高压力、高转速涡轮泵而言,泵内非定常流动诱发的转子振动剧烈,加之浮动环密封间隙较小,转子扰动很容易超出小扰动范围,此时利用线性密封动力学模型对转子系统瞬态响应进行求解将会引入较大的偏差,因此必须考虑密封非线性耦合的影响。本节基于三维 CFD 方法和经典 Muszynska 模型,建立涡轮泵稳定运行时环形密封的非线性密封动力学模型,提出基于 Newmark-β 方法的转子瞬态响应耦合求解方法,利用发动机热试车数据验证求解方法的可靠性,在此基础上研究不同密封参数对转子系统振动特性的影响。

7.2.1　流体激励转子振动耦合计算方法

7.2.1.1　非线性密封动力学模型的建立

(1) 经典 Muszynska 模型

对于高压力、高转速涡轮泵而言,泵内非定常流动诱发的转子振动剧烈,转子扰动很容易超出线性小扰动范围,此时式(6.2)中的密封流体激励力不能再用简单的线性动特性系数表示。然而由于密封非线性流体激励的复杂性,至今还没有比较成熟可靠的非线性密封动力学模型。Muszynska 和 Bently 在大量试验的基础上提出了密封流体激励的非线性模型,即 Muszynska 模型[7],如式(7.12)所示。该模型在一定程度上发展了线性密封动力学模型,能够较好地反映密封流体激励力的某些非线性特性。

$$\begin{bmatrix} F_x \\ F_y \end{bmatrix} = -\begin{bmatrix} K_f - m_f \tau_1^2 \omega^2 & \tau_1 \omega D \\ -\tau_1 \omega D & K_f - m_f \tau_1^2 \omega^2 \end{bmatrix}\begin{bmatrix} x \\ y \end{bmatrix}$$
$$-\begin{bmatrix} D & 2\tau_1 \omega m_f \\ -2\tau_1 \omega m_f & D \end{bmatrix}\begin{bmatrix} \dot{x} \\ \dot{y} \end{bmatrix} - \begin{bmatrix} m_f & 0 \\ 0 & m_f \end{bmatrix}\begin{bmatrix} \ddot{x} \\ \ddot{y} \end{bmatrix} \quad (7.12)$$

式中,ω 为转子涡动频率;τ_1 为流体周向平均流速比;K_f,D 和 m_f 分别为转子的当量刚度、阻尼和质量系数。上述参数中,τ_1,K_f 和 D 均为转子振动位移的非线性函数,其表达式为

$$K_f = K_0 (1-e^2)^{-n}, \quad D = D_0 (1-e^2)^{-n}, \quad 0.5 \leqslant n \leqslant 3 \tag{7.13}$$

$$\tau_1 = \tau_0 (1-e)^b, \quad 0 < b < 1 \tag{7.14}$$

式中,转子偏心率 $e = (x^2+y^2)^{0.5}/C_r$, C_r 为密封半径间隙;n,b,τ_0 是用来描述密封的经验参数。一般情况下,取 $\tau_0 < 0.5$;K_0,D_0 和 m_f 可采用 Childs 模型公式[8]计算:

$$K_0 = \mu_3 \mu_0, \quad D_0 = \mu_1 \mu_0 T, \quad m_f = \mu_2 \mu_3 T \tag{7.15}$$

式中,各参数表达式如下:

$$\mu_0 = \frac{2\sigma^2}{1+\xi+2\sigma} E(1-m_0), \quad \mu_1 = \frac{2\sigma^2}{1+\xi+2\sigma}\left[\frac{E}{\sigma}+\frac{B}{2}\left(\frac{1}{6}+E\right)\right],$$

$$\mu_2 = \frac{\sigma}{1+\xi+2\sigma}\left(\frac{1}{6}+E\right), \quad \mu_3 = \frac{\pi R \Delta p}{\lambda}, \quad T = \frac{l}{v_a} \tag{7.16}$$

其中,

$$\lambda = n_0 Re_a^{m_0}\left[1+\left(\frac{Re_v}{Re_a}\right)^2\right]^{\frac{1+m_0}{2}}, \quad B = 2-\frac{(Re_v/Re_a)^2-m_0}{(Re_v/Re_a)^2+1}, \quad \sigma = \frac{\lambda l}{C_r},$$

$$E = \frac{1+\xi}{2(1+\xi+2\sigma)}, \quad Re_v = \frac{RC_r\omega}{\nu}, \quad Re_a = \frac{2C_r v_a}{\nu}$$

$$\tag{7.17}$$

式中,σ 为流体摩擦损失梯度系数;ξ 为入口损失系数;R 为密封半径;Δp 为密封两端压差;l 为密封长度;v_a 为流体轴向平均速度;λ 为摩擦因子;Re_a 为轴向流动的雷诺数;Re_v 为周向流动的雷诺数;ν 为流体动力黏性系数;n_0 和 m_0 为经验参数,由具体密封结构决定。

Muszynska 模型是基于大量试验得出的,并且能够正确地反映密封动力学的基本物理特征,具有较强的概括性。它不仅适用于转子小扰动情况,也能较好地描述转子大扰动下的非线性密封流体力,因此得到了广泛的应用。目前几乎所有的转子-密封非线性动力学研究都是以 Muszynska 模型为基础进行的。然而,由式(7.12)~(7.17)可以看出,该模型存在较多的经验参数,对于不同密封结构需要相关试验来确定,这就限制了其在复杂转子系统振动方面的定量研究,目前相关研究主要集中在转子-密封系统非线性动力学的定性研究方面。对此,本章基于 Muszynska 模型相关物理意义及表达式,结合密封 CFD 求解方法对密封非线性模型进行简化,以此来定量研究考虑转子密封非线性耦合下的涡轮泵流体激励转子振动特性。

对于 Muszynska 模型,当密封结构确定并且转子转速和密封两端压差不变时，模型中的参数 K_0，D_0，m_f，n，b，τ_0 等均为定值。此时，模型中各非线性动特性系数只与转子振动位移相关，因此 Muszynska 模型可简化为

$$
\begin{bmatrix} F_x \\ F_y \end{bmatrix} = -\begin{bmatrix} K(e) & k(e) \\ -k(e) & K(e) \end{bmatrix}\begin{bmatrix} x \\ y \end{bmatrix} - \begin{bmatrix} C(e) & c(e) \\ -c(e) & C(e) \end{bmatrix}\begin{bmatrix} \dot{x} \\ \dot{y} \end{bmatrix} - \begin{bmatrix} M(e) & 0 \\ 0 & M(e) \end{bmatrix}\begin{bmatrix} \ddot{x} \\ \ddot{y} \end{bmatrix}
$$

$$(7.18)$$

式中，e 为转子涡动偏心率。

可以看出，式(7.18)在结构形式上与线性密封动力学模型完全一致，但其动特性系数是转子涡动偏心率的函数，随转子振动位移的改变而发生变化。鉴于此，可通过三维 CFD 方法对密封在不同涡动偏心率下的流场进行数值模拟，获得相应的密封流体激励力，提取不同偏心下密封等效动特性系数，然后对各动特性系数进行多项式拟合，即可得到简化后的非线性密封动力学模型。

(2)密封动力学特性系数求解方法

对于密封转子动力学特性的研究，早期普遍采用整体流动方法，其忽略了密封径向速度变化情况，通过试验结果建立了壁面剪切力与平均流速之间的关系，极大地简化了求解过程。该方法因其求解速度快，在一定条件下可获得较为可靠的结果，因此在工程中得到了广泛的应用。但由于整体流动模型是一种线性模型，只适用于小扰动情况，超出线性扰动范围时将不再适用，因此无法应用于大涡动偏心率下密封动力学特性的求解。

21 世纪以来，随着计算流体动力学技术的发展，利用三维 CFD 方法求解密封流场受到关注。相比传统的整体流动方法，CFD 方法无须做过多假设，理论上是更为精确的求解方法，并且可用于研究转子大扰动下的密封动力学特性。密封的 CFD 求解方法主要有两种：CFD 准稳态方法和 CFD 瞬态方法。下面将采用 CFD 准稳态方法对不同扰动偏心率下的密封动特性系数进行求解，为后续非线性密封动力学模型的建立提供基础。

光滑环形密封动特性系数 CFD 准稳态方法与试验结果如表7.12所示[6]。可以看出，CFD 准稳态方法能够准确预测密封流量和动特性系数，其中主刚度系数预测误差为 -4.07%，交叉刚度系数误差为 3.47%，主阻尼系数误差为 19.63%，交叉阻尼系数误差为 44.30%。对于刚性转子的振动，主刚度系数和主阻尼系数是最为重要的影响因素，而 CFD 准稳态方法对这两个系数的预测具有较高可靠性，因此该方法在研究转子-密封耦合系统振动特性方面具有广阔的应用前景。

表 7.12 密封动特性系数 CFD 准稳态方法与试验结果

方法	$K/(\text{N/m})$	$k/(\text{N/m})$	$C/(\text{N} \cdot \text{s/m})$	$c/(\text{N} \cdot \text{s/m})$	$Q/(\text{kg/m}^3)$
试验	1.327×10^6	1.788×10^6	2563	869	0.52
CFD 准稳态方法	1.273×10^6 (-4.07%)	1.850×10^6 (3.47%)	3066 (19.63%)	1254 (44.30%)	0.52 (0%)

(3)非线性密封动力学模型拟合

涡轮泵稳定运行时,转子转速和密封两端压差均保持不变,满足 Muszynska 简化模型(7.18)的要求,因此可采用该简化模型来模拟转子振动与密封动特性之间的耦合作用。

为获得模型(7.18)中各动特性系数与转子涡动偏心率的关系,利用 CFD 准稳态方法对不同涡动偏心率(本小节选取的涡动偏心率范围为 0.05~0.8)下密封间隙流场进行数值模拟,获得流体激励力,选取第 6.1.2.2 节的模型 2 作为物理模型。

然后对数值模拟获得的不同涡动偏心率下的等效主刚度系数、等效交叉刚度系数、等效主阻尼系数、等效交叉阻尼系数和等效质量系数进行拟合,即可获得模型(7.18)中非线性动特性系数 $K(e)$,$k(e)$,$C(e)$,$c(e)$,$M(e)$ 的表达式,最终完成非线性模型的建立。为后续流体激励下转子系统振动特性的预测提供基础。

式(7.19)~(7.23)即为采用 CFD 准稳态方法获得的涡轮泵稳定运行时密封各动特性系数关于转子偏心率的非线性表达式:

$$K(e) = \begin{cases} 10.62 \times 10^7, & e \leqslant 0.1 \\ (28.08e^3 - 30.11e^2 + 4.03e + 10.49) \times 10^7, & 0.1 < e \leqslant 0.3 \\ (114.98e^3 - 174.14e^2 + 88.74e - 4.31) \times 10^7, & 0.3 < e \leqslant 0.5 \\ (-62.74e^3 + 121.21e^2 - 74.42e + 25.65) \times 10^7, & e > 0.5 \end{cases}$$

$$(7.19)$$

$$k(e) = \begin{cases} 2.89 \times 10^7, & e \leqslant 0.1 \\ (20.74e^3 - 10.27e^2 + 1.18e + 2.85) \times 10^7, & 0.1 < e \leqslant 0.3 \\ (-0.46e^3 - 0.80e^2 + 1.44e + 2.49) \times 10^7, & 0.3 < e \leqslant 0.5 \\ (-9.71e^3 + 22.59e^2 - 15.87e + 6.46) \times 10^7, & e > 0.5 \end{cases}$$

$$(7.20)$$

$$C(e) = \begin{cases} 42609.52, & e \leqslant 0.1 \\ (27.41e^3 - 15.51e^2 + 1.85e + 4.20) \times 10^4, & 0.1 < e \leqslant 0.3 \\ (15.48e^3 - 24.14e^2 + 12.79e + 2.02) \times 10^4, & 0.3 < e \leqslant 0.5 \\ (-22.70e^3 + 47.62e^2 - 31.40e + 10.95) \times 10^4, & e > 0.5 \end{cases}$$

$$(7.21)$$

$$c(e)=\begin{cases}2386.68, & e\leqslant0.1\\(-20.80e^3+10.69e^2-1.24e+0.28)\times10^4, & 0.1<e\leqslant0.3\\(7.86e^3-11.69e^2+5.63e-0.55)\times10^4, & 0.3<e\leqslant0.5\\(2.78e^3-7.731e^2+5.90e-1.03)\times10^4, & e>0.5\end{cases} \tag{7.22}$$

$$M(e)=\begin{cases}2.6, & e\leqslant0.1\\36.67e^3-21.50e^2+2.58e+2.52, & 0.1<e\leqslant0.3\\101.67e^3-150e^2+71.68e-8.4, & 0.3<e\leqslant0.5\\23.33e^3-59.50e^2+43.42e-7.10, & e>0.5\end{cases} \tag{7.23}$$

将式(7.19)～(7.23)代入模型(7.18)中,即可获得涡轮泵稳定运行工况下的非线性密封动力学模型。相比于经典 Muszynska 模型,该模型不需要任何经验参数,理论上能够准确获得转子各种涡动偏心率下的密封流体激励力,只需保证三维密封流场数值模拟的准确性。姜新阔[9]对此类拟合模型的可靠性和适用性进行了研究,结果表明,在转子绕密封中心做准圆形涡动时,该非线性密封动力学模型具有较高的可靠性。

下面以该非线性密封动力学模型(7.18)为基础,将其引入转子-密封耦合系统动力学方程(7.9)中,以此考虑密封流体作用与转子振动之间的耦合作用,提高流体激励下转子系统振动响应的预测精度。最终获得的转子-密封非线性耦合动力学模型为

$$\widetilde{\boldsymbol{M}}\ddot{\boldsymbol{q}}+\widetilde{\boldsymbol{C}}\dot{\boldsymbol{q}}+\widetilde{\boldsymbol{K}}\boldsymbol{q}=\boldsymbol{Q} \tag{7.24}$$

式中, $\widetilde{\boldsymbol{M}}=\boldsymbol{M}+\sum_{j=1}^{n}\boldsymbol{T}_j^{\mathrm{T}}\boldsymbol{M}(e)\boldsymbol{T}_j$; $\widetilde{\boldsymbol{C}}=\boldsymbol{C}-\omega\boldsymbol{G}+\sum_{j=1}^{n}\boldsymbol{T}_j^{\mathrm{T}}\boldsymbol{C}(e)\boldsymbol{T}_j$; $\widetilde{\boldsymbol{K}}=\boldsymbol{K}+\sum_{j=1}^{n}\boldsymbol{T}_j^{\mathrm{T}}\boldsymbol{K}(e)\boldsymbol{T}_j$; $\boldsymbol{Q}$ 为叶轮所受的径向流体激励力和系统的不平衡力。各系数矩阵中,有

$$\boldsymbol{M}(e)=\begin{bmatrix}M(e)&0\\0&M(e)\end{bmatrix},\quad \boldsymbol{C}(e)=\begin{bmatrix}C(e)&c(e)\\-c(e)&C(e)\end{bmatrix},\quad \boldsymbol{K}(e)=\begin{bmatrix}K(e)&k(e)\\-k(e)&K(e)\end{bmatrix}$$

7.2.1.2　振动耦合求解方法

对于式(7.24)所示的非线性动力学方程,通常采用经典的 Newmark-β 隐式算法对其瞬态响应进行求解。该方法假定 $[t,t+\Delta t]$ 时间内,系统加速度是介于 t 时刻加速度 $\ddot{\boldsymbol{q}}_t$ 和 $t+\Delta t$ 时刻加速度 $\ddot{\boldsymbol{q}}_{t+\Delta t}$ 之间的某一常数,即

$$\ddot{\boldsymbol{q}}=\ddot{\boldsymbol{q}}_t+\beta_1(\ddot{\boldsymbol{q}}_{t+\Delta t}-\ddot{\boldsymbol{q}}_t) \tag{7.25}$$

式中, $0\leqslant\beta_1\leqslant1$ 。对 $t+\Delta t$ 时刻速度 $\dot{\boldsymbol{q}}_{t+\Delta t}$ 在 t 时刻进行一阶泰勒展开,则有

$$\dot{\boldsymbol{q}}_{t+\Delta t}=\dot{\boldsymbol{q}}_t+\ddot{\boldsymbol{q}}\Delta t \tag{7.26}$$

由式(7.25)和式(7.26)可得

$$\dot{\boldsymbol{q}}_{t+\Delta t} = \dot{\boldsymbol{q}}_t + (1-\beta_1)\ddot{\boldsymbol{q}}_t \Delta t + \beta_1 \ddot{\boldsymbol{q}}_{t+\Delta t} \Delta t \tag{7.27}$$

同样对 $\boldsymbol{q}_{t+\Delta t}$ 在 t 时刻进行二阶泰勒展开,则有

$$\boldsymbol{q}_{t+\Delta t} = \boldsymbol{q}_t + \dot{\boldsymbol{q}}_t \Delta t + \frac{1}{2}\ddot{\boldsymbol{q}}\Delta t^2 \tag{7.28}$$

同样假定

$$\ddot{\boldsymbol{q}} = \ddot{\boldsymbol{q}}_t + 2\beta_2(\ddot{\boldsymbol{q}}_{t+\Delta t} - \ddot{\boldsymbol{q}}_t) \tag{7.29}$$

其中 $0 \leqslant \beta_2 \leqslant 0.5$。则由式(7.28)和式(7.29)可得

$$\boldsymbol{q}_{t+\Delta t} = \boldsymbol{q}_t + \dot{\boldsymbol{q}}_t \Delta t + \left(\frac{1}{2}-\beta_2\right)\ddot{\boldsymbol{q}}_t \Delta t^2 + \beta_2 \ddot{\boldsymbol{q}}_{t+\Delta t}\Delta t^2 \tag{7.30}$$

根据上述关系可知,$\ddot{\boldsymbol{q}}_{t+\Delta t}$ 和 $\dot{\boldsymbol{q}}_{t+\Delta t}$ 与 $\boldsymbol{q}_{t+\Delta t}$,$\boldsymbol{q}_t$,$\dot{\boldsymbol{q}}_t$,$\ddot{\boldsymbol{q}}_t$ 之间的关系为

$$\ddot{\boldsymbol{q}}_{t+\Delta t} = \frac{1}{\beta_2 \Delta t^2}(\boldsymbol{q}_{t+\Delta t} - \boldsymbol{q}_t) - \frac{1}{\beta_2 \Delta t}\dot{\boldsymbol{q}}_t - \left(\frac{1}{2\beta_2}-1\right)\ddot{\boldsymbol{q}}_t \tag{7.31}$$

$$\dot{\boldsymbol{q}}_{t+\Delta t} = \frac{\beta_1}{\beta_2 \Delta t}(\boldsymbol{q}_{t+\Delta t} - \boldsymbol{q}_t) + \left(1-\frac{\beta_1}{\beta_2}\right)\dot{\boldsymbol{q}}_t + \left(1-\frac{\beta_1}{2\beta_2}\right)\ddot{\boldsymbol{q}}_t \Delta t \tag{7.32}$$

与中心差分法不同,Newmark-β 方法中 $t+\Delta t$ 时刻位移 $\boldsymbol{q}_{t+\Delta t}$ 由 $t+\Delta t$ 时刻的运动微分方程得到,即

$$\widetilde{\boldsymbol{M}}\ddot{\boldsymbol{q}}_{t+\Delta t} + \widetilde{\boldsymbol{C}}\dot{\boldsymbol{q}}_{t+\Delta t} + \widetilde{\boldsymbol{K}}\boldsymbol{q}_{t+\Delta t} = \boldsymbol{Q}_{t+\Delta t} \tag{7.33}$$

由式(7.31)~(7.33)可以获得由 $\boldsymbol{q}_t$,$\dot{\boldsymbol{q}}_t$,$\ddot{\boldsymbol{q}}_t$ 计算 $\boldsymbol{q}_{t+\Delta t}$ 的递推公式,即

$$\hat{\boldsymbol{K}}\boldsymbol{q}_{t+\Delta t} = \hat{\boldsymbol{Q}}_{t+\Delta t} \tag{7.34}$$

式中,各系数为

$$\begin{aligned}
\hat{\boldsymbol{Q}}_{t+\Delta t} &= \boldsymbol{Q}_{t+\Delta t} + \widetilde{\boldsymbol{M}}\left[\frac{1}{\beta_2 \Delta t^2}\boldsymbol{q}_t + \frac{1}{\beta_2 \Delta t}\dot{\boldsymbol{q}}_t + \left(\frac{1}{2\beta_2}-1\right)\ddot{\boldsymbol{q}}_t\right] + \cdots \\
&\quad + \widetilde{\boldsymbol{C}}\left[\frac{\beta_1}{\beta_2 \Delta t}\boldsymbol{q}_t + \left(\frac{\beta_1}{\beta_2}-1\right)\dot{\boldsymbol{q}}_t + \left(\frac{\beta_1}{2\beta_2}-1\right)\Delta t \ddot{\boldsymbol{q}}_t\right]
\end{aligned} \tag{7.35}$$

$$\hat{\boldsymbol{K}} = \widetilde{\boldsymbol{K}} + \frac{1}{\beta_2 \Delta t^2}\widetilde{\boldsymbol{M}} + \frac{\beta_1}{\beta_2 \Delta t}\widetilde{\boldsymbol{C}} \tag{7.36}$$

上述推导过程中,参数 β_1 和 β_2 由数值积分精度和稳定性要求所决定,其不同取值代表不同的数值积分方案。当满足 $\beta_1 \geqslant 0.5$,$\beta_2 \geqslant 0.25(\beta_1 + 0.5)^2$ 时,该算法将无条件稳定。

对于刚度、阻尼和质量系数为定常数的转子系统,其轴系瞬态响应可直接通过上述 Newmark-β 方法求解。然而对于本章所研究的涡轮泵转子-密封耦合系统,对其运动方程(7.33)进行瞬态求解时,各系数矩阵 $\widetilde{\boldsymbol{M}}$,$\widetilde{\boldsymbol{C}}$,$\widetilde{\boldsymbol{K}}$ 均会随时间发生改

变。因此,只有在获得 $t+\Delta t$ 时刻各系数矩阵($\widetilde{\boldsymbol{M}}_{t+\Delta t}$,$\widetilde{\boldsymbol{C}}_{t+\Delta t}$,$\widetilde{\boldsymbol{K}}_{t+\Delta t}$)的前提下才能求解得到该时刻的位移 $\boldsymbol{q}_{t+\Delta t}$,否则将无法计算。对此,可采用泰勒级数来预估 $t+\Delta t$ 时刻密封所在节点的各向位移,即

$$\begin{cases} u_{t+\Delta t}^{x} = u_{t}^{x} + \dot{u}_{t}^{x}\Delta t + o(\Delta t^{2}) \\ u_{t+\Delta t}^{y} = u_{t}^{y} + \dot{u}_{t}^{y}\Delta t + o(\Delta t^{2}) \end{cases} \tag{7.37}$$

利用预估位移值 $u_{t+\Delta t}^{x}$ 和 $u_{t+\Delta t}^{y}$ 获得 $t+\Delta t$ 时刻各系数矩阵($\widetilde{\boldsymbol{M}}_{t+\Delta t}$,$\widetilde{\boldsymbol{C}}_{t+\Delta t}$,$\widetilde{\boldsymbol{K}}_{t+\Delta t}$),进而利用 Newmark-$\beta$ 方法求得该时刻的实际位移值 $q_{t+\Delta t}^{x}$ 和 $q_{t+\Delta t}^{y}$。耦合求解流程如图 7.19 所示,求解过程中按式(7.38)对 $t+\Delta t$ 时刻密封节点位移进行迭代修正,直至满足收敛精度 $\varepsilon = 1 \times 10^{-6}$,开始下一时间步的计算。最终可获得不同时刻下各节点的位移、速度和加速度响应。

$$\begin{cases} u_{t+\Delta t}^{x} = 0.5(u_{t+\Delta t}^{x} + q_{t+\Delta t}^{x}) \\ u_{t+\Delta t}^{y} = 0.5(u_{t+\Delta t}^{y} + q_{t+\Delta t}^{y}) \end{cases} \tag{7.38}$$

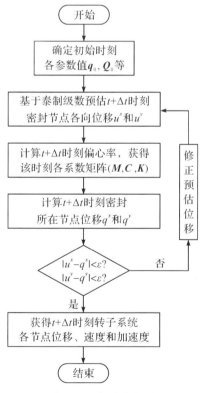

图 7.19　耦合求解流程

7.2.2 转子系统振动响应及验证

涡轮泵运行过程中,转子系统所受的外力包含诱导轮和离心轮所受的液动力、涡轮所受的气动力以及转子系统自身的不平衡力。为求解流体激励下涡轮泵转子系统的振动响应,将第 3 章数值模拟获得的诱导轮与离心轮径向流体激励力(F_x, F_y)时域信号值加载到相应的节点上;此外,涡轮上会承受高温燃气带来的气动力,由于其幅值远小于泵端叶轮流体激励力幅值,对泵端转子振动影响较小,因此一般忽略该部分外力的影响;转子系统不平衡量同相位平均施加在离心轮与涡轮节点上,以模拟转子自身不平衡力的影响。基于前面建立的耦合求解方法,利用 MATLAB 软件编制求解程序,对转子-密封耦合系统动力学模型(7.24)进行求解。求解过程中,加载时间步长与第 3 章流场数值模拟求解的步长相同,计算转子转动 100 圈共 14400 个时间步长,选取最后 10 圈振动响应数据进行分析。

考虑密封耦合前后,转子轴端螺母振动位移计算结果如图 7.20 所示。流体激

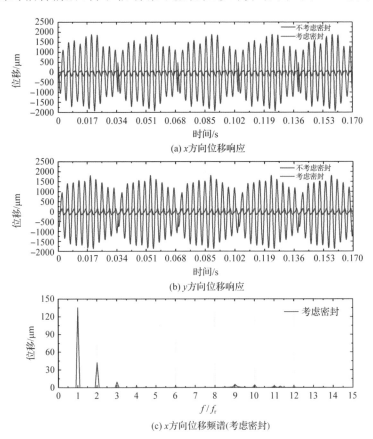

(a) x方向位移响应

(b) y方向位移响应

(c) x方向位移频谱(考虑密封)

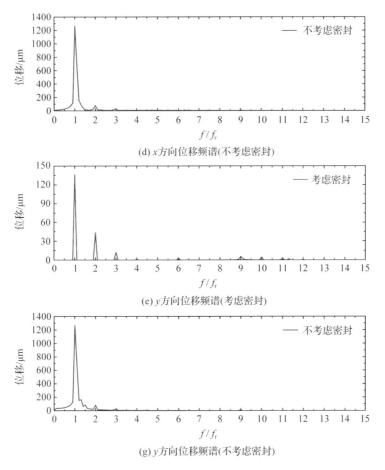

图 7.20　轴端螺母振动位移计算结果

励下转子振动位移呈现出明显的周期性波动，并且在考虑密封的耦合作用后，轴端螺母处振动位移显著减小。由位移频谱可以看出，不考虑密封耦合作用时，1 倍频占绝对主导地位，该频率是由转子内部流体流动周向分布不均以及转子自身不平衡作用共同引起的。此外，还可以发现 2、3 倍频成分，但其幅值相对较小；考虑密封的耦合作用后，由于密封的引入，1 倍频成分显著降低，降幅高达 90% 以上，而 2、3 倍频降低幅度较小，因此整个振动频谱以 1、2、3 倍频为主。

　　为验证所建立的耦合求解方法的可靠性，涡轮泵水力性能试验中轴端螺母振动位移频谱如图 7.21 所示。转子振动位移频谱出现了较为明显的 1、2、3 倍频成分，这与图 7.20 中考虑密封耦合作用后的数值模拟结果相符，这也表明本章所建立的研究方法在转子振动频率捕捉方面的可靠性。

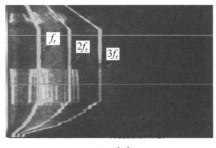 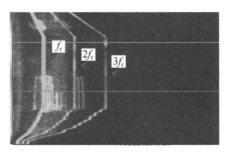

(a) x 方向   (b) y 方向

图 7.21   水力性能试验中轴端螺母振动位移频谱

转子轴端螺母振动位移数值模拟与试车结果如表 7.13 所示。统计试车次数超过 50 次。可以看出,考虑密封作用后,本章所建立的流体激励转子振动耦合计算方法能够准确预测转子径向振动位移主频及幅值,与历次试车统计平均值相比,在 x 和 y 方向上,1 倍频误差分别为 7.73% 和 14.86%,3 倍频误差分别为 18.06% 和 21.32%,而 2 倍频预测结果误差较大,达到试车平均值的 1.85 倍以上,这可能是在离心泵流场数值模拟时,过高地预测了吸水室隔板引起的 2 倍频成分所致。此外,还可以看出,当不考虑密封作用时,各主频幅值预测结果与试验结果相差达数倍以上。这表明,对于高压力、高转速涡轮泵,密封的存在能够显著降低转子系统振动响应。因此,实际分析中,密封与转子之间的耦合作用不能被忽略。

表 7.13   轴端螺母振动位移数值模拟与试车结果

方法	无量纲位移					
	1 倍频		2 倍频		3 倍频	
	x 方向	y 方向	x 方向	y 方向	x 方向	y 方向
历次试车统计最大值	2.0193	2.1155	2.1196	2.2222	2.0401	1.3706
历次试车统计最小值	0.3582	0.4061	0.3511	0.3553	0.4214	0.6684
历次试车统计平均值(基准)	1.0000	1.0000	1.0000	1.0000	1.0000	1.0000
数值模拟(不考虑密封)	10.0411 (904.11%)	10.7732 (977.32%)	5.5020 (450.20%)	6.0975 (509.75%)	2.0261 (102.61%)	2.2445 (124.45%)
数值模拟(考虑密封)	1.0773 (7.73%)	1.1486 (14.86%)	2.8453 (184.53%)	3.1905 (219.05%)	0.8194 (−18.06%)	0.7868 (−21.32%)

数值模拟获得的转子各节点的位移频谱如图 7.22 所示。整个转子系统中，轴端螺母处的振动最为恶劣，并且由于轴端螺母的振动状况直接关系到泵端面密封的工作环境，因此在实际分析中需重点关注。随着节点位置往涡轮端移动，振动位移 1 倍频成分迅速减小，在泵端轴承附近达到最小，而后又开始缓慢增大；2 倍频成分也呈现下降趋势，在涡轮端基本消失；3 倍频成分则在转子中间位置时较为突出，但幅值相对较小。此外，由图 7.22 还可以看出，转子各节点处 x、y 两个方向振动特性基本一致。因此，后续研究将主要针对 x 方向的振动情况进行分析。

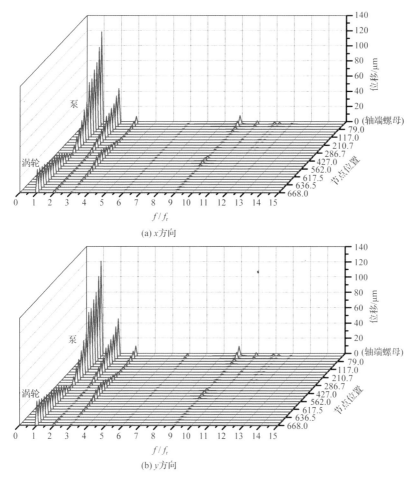

图 7.22　转子各节点的位移频谱

转子关键部件振动位移数值模拟结果如表 7.14 所示。可以看出，轴端螺母处的振动位移远大于其他部件。此外，密封处 x 方向位移峰峰值为 $80.57\mu m$，其

中最大径向位移达 $59.38\mu m$,对应的转子涡动偏心率 $e=0.4$,已经远远超出线性密封流体力 $e<0.1$ 的范围,这也进一步表明了高压大功率涡轮泵转子系统振动特性研究中考虑密封非线性耦合的必要性。

表 7.14 转子关键部件振动位移数值模拟结果

参数	位移/μm			
	轴端螺母	密封	泵端轴承(轴承 1)	涡轮端轴承(轴承 2)
1 倍频	122.39	34.58	10.95	22.10
2 倍频	49.01	12.84	4.40	0.62
3 倍频	13.59	5.08	8.81	5.49
峰峰值	325.08	80.57	34.08	56.21

7.2.3 密封参数对转子系统振动的影响

7.2.3.1 密封间隙的影响

密封间隙是密封设计中的一个关键参数。下面选取离心泵常用密封半径间隙 $C_r=0.1\sim0.5mm$ 进行研究。转子振动位移随密封间隙的变化如图 7.23 所示。

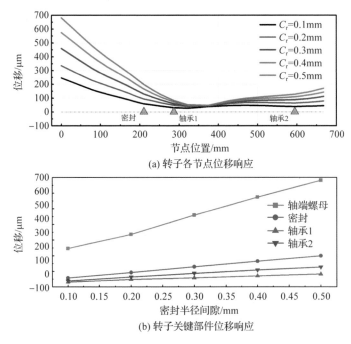

(a) 转子各节点位移响应

(b) 转子关键部件位移响应

图 7.23 转子振动位移随密封间隙的变化

由不同密封间隙下转子各节点位移响应可以看出,泵端转子的振动位移水平明显大于涡轮端转子的振动位移水平,这与转子所受激励力主要来自泵内叶轮流体激励力相关。随着密封间隙的减小,转子系统整体振动位移水平显著减小,这是由于密封间隙的减小会提高转子系统的刚度和阻尼水平。由转子关键部件位移响应可以看出,各部件振动位移均随着密封间隙的减小而呈现出线性降低的趋势。

不同密封间隙下转子关键部件的振动位移如表 7.15 所示。当密封间隙由 0.5mm 减小到 0.1mm 时,各部件振动位移水平都降低 60% 以上,即密封间隙每减小 0.1mm,各部件振动位移水平降低 15% 以上。

表 7.15　不同密封间隙下转子关键部件的振动位移

C_r/mm	位移/μm			
	轴端螺母	密封	泵端轴承(轴承 1)	涡轮端轴承(轴承 2)
0.5(基准)	681.60	199.21	82.36	127.52
0.3	459.03 (−32.65%)	129.54 (−34.97%)	58.67 (−28.76%)	87.41 (−31.45%)
0.1	245.70 (−63.95%)	57.98 (−70.90%)	30.86 (−62.53%)	38.21 (−70.04%)

转子关键部件振动位移频谱随密封间隙的变化如图 7.24 所示。可以看出,不同密封间隙大小对各部件的位移响应频率成分没有影响,但对响应幅值产生影响。密封间隙的改变显著影响 1 倍频幅值,随着密封间隙的减小,1 倍频成分呈现线性降低的趋势,其余频率幅值基本不变。由于 1 倍频幅值远大于其他频率幅值,因此整个位移响应峰峰值随着密封间隙的改变而呈现出线性变化的趋势,如

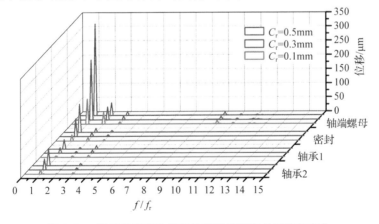

图 7.24　转子关键部件振动位移频谱随密封间隙的变化

图 7.23(b)所示。值得注意的是,密封间隙的减小虽然可以有效降低转子振动位移水平,但是也会大大增加转子碰摩的发生概率,因此在实际工程设计中需谨慎考虑。

7.2.3.2　密封长度的影响

密封长度也是密封设计中的一个关键参数。下面选取密封长度 $L=10\sim 50\text{mm}$ 进行研究。转子振动位移随密封长度的变化如图 7.25 所示。由不同密封长度下转子各节点位移响应可以看出,密封长度对转子各节点振动位移水平影响显著,随着密封长度的增大,转子系统整体振动位移水平显著降低,这是由于密封长度的增加会显著提升转子系统的刚度和阻尼水平。由转子关键部件位移响应可以看出,随着密封长度的增大,各部件振动位移迅速减小,而后逐渐趋于稳定。

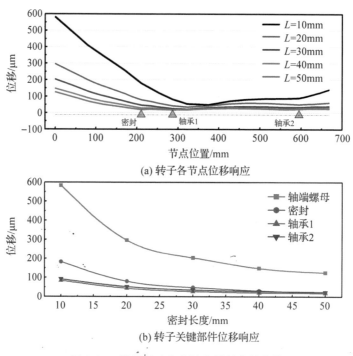

(a) 转子各节点位移响应

(b) 转子关键部件位移响应

图 7.25　转子振动位移随密封长度的变化

不同密封长度下转子关键部件的振动位移如表 7.16 所示。本章所研究的涡轮泵的密封长度为 20mm,故以此为基准。当密封长度从 20mm 减小到 10mm 时,各部件振动位移都增加近 1 倍之多,但当密封长度从 20mm 增加到 50mm 时,各部件振动位移水平都降低 50% 以上。

表 7.16　不同密封长度下转子关键部件的振动位移

L/mm	位移/μm			
	轴端螺母	密封	泵端轴承(轴承 1)	涡轮端轴承(轴承 2)
10	581.68(97.23%)	181.10(129.68%)	83.02(96.08%)	91.17(77.58%)
20(基准)	294.93	78.85	42.34	51.34
30	202.69(−31.28%)	46.59(−40.91%)	26.00(−38.59%)	34.00(−33.77%)
40	147.41(−50.02%)	29.51(−62.57%)	19.63(−53.64%)	26.79(−47.82%)
50	124.88(−57.66%)	19.79(−74.90%)	17.83(−57.89%)	23.32(−54.58%)

转子关键部件振动位移频谱随密封长度的变化如图 7.26 所示。可以看出,密封长度变化同样未对转子振动频谱产生影响,但对响应幅值影响显著。随着密封长度的增加,转子位移 1、2、3 倍频幅值均受到影响,各频率幅值显著减小,并且减小趋势逐渐放缓,因此整个位移响应峰峰值呈现出图 7.25(b)所示的趋势。

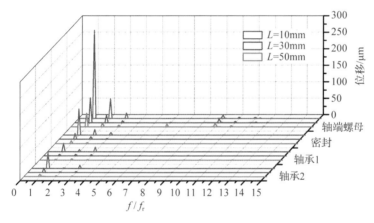

图 7.26　转子关键部件振动位移频谱随密封长度的变化

7.2.3.3　密封刚度和阻尼的影响

密封间隙与长度对转子振动特性的影响在本质上是密封引入的刚度和阻尼的变化所致。因此,下面就密封刚度和阻尼对转子系统振动响应的影响进行研究。

转子振动位移随密封刚度的变化如图 7.27 所示。由不同密封刚度下转子各节点位移响应(其中实线表示不考虑密封阻尼时的情况,虚线表示给定密封阻尼为 40000N·s/m 时的情况)可以看出,不考虑密封阻尼时,改变密封刚度对转子各节点位移响应有一定的影响,但各节点位移响应幅值还是远大于真实的响应幅值(达数倍之多);给定密封阻尼后,各节点位移响应幅值与真实情况比较接近,但密封刚度的改变也会对幅值产生影响。由转子关键部件位移响应(考虑密封阻尼)可以看出,随着密封刚度的增大,各部件振动位移近似呈现线性减小的趋势。

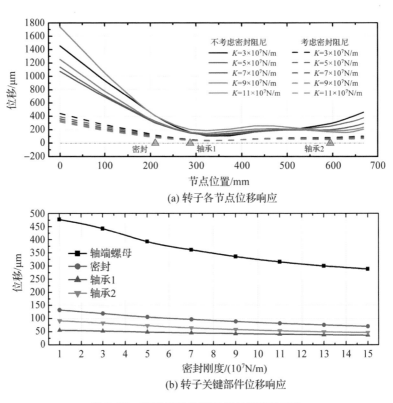

(a) 转子各节点位移响应

(b) 转子关键部件位移响应

图 7.27　转子振动位移随密封刚度的变化

　　不同密封刚度下转子关键部件的振动位移如表 7.17 所示。以额定工况为基准,当密封刚度每增加(或减小)25% 时,各部件振动位移降低(或增加)5% 以上,其中密封和涡轮端轴承处的振动位移变化更为明显。

　　转子振动位移随密封阻尼的变化如图 7.28 所示。由不同密封阻尼下转子各节点位移响应(其中实线表示不考虑密封刚度时的情况,虚线表示给定密封刚度为 $1.062×10^8$ N/m 时的情况)可以看出,密封阻尼的增加能够有效降低转子各节点位移响应,并且考虑密封刚度后,各节点位移响应幅值会进一步降低;当密封阻

表 7.17　不同密封刚度下转子关键部件的振动位移

工况	位移/μm			
	轴端螺母	密封	泵端轴承(轴承 1)	涡轮端轴承(轴承 2)
刚度减小 50%	387.03(21.22%)	103.86(25.83%)	47.39(17.53%)	70.97(32.11%)
刚度减小 25%	348.51(9.16%)	92.08(11.56%)	43.38(7.59%)	60.83(13.24%)
额定工况(基准)	319.27	82.54	40.32	53.72
刚度增加 25%	298.76(−6.42%)	74.17(−10.14%)	37.75(−6.37%)	48.56(−9.61%)
刚度增加 50%	284.11(−11.01%)	67.70(−17.98%)	35.25(−12.57%)	45.46(−15.38%)

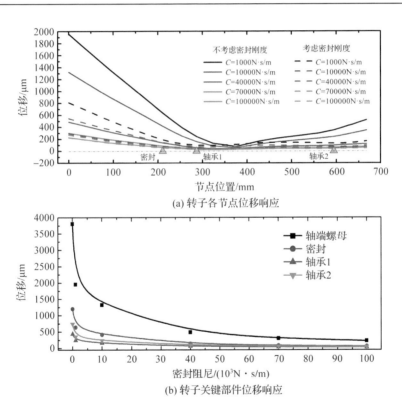

(a) 转子各节点位移响应

(b) 转子关键部件位移响应

图 7.28　转子振动位移随密封阻尼的变化

尼足够大时,考虑密封刚度前后转子各节点位移响应基本不变。由转子关键部件位移响应(考虑密封刚度)可以看出,考虑密封阻尼后,各部件振动位移响应幅值迅速降低,并且随着密封阻尼的增大,降低幅度逐渐减小,阻尼达到 70000N·s/m 后,各部件振动位移逐渐趋于平稳。

不同密封阻尼下转子关键部件的振动位移如表 7.18 所示。可以看出,各部件振动位移对密封阻尼的敏感性不同。当密封阻尼减小 50% 时,轴端螺母、密封和泵端轴承处的振动位移增大 27% 以上,而涡轮端轴承处仅增加 6.89%。这可能与密封所处的位置有关。由于该转子系统中,密封距离涡轮端轴承较远,因此密封阻尼的变化对涡轮端轴承处的振动位移的影响相对较小。当密封阻尼增加 50% 时,各部件振动位移降低幅度均达到 10% 以上。

表 7.18 不同密封阻尼下转子关键部件的振动位移

工况	位移/μm			
	轴端螺母	密封	泵端轴承(轴承 1)	涡轮端轴承(轴承 2)
阻尼减小 50%	408.41(27.92%)	111.26(34.80%)	58.77(45.76%)	57.42(6.89%)
阻尼减小 25%	334.86(4.88%)	94.89(14.96%)	47.59(18.03%)	55.99(4.23%)
额定工况(基准)	319.27	82.54	40.32	53.72
阻尼增加 25%	303.62(−4.90%)	73.19(−11.33%)	36.18(−10.27%)	50.77(−5.49%)
阻尼增加 50%	286.64(−10.22%)	68.07(−17.53%)	33.18(−17.71%)	47.67(−11.26%)

综上可知,密封参数对转子系统振动特性的影响由密封所引入的刚度和阻尼效应共同导致,其中密封阻尼在该影响中起主导作用,而密封刚度则起辅助作用。

7.2.3.4 密封位置的影响

除密封结构参数的影响外,密封所处的位置变化也有可能对转子系统的振动响应产生影响。对此,下面在密封原始位置的基础上选取轴向位置 $z = -10 \sim 10\text{mm}$ 进行研究,其中负数代表密封向泵端方向移动,正数代表密封向涡轮端方向移动。转子振动位移随密封位置的变化如图 7.29 所示。由不同密封位置下转子各节点位移响应可以看出,密封位置的变化会对转子各节点的位移响应产生一定的影响。当密封位置向泵端移动时,转子系统整体振动位移水平有所下降,主要表现为泵端各节点位移响应显著下降,涡轮端各节点位移响应稍有下降,而中间部位各节点却有所增加,但增加幅度较小。这可能是由于该转子支承方案下,泵端属于悬臂状态,密封的存在会对其振动位移水平产生较大影响,并且越往泵端移动,该影响越大。由转子关键部件位移响应可以看出,随着密封位置的变化,轴端螺母处位移响应变化较大,且呈现近似线性变化的趋势,而其余部件位移响应变化不大。

不同密封位置处转子关键部件的振动位移如表 7.19 所示。随着密封位置的改变,轴端螺母和涡轮端轴承处的振动位移变化明显,而密封和泵端轴承处的振动位移变化相对较小。当密封位置向泵端方向移动 5mm 时,轴端螺母振动位移下降 12.16%,涡轮端轴承振动位移下降 5.54%。当密封位置向涡轮端方向移动 5mm 时,轴端螺母和涡轮端轴承处的振动位移均有所增大,增大幅度分别为4.17% 和 6.44%。

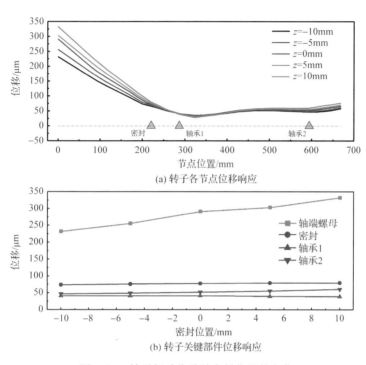

(a) 转子各节点位移响应

(b) 转子关键部件位移响应

图 7.29　转子振动位移随密封位置的变化

表 7.19　不同密封位置处转子关键部件振动位移

z/mm	位移/μm			
	轴端螺母	密封	泵端轴承(轴承 1)	涡轮端轴承(轴承 2)
−10	231.79 (−20.45%)	73.51 (−5.53%)	40.75 (−1.31%)	46.76 (−10.34%)
−5	255.93 (−12.16%)	75.87 (−2.49%)	40.94 (−0.85%)	49.26 (−5.54%)
0(基准)	291.36	77.81	41.29	52.15
5	303.51 (4.17%)	79.08 (1.63%)	39.86 (−3.46%)	55.51 (6.44%)
10	332.41 (14.09%)	79.73 (2.47%)	38.81 (−6.01%)	60.32 (15.67%)

7.3 流体激励下壳体振动特性

7.3.1 流固耦合计算方法

涡轮泵流体激励壳体振动是一个典型的流固耦合问题,但由于泵壳体结构较为复杂,很难利用一维方法对其振动特性进行分析,目前常采用三维流固耦合方法对其激振特性进行研究。现阶段解决流固耦合问题的方法主要有两类:直接耦合求解方法和迭代式耦合求解方法。

直接耦合求解方法是指将流体方程与结构方程耦合到同一控制方程(7.39)中进行统一求解[10]。由于流体与固体用同一方程来表征,不存在时间滞后问题,因此该方法是一种理想的求解方法。然而,在实际工程中,很难将流体和固体两类方程统一起来,同时考虑到耗时长、收敛难等问题,直接耦合求解方法目前只能应用于一些简单的流固耦合问题,还未在实际工程中得到广泛应用。

$$\begin{bmatrix} A_{ff} & A_{fs} \\ A_{fs} & A_{ss} \end{bmatrix} \begin{bmatrix} \Delta x_f^k \\ \Delta y_s^k \end{bmatrix} = \begin{bmatrix} B_f \\ B_s \end{bmatrix} \tag{7.39}$$

式中,k 为迭代时间步,A_{ff}、Δx_f^k 和 B_f 分别表示流场(即流体域)的系数矩阵、待求解参数和所受外力,A_{ss}、Δy_s^k 和 B_s 分别表示固体域的系数矩阵、待求解参数和所受外力,A_{fs} 和 A_{sf} 为流固耦合矩阵,下标 f 和 s 分别表示流体和固体。

由于实际工程中大多数流固耦合问题所涉及的流体与固体之间并无交融性,两者之间主要通过流固交界面进行相互作用,因此基于计算流体动力学(CFD)和计算结构动力学(CSD)的迭代式耦合求解方法得到了广泛应用。该求解方法中,流体域与固体域在各自的坐标系下分别进行求解,然后通过流固交界面传输数据,以此模拟流体与固体之间的相互作用。数据传输过程中,为确保求解的可靠性,需要满足流体与固体之间相应变量的平衡及协调条件,如

$$\begin{cases} \tau_f \cdot n_f = \tau_s \cdot n_s \\ d_f = d_s \\ q_f = q_s \\ T_f = T_s \end{cases} \tag{7.40}$$

式中,τ 为应力;n 为流固交界面法向单位矢量;d 为位移;q 为热流量;T 为温度。

迭代式耦合求解方法根据所分析的物理问题的不同,又可分为单向耦合方法

与双向耦合方法。

　　单向耦合方法主要应用于流场受结构场影响较小的问题,求解过程中流固交界面上的数据为单向传输,如图 7.30 所示。在每一步中,将 CFD 计算的流场结果传输给结构场作为边界条件,利用 CSD 方法对结构场进行计算,计算结果不反馈给流场。该方法在耦合分析中,只考虑流体对固体的作用,忽略了固体变形对流场的影响,无须进行网格更新,能够大量节省计算资源与时间,并且网格质量较为稳定,因此在相关问题的分析中可获得较为可靠的求解结果。

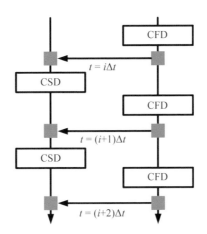

图 7.30　单向耦合方法

　　双向耦合方法按照是否存在内迭代,可分为顺序双向耦合求解和同步双向耦合求解。顺序双向耦合求解中,对流场与结构场依次求解,如图 7.31(a)所示。求解过程中,当完成第 i 步流场分析后,CFD 求解器将流固交界面上的流体载荷导出,CSD 求解器读取流体载荷,并求解出该时刻的结构动力学响应,然后向下一时间步推进;CFD 求解器根据结构响应,更新流场网格,进行下一时间步的流场计算。两求解器如此交错向前推进,直至完成流固耦合问题的模拟。该方法在物理求解以及数据传输过程中都存在时间上的滞后,不能较好地保证流固交界面上的能量守恒,但其耦合思路简单,计算量小,并且易于实现程序的模块化,因此也得到了广泛应用[9]。

　　同步双向耦合方法则考虑了流场和结构场求解过程中存在的时间滞后现象,它通过内外迭代两层循环来解决两场之间求解的同步性,其中内层循环用于控制两物理场之间的数据交换,而外侧循环则控制时间步向前推进,如图 7.31(b)所示。在一个时间步内,两场之间需要进行多次数据交换,直至满足交界面上的平衡条件以及相应的收敛准则,才能进入下一时间步运算。该方法属于物理意义上的强耦合方法,理论上可获得更为可靠的计算结果。但其计算量较大并且求解过程较为复杂,需要设置相应的松弛因子、数值阻尼等。目前对这些参数的准确设置还没有定论,这些参数的选取对计算结果影响较大,若参数值选取不当,将会导致没有物理意义的错误结果[11]。

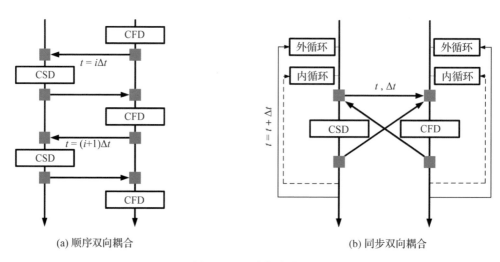

(a) 顺序双向耦合　　　　　　　　　　(b) 同步双向耦合

图 7.31　双向耦合方法

关于涡轮泵流固耦合求解方法的选取,文献[12]指出结构的振动主要通过两种方式对流体流动产生影响:一是流固耦合边界的运动,二是结构振动产生的声波在流体中的传播。对于第一种方式,由于涡轮泵壳体刚度较大,其振动位移一般属于 μm 量级,远小于涡轮泵中流体流动的特征长度(10～100mm 量级),因此该影响可以忽略;而对于第二种方式,由于离心泵内流体介质为不可压缩流体,其特征马赫数≪1,因此声波对流场的影响可以忽略。此外,通过文献[13]中关于单向和双向耦合求解结果的对比可知,两种方法获得的振动位移响应基本一致,如图 7.32 所示。因此,单向耦合方法可作为涡轮泵流体激励壳体振动求解的首选方法。

7.3.2　流体激励下壳体振动响应预测方法

涡轮泵内非定常流动主要通过两条传递途径激励壳体发生振动:流体-壳体途径以及流体-转子-支承-壳体途径(简称转子传递途径)。目前关于两条途径所引起的壳体振动量级大小及相互关系的研究还未见发表。

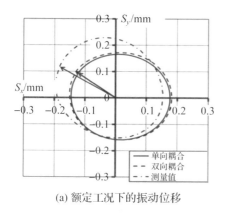

(a) 额定工况下的振动位移

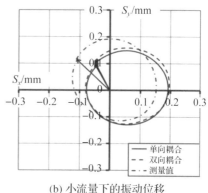

(b) 小流量下的振动位移

图 7.32　单向和双向耦合求解结果对比

7.3.2.1　壳体有限元模型

本小节研究的火箭发动机泵壳体主要包括低压壳体和高压壳体两部分,其中低压壳体材料为 S08 钢,高压壳体材料为 S03 钢,两种材料参数如表 7.20 所示。由于壳体结构较为复杂,实际分析时需要进行相应的简化,简化过程中应保留主要特征结构,以尽量减小其对求解精度的影响。

表 7.20　材料参数

材料	弹性模量/GPa	密度/(kg/m³)	泊松比	屈服强度/MPa
S08 钢	200	7850	0.3	1075
S03 钢	200	7850	0.3	1032

泵壳体有限元模型如图 7.33 所示。壳体网格采用以六面体网格为主导(hex dominant)的划分方式对模型进行网格划分,以提高求解效率与精度。网格总节点数为 1605552,单元数为 480044。采用 Solid 187 单元进行计算,该单元为高阶三维 10 节点单元,具有二次位移模式,因此能够较好地模拟几何形状较为复杂的模型。

7.3.2.2　流体-壳体途径振动预测方法

在流体-壳体途径中,泵内非定常流体脉动直接作用在壳体内表面,激励壳体发生振动。该途径下,壳体振动的预测可直接利用单向耦合方法进行求解。

涡轮泵流固耦合求解中,边界条件的选取以及流固交界面的设置对求解结果

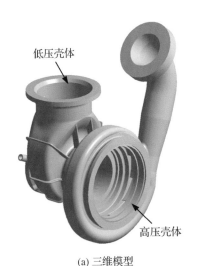

(a) 三维模型　　　　　　　　　　　　　(b) 网格划分

图 7.33　泵壳体有限元模型

的影响非常显著。由于涡轮泵实际装配状态的复杂性,很难准确获得其真实边界条件,在实际分析中,常对边界条件进行简化处理。本节采用工程中常用的并且经过验证的简化方式:对高压壳体右端面进行固支处理,在低压壳体左端面给定自由边界;根据壳体实际受力情况,对泵入口以及出口管道法兰处进行压力补偿处理。相应的边界条件设置情况如图 7.34(a)所示。

(a) 边界条件　　　　　　　(b) CFD压力　　　　　　　(c) 压力插值

图 7.34　流固耦合求解设置

本节将基于 ANSYS Workbench 多物理场耦合数值模拟平台开展研究。由于采用单向耦合方法,流场的数值模拟可单独进行,与结构场的状态无关,因此本节流场数值模拟直接使用第 3 章的数值模拟结果。流固耦合设置方面,直接从流场非定常数值模拟结果中提取流固交界面上每一时间步的流体压力信号,然后通过网格插值算法直接施加于壳体上相应的流固交界面上,此时需要注意结构场求解的时间步应与非定常流场求解的时间步保持一致。流固交界面上的 CFD 压力和压力插值分布分别如图 7.34(b)和图 7.34(c)所示。

在载荷施加过程中,为消除直接施加载荷时产生的冲击效应对求解结果的影响,采用图 7.35 所示的加载方式进行处理。在施加非定常压力信号前,首先采用线性斜波加载,将时间步设置为较长的 1s。当达到第一步压力大小时,保持该信号值大小 1s,然后开始读取各时间步压力信号值并进行求解。求解过程中,时间步与流场数值模拟时间步一致。当数值模拟结果达到稳定时,选取最后一圈数据进行分析。

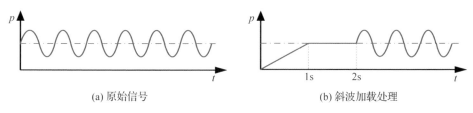

(a) 原始信号　　　　　　　　　　　　　(b) 斜波加载处理

图 7.35　加载方式

7.3.2.3　流体-转子-支承-壳体途径振动预测方法

该条传递途径中,泵内非定常流体脉动首先作用在叶轮各表面,激励转子系统发生振动,进而通过支承传递给壳体,激励壳体发生振动。由于液体火箭发动机涡轮泵转子系统振动较为复杂,其研究涉及计算流体动力学、密封动力学、转子动力学等多学科交叉耦合,现阶段还无法直接利用文献[11]中的三维流固耦合方法直接求解,因此我们在第 7.2 节中提出了流体激励下涡轮泵转子-密封系统耦合振动的求解方法,并对涡轮泵转子系统的振动特性进行了研究。本小节将在第 7.2 节研究的基础上提出流体-转子-支承-壳体途径下涡轮泵壳体振动预测方法,具体步骤如下。

①涡轮泵非定常流场数值模拟。利用第 3 章离心泵非定常流场数值模拟结果,从中提取叶轮所受的流体激励力并将其作为转子振动的激励源输入。

②涡轮泵转子系统振动特性预测。利用第 7.2 节建立的流体激励下涡轮泵

转子系统振动耦合计算方法,以上述第一步获得的叶轮流体激励力为激励源,预测转子滚动轴承支承处的振动位移,将轴承等效为线性弹簧,计算获得支承处的等效动态支反力,并将其作为壳体结构振动的激励源输入。计算获得的涡轮泵转子两个支承处的动态支反力如图 7.36 所示。

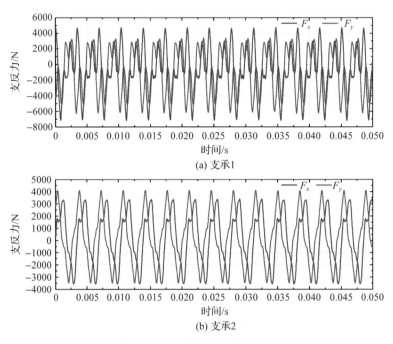

图 7.36　支承处的动态支反力

③壳体结构振动响应计算。建立壳体结构三维有限元模型,基于 ANSYS Workbench 数值模拟平台,以上述第二步获得的支承处动态支反力为载荷输入条件,计算获得壳体结构振动响应。值得注意的是,该条途径的载荷加载同样采用图 7.35 所示的加载方式。

此外,由于涡轮泵壳体振动实际上是上述两条载荷传递途径共同作用下的结果,因此第 7.3.4 节在开展壳体振动特性的研究时,考虑了两条途径的共同作用,即在第一条途径载荷三维流固耦合数值模拟中考虑第二条途径的激励源(支承处动态支反力)。但应注意,在载荷加载过程中,应确保两条途径每一时间步的载荷源相对应,即两条途径对应的流场载荷时间步一致,以消除两条途径的振动相位差。

7.3.3　壳体模态分析及测试

7.3.3.1　壳体干湿模态试验

为验证壳体有限元模型的可靠性并获得流体作用下的壳体阻尼系数,我们开展了泵壳体干湿状态下的自由模态试验。

泵壳体结构包含低压入口、高压出口、低压壳体上法兰端面以及高压壳体下法兰端面4个主要流通口。在进行湿模态试验时,需要对壳体进行充液,充液介质为液氧模拟介质(等密度盐水)。充液过程中采用聚四氟乙烯材料堵盖对各流通口进行密封,以降低堵盖对壳体模态的影响。试验过程中,通过弹簧绳悬挂壳体以模拟自由约束状态,通过 B&K 力锤对壳体进行激振,利用 B&K4524B 三向加速度传感器进行拾振,采用 LMS Test.Lab 模态分析系统进行试验数据分析。泵壳体模态试验如图 7.37 所示。

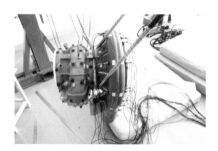 

(a) 干状态模态试验　　　　　　　　　(b) 充液(湿)状态模态试验

图 7.37　泵壳体模态试验

试验获得的干湿状态下壳体模态试验结果如表 7.21 所示。可以看出,充液后壳体各阶模态频率均有所下降,其中一阶频率下降 9.20%,二阶频率下降 3.98%,三阶频率下降 6.58%。试验获得的充液状态下壳体模态阻尼比分别为 0.69%(一阶)、0.53%(二阶)和 0.87%(三阶),这些试验结果将为后续流固耦合数值模拟中阻尼系数的确定提供基础。

表 7.21　壳体模态试验结果

状态	一阶频率/Hz	二阶频率/Hz	三阶频率/Hz
干状态	191.30	228.60	369.40
充液状态	173.70 (−9.20%)	219.50 (−3.98%)	345.10 (−6.58%)

7.3.3.2 模态分析及有限元模型验证

基于 ANSYS Workbench,利用第 7.3.2 节建立的壳体三维有限元模型,对壳体干状态自由模态进行求解,并利用壳体自由模态试验进行验证。壳体模态分析结果如表 7.22 所示。可以看出,前三阶模态频率吻合较好,误差分别为 5.25%、1.42% 和 7.33%。相应的模态振型如图 7.38 所示,其与试验结果相一致,即一阶振型为高、低压壳体绕 x 轴的反向弯曲运动,二阶振动为高、低压壳体绕 z 轴的反向扭转运动,而三阶振型为高、低压壳体绕 y 轴的反向弯曲运动,这也验证了壳体有限元模型的可靠性。

 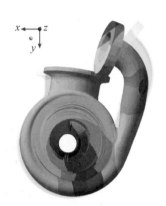 

(a) 一阶振型   (b) 二阶振型   (c) 三阶振型

图 7.38 壳体模态振型

表 7.22 壳体模态分析结果

方法	一阶频率/Hz	二阶频率/Hz	三阶频率/Hz
试验	191.30	228.60	369.40
数值模拟	201.34 (5.25%)	231.85 (1.42%)	396.46 (7.33%)

7.3.3.3 阻尼系数的确定

在涡轮泵流固耦合求解中,阻尼系数的确定对结构振动响应的求解精度具有至关重要的作用。对于火箭发动机涡轮氧泵而言,低温介质作用下滚动轴承阻尼很小,因此流体-转子-支承-壳体途径对壳体振动提供的阻尼效应可以忽略,整个系统主要的阻尼则由壳体内充液流体与结构之间的作用来提供。

实际工程中，为简便起见，通常使用瑞利阻尼模型对系统阻尼进行表征，其假定阻尼矩阵 $\boldsymbol{C}$ 是质量矩阵 $\boldsymbol{M}$ 和刚度矩阵 $\boldsymbol{K}$ 的线性组合，如式(7.41)所示：

$$\boldsymbol{C} = \alpha \boldsymbol{M} + \beta \boldsymbol{K} \tag{7.41}$$

式中，α 和 β 为瑞利阻尼系数。瑞利阻尼中，刚度相关部分反映了材料对动力响应的阻滞作用，而质量相关部分反映了环境对结构体系振动的阻滞作用[14]。

对于多自由度系统，可推导出瑞利阻尼系数、模态阻尼比 ξ_i 以及模态频率 ω_i 之间的关系为

$$2\omega_i \xi_i = \alpha + \beta \omega_i^2 \quad \text{或} \quad \xi_i = \frac{1}{2}\left(\frac{\alpha}{\omega_i} + \beta \omega_i\right) \tag{7.42}$$

可以看出，模态阻尼比与模态频率密切相关，随着频率的增大，瑞利阻尼系数 α 对模态阻尼比的影响降低。

为较好地反映实际结构的阻尼特性，通常根据试验测量确定系统的模态频率及相应模态阻尼比，选取系统前 n 阶数据来确定瑞利阻尼系数 α 和 β 的值。目前使用较为广泛的计算方法为取两组不同模态频率和模态阻尼比来确定 α 和 β：

$$\begin{bmatrix} \alpha \\ \beta \end{bmatrix} = \frac{2\omega_m \omega_n}{\omega_n^2 - \omega_m^2} \cdot \begin{bmatrix} \omega_n & -\omega_m \\ -1/\omega_n & 1/\omega_m \end{bmatrix} \cdot \begin{bmatrix} \xi_m \\ \xi_n \end{bmatrix} \tag{7.43}$$

该方法计算简单，但只能反映有限阶数振型的衰减。为克服上述计算缺点，下面采用加权的最小二乘法来求解瑞利阻尼系数。根据误差理论，设系统第 i 阶振型阻尼的相对误差为

$$e_i = \left| \frac{\xi_i - \xi_i^e}{\xi_i^e} \right| \tag{7.44}$$

式中，ξ_i 为计算获得的阻尼比，ξ_i^e 为理论阻尼比，可由式(7.42)确定。

设权系数为 θ_i，根据最小二乘理论，令

$$E = \sum \theta_i e_i^2 \tag{7.45}$$

将式(7.42)代入式(7.45)，可得

$$E = \sum \theta_i \left(\frac{\alpha + \beta \omega_i^2}{2\omega_i \xi_i} - 1 \right)^2 \tag{7.46}$$

在式(7.46)中分别对 α 和 β 求偏导，并令其偏导为零，可得

$$\frac{\partial E}{\partial \alpha} = \left(\sum \frac{\theta_i}{2\omega_i^2 \xi_i^2} \right) \cdot \alpha + \left(\sum \frac{\theta_i}{2\xi_i^2} \right) \cdot \beta - \sum \frac{\theta_i}{\omega_i \xi_i} = 0$$

$$\frac{\partial E}{\partial \beta} = \left(\sum \frac{\theta_i}{2\xi_i^2} \right) \cdot \alpha + \left(\sum \frac{\theta_i \omega_i^2}{2\xi_i^2} \right) \cdot \beta - \sum \frac{\theta_i \omega_i}{\xi_i} = 0 \tag{7.47}$$

由此可解得瑞利阻尼系数 α 和 β 的表达式为

$$\alpha = \frac{2\left(\sum\limits_{i=1}^{n}\dfrac{\theta_i}{\omega_i\xi_i} \cdot \sum\limits_{i=1}^{n}\dfrac{\theta_i\omega_i^2}{\xi_i^2} - \sum\limits_{i=1}^{n}\dfrac{\theta_i\omega_i}{\xi_i} \cdot \sum\limits_{i=1}^{n}\dfrac{\theta_i}{\xi_i^2}\right)}{\sum\limits_{i=1}^{n}\dfrac{\theta_i\omega_i^2}{\xi_i^2} \cdot \sum\limits_{i=1}^{n}\dfrac{\theta_i}{\omega_i^2\xi_i^2} - \sum\limits_{i=1}^{n}\dfrac{\theta_i}{\xi_i^2} \cdot \sum\limits_{i=1}^{n}\dfrac{\theta_i}{\xi_i^2}}$$

$$\beta = \frac{2\left(\sum\limits_{i=1}^{n}\dfrac{\theta_i\omega_i}{\xi_i} \cdot \sum\limits_{i=1}^{n}\dfrac{\theta_i}{\omega_i^2\xi_i^2} - \sum\limits_{i=1}^{n}\dfrac{\theta_i}{\omega_i\xi_i} \cdot \sum\limits_{i=1}^{n}\dfrac{\theta_i}{\xi_i^2}\right)}{\sum\limits_{i=1}^{n}\dfrac{\theta_i\omega_i^2}{\xi_i^2} \cdot \sum\limits_{i=1}^{n}\dfrac{\theta_i}{\omega_i^2\xi_i^2} - \sum\limits_{i=1}^{n}\dfrac{\theta_i}{\xi_i^2} \cdot \sum\limits_{i=1}^{n}\dfrac{\theta_i}{\xi_i^2}}$$

$$(7.48)$$

将第 7.3.3.1 节根据充液试验获得的壳体模态阻尼比（0.69%、0.53%、0.87%）代入式（7.48），并取权系数 $\theta_i = 1$，最终获得充液状态下壳体的瑞利阻尼系数为 $\alpha = 0.90$，$\beta = 3.82 \times 10^{-5}$。

7.3.4　流体激励下泵壳体振动分析

7.3.4.1　壳体振动预测方法验证

利用第 7.3.2 节所建立的壳体振动预测方法，同时考虑两条途径下的流体激励情况，进行泵壳体振动响应预测，并利用发动机热试车结果对该预测方法进行验证。通过数值模拟获得的发动机试车测点（位于高、低压壳体连接处附近）的振动加速度频谱如图 7.39 所示。测点径向和切向加速度频谱均呈现出明显的动静

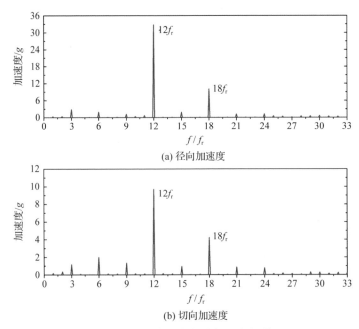

图 7.39　试车测点振动加速度频谱

干涉频率。其中离心轮叶片通过频率(12 倍频)起主导作用,18 倍频次之,此外, 3、6、9、15、21、24 倍频也出现了一定的幅值。

　　某次发动机热试车时泵试车测点的振动加速度频谱如图 7.40 所示。整个加速度频谱主要由动静干涉频率(3、6、9、12、15、18、21、24 倍频)组成,这表明泵壳体振动主要由叶轮与扩压器之间的动静干涉效应引起。此外,在整个壳体振动频谱中,12 倍频起主导作用,18 倍频次之,这也验证了数值模拟结果在主频捕捉方面的可靠性。

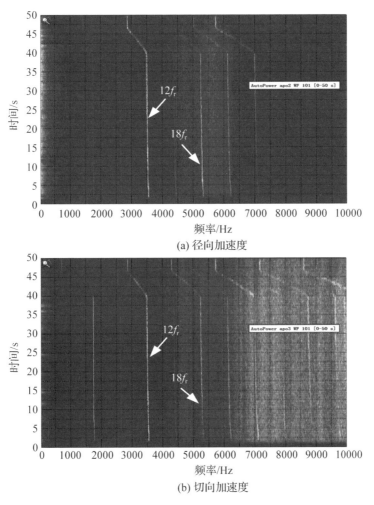

(a) 径向加速度

(b) 切向加速度

图 7.40　试车测点振动加速度频谱

泵壳体振动加速度数值模拟与试车结果如表 7.23 所示。统计试车次数超过 50 次。可以看出,数值模拟获得的振动加速度主频 12 倍频以及次频 18 倍频幅值结果均在历次试车统计范围内。与历次试车统计平均值相比,12 倍频径向和切向幅值误差分别为 13.85% 和 6.58%,18 倍频径向和切向幅值误差分别为 73.90% 和 5.06%。其中 18 倍频径向幅值误差较大,但考虑到该频率试车平均幅值基数较小(仅 5.67),因此实际幅值差别并不大,且位于历次试车幅值正常范围内。这也验证了本章所建立的流固耦合求解方法在泵壳体振动响应定量预测方面的可靠性。

表 7.23　壳体振动加速度数值模拟与试车结果

| 方法 | 无量纲加速度 | | | |
| | 12 倍频 | | 18 倍频 | |
	径向	切向	径向	切向
历次试车统计最大值	2.3082	2.1183	2.5908	2.6354
历次试车统计最小值	0.4759	0.2902	0.3527	0.3038
历次试车统计平均值(基准)	1.0000	1.0000	1.0000	1.0000
数值模拟	1.1385 (13.85%)	1.0658 (6.58%)	1.7390 (73.90%)	1.0506 (5.06%)

7.3.4.2　壳体瞬态响应分析

转子转动一圈过程中,泵壳体径向加速度分布的时间序列如图 7.41 所示,图中红色、蓝色分别对应加速度高、低值区域。在整个旋转周期内,壳体径向加速度分布呈现出明显的周期性变化,并且每个周期内其最大、最小值均发生在扩压器导叶入口位置,随着时间的变化,该位置出现在不同的导叶叶片上。在整个时域周期内,加速度最大值位于靠近隔舌的导叶入口处(图中 A 点),这表明叶轮与扩压器之间的动静干涉效应跟壳体瞬态响应密切相关。此外,较大的径向加速度区域主要分布在高压壳体上,在蜗壳螺旋管底部(图中蓝色椭圆)尤为明显。

泵壳体切向加速度分布的时间序列如图 7.42 所示。壳体切向加速度分布也呈现出明显的周期性变化,但其分布规律与径向加速度的情况不同。在整个时域周期内,加速度最大值位置不再位于扩压器导叶入口处,而是位于吸水室入口处分隔板前缘中心位置(图中 C 点)。此外,在蜗壳出口法兰处也出现了较大的振动加速度区域。

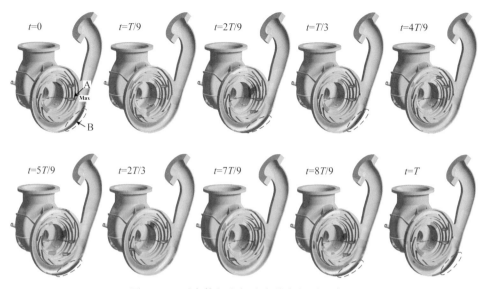

图 7.41　泵壳体径向加速度分布的时间序列

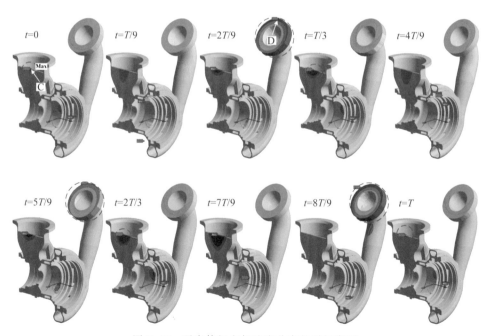

图 7.42　泵壳体切向加速度分布的时间序列

为分析壳体振动加速度频谱，选取整个时域周期内壳体径向、切向加速度最大值位置(分别对应图 7.41 中的测点 A、图 7.42 中的测点 C)以及径向、切向加速度较大值区域内的测点(分别对应图 7.41 中的测点 B、图 7.42 中的测点 D)进行分析。上述 4 个测点振动加速度时域信号如图 7.43 所示。不同测点的加速度信号

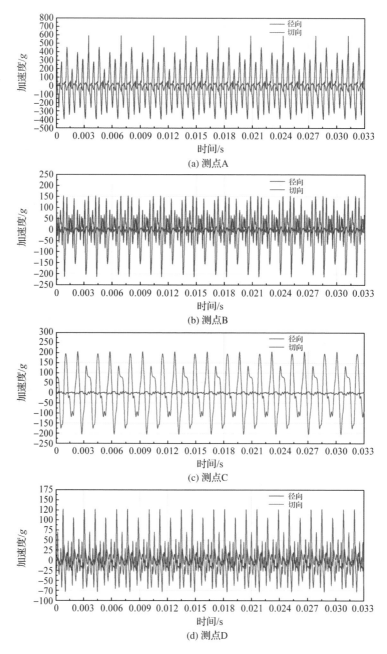

图 7.43　各测点振动加速度时域信号

有显著的区别,但均呈现出明显的周期性变化规律。相应的加速度频谱如图 7.44 所示。各测点中,动静干涉频率(叶片通过频率及其倍频)明显。其中在测点 A 中,两向加速度频谱均以 6 倍频为主导(径向幅值可达 250g 以上),12、18 倍频次之,这与该测点的压力脉动频谱(图 3.11 中 DF1)一致。此外,在较高的径向加速度区域内,其加速度频谱(测点 B)与测点 A 相似,但 12 倍频成为主导频率(径向幅值约 60g),其幅值明显高于 6、18 倍频幅值,这可能是由于蜗壳内部压力脉动频谱中 6 倍频幅值虽然最高,但其与 12 倍频幅值相差不大(如图 3.12 所示),而壳体振动显然对 12 倍频更为敏感。测点 C 为切向加速度最大值位置,其两向加速度频谱中,3 倍频幅值最大,这与其位于泵入口位置相关。一方面,动静干涉效应向上游传播不明显,导致动静干涉相关频率(6、12 倍频)幅值衰减较快;另一方面,入口与诱导轮相邻,诱导轮 3 个叶片流道使得该区域压力脉动以 3 倍频为主,因此整个加速度频谱中,3 倍频较大,6、12 倍频相对较小。测点 D 位于蜗壳出口区域,该区域切向加速度较大,径向加速度较小,整个加速度频谱与测点 A、B 相似,6、12、18 倍频为主要频率成分。综上分析可知,泵内叶轮/扩压器之间的动静干涉效应是泵壳体振动的主要来源之一。

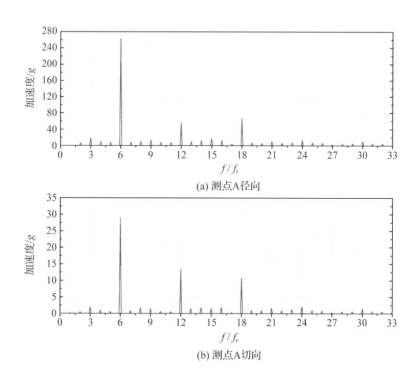

(a) 测点A径向

(b) 测点A切向

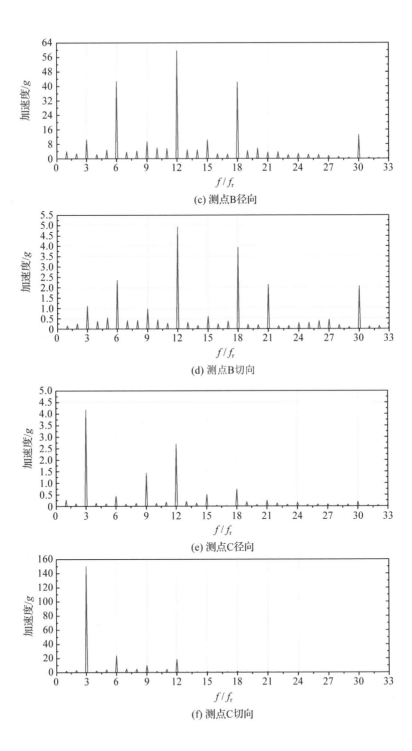

(c) 测点B径向

(d) 测点B切向

(e) 测点C径向

(f) 测点C切向

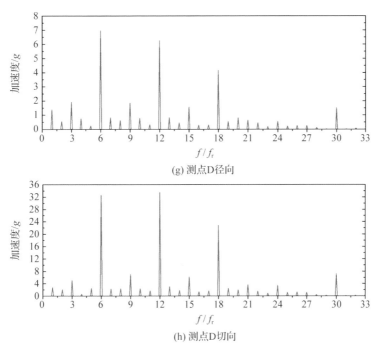

(g) 测点D径向

(h) 测点D切向

图 7.44　各测点振动加速度频谱

　　转子转动一个周期内泵壳体应力分布的时间序列如图 7.45 所示。可以看出，在整个旋转周期内，应力分布基本保持不变，最大应力始终发生在扩压器的叶

图 7.45　泵壳体应力分布的时间序列

片出口倒角位置。此外,在蜗壳螺旋管处也出现了较大的应力分布区域,而低压壳体流体压力较低,因此应力幅值也相对较低。

泵壳体最大应力测点动应力信号如图 7.46 所示。由时域信号可知,该位置应力幅值达到 1000MPa 以上,并且随着转子转动,该应力值出现周期性波动,波动峰峰值约为 100MPa。从频域信号可知,动应力频谱同样由动静干涉频率主导,其中 6 倍频为主频,12、18 倍频次之,与扩压器内导叶出口相应测点的压力脉动频谱(图 3.11 中 DF4)一致。

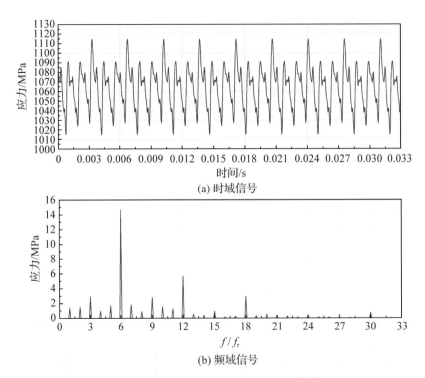

(a) 时域信号

(b) 频域信号

图 7.46　泵壳体最大应力测点动应力信号

7.3.4.3　两条途径下泵壳体振动对比

本小节对流体-壳体途径以及流体-转子-支承-壳体途径引起的泵壳体振动进行对比研究,以此确定壳体振动的主要原因及来源。

同一时刻流体-壳体途径、流体-转子-支承-壳体途径以及两条途径综合作用 3 种情况下泵壳体径向振动加速度瞬时分布如图 7.47 所示。流体-壳体途径与两条途径综合作用下的加速度大小及分布基本一致,而流体-转子-支承-壳体途径引

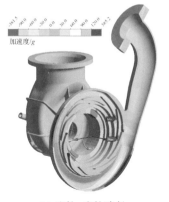
(a) 流体-壳体途径

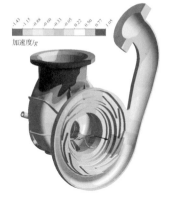
(b) 流体-转子-支承-壳体途径

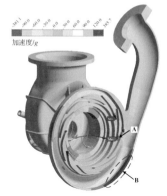
(c) 两条途径综合作用

图 7.47　壳体径向加速度瞬时分布

起的壳体加速度分布则区别较大,加速度较大值主要位于低压壳体底部,并且其幅值远小于流体-壳体途径引起的加速度幅值。

为分析两条途径综合作用下壳体振动加速度信号,选取加速度值较大的测点 A 和 B(如图 7.47 所示)进行分析。

两个测点振动加速度时域信号如图 7.48 所示,相应的加速度频谱如图 7.49 所示。各测点中,流体-转子-支承-壳体途径引起的壳体径向和切向加速度峰峰值远小于流体-壳体途径引起的加速度幅值。此外,由加速度频谱可知,流体-壳体途径引起的壳体振动加速度与两条途径综合作用引起的频谱(如图 7.44 所示)一致,但各主频幅值有微小的差别。

3 种情况下测点 A 和测点 B 振动加速度主频幅值分别如表 7.24 和表 7.25 所示。两个测点中,流体-转子-支承-壳体途径引起的加速度各主频幅值均远小于流体-壳体途径引起的幅值(低两个量级以上)。测点 A 中流体-壳体途径引起的加速度各主频幅值与两条途径综合作用下的幅值完全一致,而距离轴承座较近的测点 B 中相应的主频幅值变化相对明显,其中 6、12、18 倍频径向幅值分别相差 16.94%、−11.93%、−3.91%。这表明,虽然流体-转子-支承-壳体途径引起的壳体振动量级较小,但其与壳体之间的耦合作用也会对转子支承附近测点的振动特性产生一定影响,但总体上影响不大,后续研究中可将两条途径进行解耦,以简化研究过程。

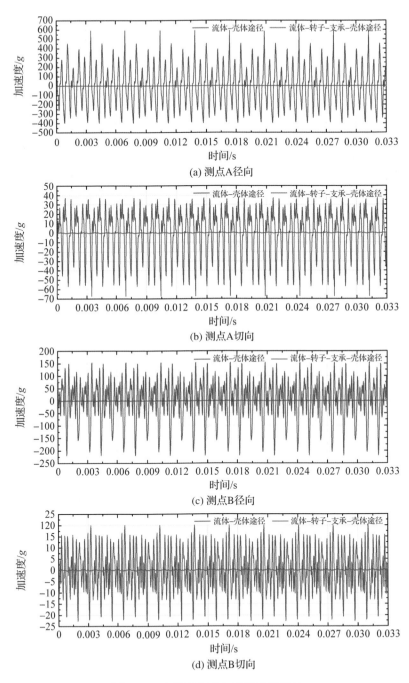

图 7.48 各测点振动加速度时域信号

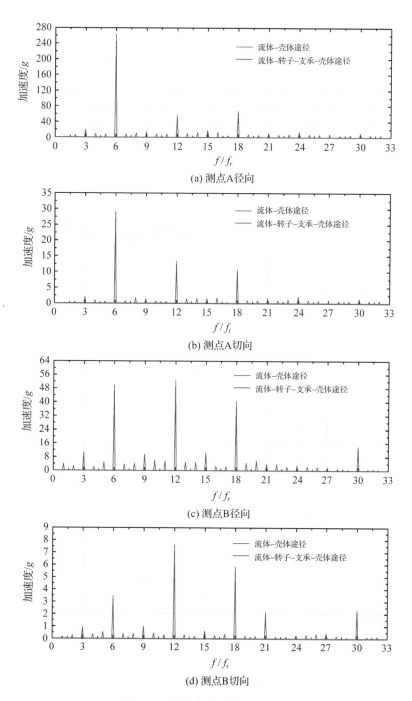

图 7.49　各测点振动加速度频谱

表 7.24　测点 A 振动加速度主频幅值

途径	振动加速度/g					
	6 倍频		12 倍频		18 倍频	
	径向	切向	径向	切向	径向	切向
两条途径综合作用	262.07	28.89	56.77	13.39	66.46	10.65
流体-壳体途径	262.05	28.92	56.71	13.35	66.45	10.65
流体-转子-支承-壳体途径	0.15	0.04	0.07	0.06	0.02	0.01

表 7.25　测点 B 振动加速度主频幅值

途径	振动加速度/g					
	6 倍频		12 倍频		18 倍频	
	径向	切向	径向	切向	径向	切向
两条途径综合作用	42.62	2.34	59.51	4.93	42.20	3.92
流体-壳体途径	49.84	3.44	52.41	7.62	40.55	5.80
流体-转子-支承-壳体途径	0.05	0.06	0.02	0.06	0.003	0.01

参考文献

[1] 周文杰.多级离心泵转子耦合系统动力学特性研究[D].杭州:浙江大学,2016.

[2] 廖明夫.航空发动机转子动力学[M].西安:西北工业大学出版社,2015.

[3] 田亚斌.高速多级离心泵转子动力特性研究[D].兰州:兰州理工大学,2012.

[4] Gulich J F. Centrifugal Pumps[M]. 3rd ed. Berlin, Germany: Springer,2014:684-686.

[5] Bolleter U, Frei A, Florjancic S, et al. Rotor dynamic modeling and testing of boiler feedpumps: Final report[R]. Palo Alto, US: Electric Power Research Institute,1992.

[6] 杨宝锋,贾少锋,李斌,等.大偏心及大扰动下涡轮泵密封转子动力特性[J].火箭推进,2019,45(6):1-9.

[7] Bently D E, Muszynska A. Role of circumferential flow in the stability of fluid-handling machine rotors[C]//Rotordynamic Instability Problems in High-Performance Turbomachinery. College Station, US,1988.

[8] Childs D W. Dynamic analysis of turbulent annular seals based on Hirs' lubrication equation[J]. Journal of Lubrication Technology,1983,105(3):429-436.

[9] 姜新阔.环形密封瞬态流场模拟及其动力学特性研究[D].杭州:浙江大学,2016.

[10] 宋学官,蔡林,张华.ANSYS 流固耦合分析与工程实例[M].北京:中国水利水电出版社,2012.

[11] 裴吉.离心泵瞬态水力激振流固耦合机理及流动非定常强度研究[D].镇江:江苏大学,2013.

［12］ Jiang Y Y，Yoshimura S，Imai R，et al. Quantitative evaluation of flow-induced structural vibration and noise in turbomachinery by full-scale weakly coupled simulation［J］. Journal of Fluids and Structures，2007，23(4)：531-544.

［13］ Pei J，Benra F K，Dohmen H J. Application of different strategies of partitioned fluid-structure interaction simulation for a single-blade pump impeller［J］. Proceeding of the Institution of Mechanical Engineers，Part E：Journal of Process Mechanical Engineering，2012，226（4）：297-308.

［14］ 胡成宝，王云岗，凌道盛.瑞利阻尼物理本质及参数对动力响应的影响［J］.浙江大学学报（工学版），2017，51(7)：1284-1290.

第8章　涡轮泵流体激振抑制技术

涡轮泵流体激振的有效抑制始终是大推力火箭发动机可靠性提升与性能拓展改进的核心工作,其根本途径是控制激振源和传递路径,通过流场控制降低或消除振动能量源的产生,通过阻尼控制增强振动能量的耗散。本章基于前几章对涡轮泵两大流体激振源机理的深入剖析,提出了涡轮泵动静干涉激振抑制技术和旋转空化激振抑制技术,从源头上进行主动控制,以降低涡轮泵的宏观振动;此外,在控制振动能量耗散的基础上,提出了间隙密封阻尼减振技术。

8.1　动静干涉激振抑制技术

高性能离心泵通常采用叶片式扩压器来提高效率和压比,该叶片式扩压器与离心轮之间的动静干涉效应也成为离心泵流体激振的主要源头之一。对此,国内外学者开展了大量研究工作,以期降低离心轮与扩压器之间的动静干涉效应,从源头上降低泵的振动水平。目前常见的策略有增大动静间隙[1-4]、改变动静叶片数匹配和优化动静叶片参数[5,6]等。其中,增大动静间隙能够显著降低动静干涉效应,但却以牺牲泵的水力效率为代价;改变动静叶片数匹配和优化动静叶片参数均从优化流场流动角度来降低动静干涉效应,一定程度上能够降低泵内动静干涉效应,但对于超大功率的重型火箭发动机涡轮泵,动静干涉激振的抑制效果有限。由第3章研究可知,离心轮与扩压器间的动静干涉效应源自扩压器叶片前缘附近的周期性旋涡脱落现象。因此,可通过改变扩压器结构形式在机理上改变动静干涉效应的产生过程,从而达到控制动静干涉激振的效果。对此,作者团队在国内首次提出了泵用圆管式扩压器技术[7],并将其成功应用于大推力火箭发动机涡轮泵中,显著降低了涡轮泵内动静干涉激振现象。本节主要针对这种新型圆管式扩压器技术进行介绍。

8.1.1　泵用圆管式扩压器技术

泵用圆管式扩压器是一项新技术。该扩压器是一种环绕在叶轮出口的环形部件,环形部件上沿周向均布多个通道,各通道从环形部件的内表面径向延伸至外表面。每个通道包含依次连接的直线段和扩口段,直线段的另一端朝向环形部件的内表面,而扩口段的另一端朝向环形部件的外表面。所有通道的中心线均相切于一个公共圆,相邻通道在靠近内表面的相交处形成椭圆形入口边,在靠近内表面贯通处形成无叶导向段。泵用扩压器结构如图 8.1 所示。圆管式扩压器结构设计如图 8.2 所示。

(a) 叶片式扩压器　　　　(b) 圆管式扩压器

图 8.1　泵用扩压器结构

圆管式扩压器结构为周向均布多个圆管式通道的环形部件。圆管式通道由依次连接的入口圆柱段(直线段)和出口圆锥段(扩口段)组成,其中直线段的另一端朝向环形部件内表面,与内表面相交而形成椭圆形入口边(见图 8.2 中的轮廓 M,L,M'),扩口段的另一端朝向环形部件外表面,扩口段的最大直径为 d_5。此外,所有通道的中心线均相切于一个公共圆,公共圆圆心位于环形部件中心线上,公共圆直径 D_t 大于内表面直径 D_4 且小于外表面直径 D_5。

圆管式扩压器设计过程中,通道数目

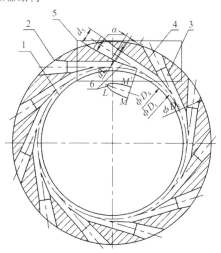

1—内表面;2—外表面;3—直线段;4—扩口段;
5—导向器通道;6—椭圆形入口边

图 8.2　圆管式扩压器结构设计

Z_g 在 1~5 谐波阶次下满足

$$\frac{k_r \cdot Z}{Z_g} \neq m \quad 且 \quad \frac{k_r \cdot Z \pm 1}{Z_g} \neq m \tag{8.1}$$

式中，k_r 为离心轮叶片频率的谐波阶次，m 为任意整数，Z 为离心轮叶片数。

直线段设计：直线段直径 d_L 的选取应保证速比 c_L/c_{2u} 在 0.5~0.8 范围内，直线段长度 $L=(0.3~0.6)d_L$。其中 c_L 为直线段流速，c_{2u} 为叶轮出口绝对速度的圆周分量。

扩口段设计：扩口段的扩散锥角 α 应满足 $4° < \alpha < 12°$。

圆管式扩压器由于采用了特殊的大前掠前缘结构，有助于减小尖部低能流体的积聚，改善扩压器通流状况，优化扩压器入口条件，能够有效降低叶轮尾迹与扩压器入口的相互作用，从而在机理上对动静干涉激振现象进行有效抑制。

8.1.2 圆管式扩压器减振效果

为评估圆管式扩压器的减振效果，我们开展了采用传统叶片式扩压器与新型圆管式扩压器的泵数值模拟与水力性能试验研究，并最终进行了发动机热试车验证。

8.1.2.1 数值模拟结果

两种扩压器的泵外特性曲线如图 8.3 所示。可以看出，两种扩压器的泵扬程和效率曲线非常接近。

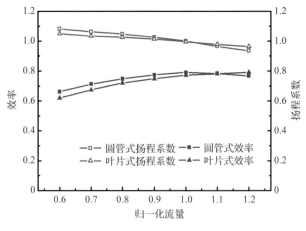

图 8.3　两种扩压器的泵外特性曲线

为研究两种扩压器动静干涉区域压力脉动情况，在圆管式扩压器动静交界区叶中位置沿半径 $r=130.3\text{mm}$ 和 $r=136.3\text{mm}$ 的圆周每隔 $10°$ 均匀布置一个测点，各周向分别有 36 个测点，且在半径 $r=130.3\text{mm}$ 的圆周靠近轮盘侧 10% 叶高和

靠近轮盖侧 90% 叶高同样各周向布置 36 测点，共 144 个测点。对于叶片式扩压器，在相同位置同样布置 144 个测点。测点布局如图 8.4 所示。

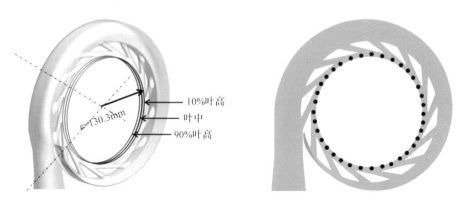

图 8.4　测点布局

　　额定工况下泵离心轮与扩压器之间的动静干涉区域部分测点的压力脉动频谱如图 8.5 所示。相比叶片式扩压器，圆管式扩压器能够降低动静干涉区域压力

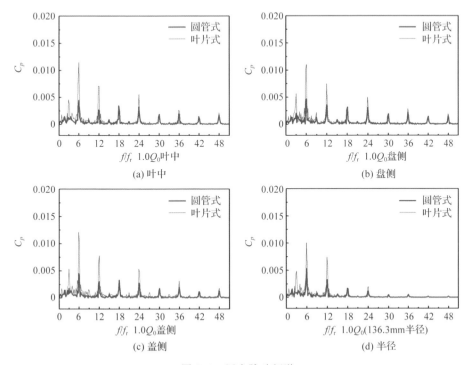

图 8.5　压力脉动频谱

脉动水平,整体脉动水平下降25%,并且脉动主频6、12倍频幅值降低是动静干涉区压力脉动减小的主要原因。

两种扩压器在不同叶高位置的平均压力脉动如图8.6所示。可以看出,在整个流量范围内,圆管式扩压器的整体脉动水平明显低于叶片式扩压器,其中在额定工况附近,脉动水平降低更为明显。

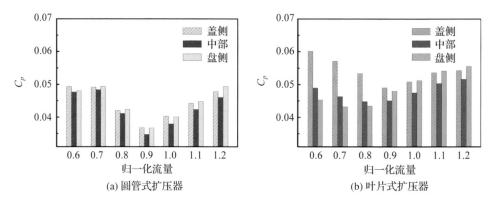

图8.6 两种扩压器在不同叶高位置的平均压力脉动

8.1.2.2 水力性能试验结果

水力性能试验获得的泵壳体各向振动对比及分频幅值差如图8.7至图8.9所示。相比于叶片式扩压器,圆管式扩压器能够大幅降低整泵振动水平,其中轴向平均振动降低约30%,径向平均振动降低约55%,并且12倍频振动幅值减小是整泵振动水平降低的主要原因。这也表明了圆管式扩压器能够显著抑制泵内动静干涉激振现象。

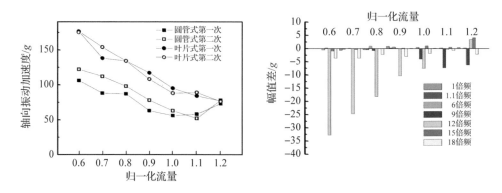

图8.7 轴向振动对比及分频幅值差

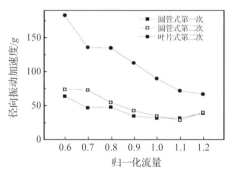
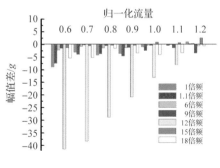

图 8.8　径向振动对比及分频幅值差

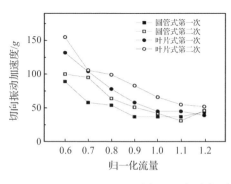
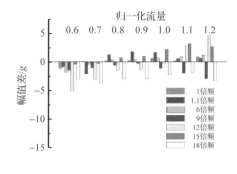

图 8.9　切向振动对比及分频幅值差

8.1.2.3　发动机热试车验证

为验证圆管式扩压器在液体火箭发动机涡轮泵中减振效果的可行性，我们对搭载传统叶片式扩压器涡轮泵和新型圆管式扩压器涡轮泵的发动机进行了热试车验证。

发动机历次试车时涡轮泵振动加速度 RMS 值对比如图 8.10 所示。采用圆管式扩压器后，涡轮泵整体振动水平显著降低。涡轮泵轴向、径向和切向振动加速度 RMS 值较历次平均值分别降低 56.8%、40% 和 51%。

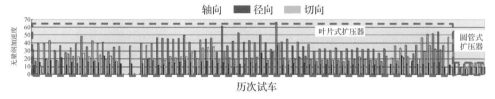

图 8.10　发动机历次试车时涡轮泵振动加速度 RMS 值对比

发动机历次试车时涡轮泵振动加速度 12 倍频幅值对比如图 8.11 所示。采用圆管式扩压器后,动静干涉 12 倍频幅值得到明显抑制,相比叶片式扩压器,历次试车平均幅值降低 90% 以上,这也进一步表明了新型圆管式扩压器能够有效抑制涡轮泵动静干涉激振现象。

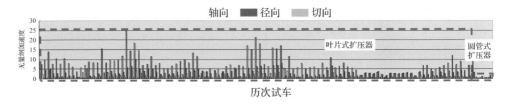

图 8.11　发动机历次试车时涡轮泵振动加速度 12 倍频幅值对比

8.2　旋转空化激振抑制技术

通过前文研究可知,空化不稳定的发生与诱导轮入口的来流条件密切相关,因此,针对空化不稳定的抑制也主要通过改善入口流动状况来实现[8]。

8.2.1　诱导轮入口壳体扩大

日本针对 LE-7A 发动机涡轮泵诱导轮进行旋转空化研究时,发现对诱导轮入口壳体进行适当扩大,能够有效抑制旋转空化现象,但是未能给出合理解释。我们借鉴这种思路,以某型发动机涡轮泵为研究对象,对其进行数值模拟研究并探讨壳体扩大的影响。整体计算域及诱导轮网格细节如图 8.12 所示[9],这里采用全流道非结构化网格,数值计算方法与第 5.3.4 节一致。

图 8.12　整体计算域及诱导轮网格细节

　　诱导轮入口壳体修改前后的结构如图 8.13 所示[9],壳体修改前后径向力幅值对比如图 8.14 所示。可以看到,修改壳体后,径向力幅值降低 13.8%,这表明扩大壳体能够有效抑制空化不稳定现象。

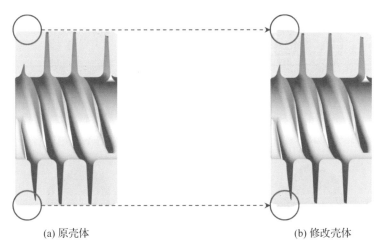

(a) 原壳体　　　　　　　　　　　　(b) 修改壳体

图 8.13　诱导轮入口壳体修改前后的结构

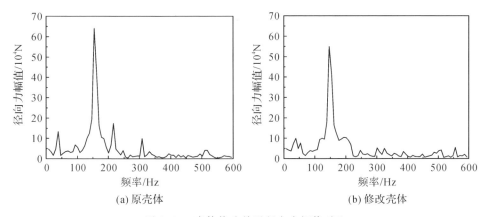

(a) 原壳体　　　　　　　　　　　　(b) 修改壳体

图 8.14　壳体修改前后径向力幅值对比

　　壳体修改前后空化区分布对比如图 8.15 所示[10]。可以看到,修改壳体后,空化形态出现明显变化,原壳体的空穴都是连续的,而修改壳体中的空穴出现了断裂。当空穴向下游发展时,受到修改壳体台阶后缘的限制,沿着新壳体内壁转动,离开叶片表面,发生分离断裂。与原壳体相比,空穴由细长变为粗短,空穴体积减小,因而旋转空化现象受到有效抑制。

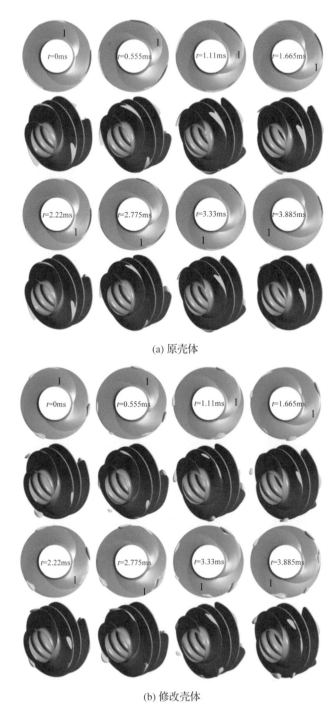

(a) 原壳体

(b) 修改壳体

图 8.15　壳体修改前后空化区分布对比

基于图 5.7 所示试验台，我们进一步开展可视化试验，对壳体扩大的抑制效果进行验证。具体壳体扩大方案如图 8.16 所示。原方案内径为 101mm，保证单边间隙为 0.5mm，在诱导轮叶片前缘、中间及尾部位置布置 3 排测点，用于安装压力脉动传感器，采集叶尖的压力脉动。在原方案基础上，从诱导轮叶尖前缘位置开始，将壳体前半部分内径扩大 2mm，形成台阶，将角度扩大为 30°，其他不变。

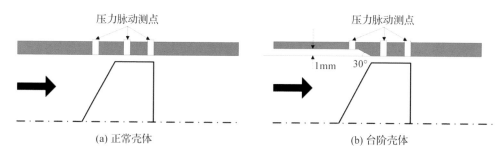

图 8.16　壳体扩大方案

相同工况下两种壳体叶尖压力脉动频谱对比如图 8.17 所示。可以看到，台阶壳体能够有效抑制该工况下出现的 1.18 倍频超同步旋转空化现象。

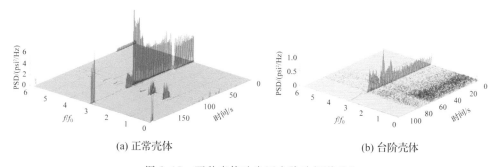

图 8.17　两种壳体叶尖压力脉动频谱对比

相同工况下两种壳体的空化形态对比如图 8.18 所示，其中红色虚线为台阶起始位置。正常壳体中，空化区完全附着在叶片吸力面上；台阶壳体中，空化区整体与台阶起始位置平行，与叶片形成一定角度，这表明泄漏涡空化受到台阶的影响向上游摆动。当来流压力进一步下降时，这一显著差别会影响叶尖空化区分布，更会影响空化区与相邻叶片的相互作用，从而有效抑制空化不稳定现象。

(a) 正常壳体　　　　　　　　　　　　　(b) 台阶壳体

图 8.18　两种壳体空化形态对比

综上所述,诱导轮入口壳体扩大是一种有效的空化不稳定抑制技术,但是壳体改进受发动机系统结构的约束。该技术需进一步经过基于正式产品的充分验证,才能应用于成熟产品型号。

8.2.2　叶片开槽

在某型发动机涡轮泵研制初期,通过对诱导轮叶片进行开槽,对叶片表面发生的空化区进行切割,我们实现了对空化不稳定的抑制,如图 8.19 所示[11]。

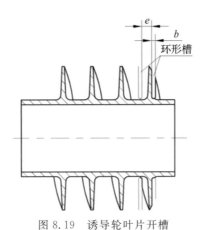

图 8.19　诱导轮叶片开槽

搭载开槽前后两种诱导轮的涡轮泵水力性能试验结果表明,诱导轮叶片开槽后,泵的效率和扬程与原方案相当,诱导轮叶片开槽方案能够大幅降低泵的压力脉动,如图 8.20 所示。叶片开槽后的诱导轮通过了热试车考核,具体可参见参考文献[11]。

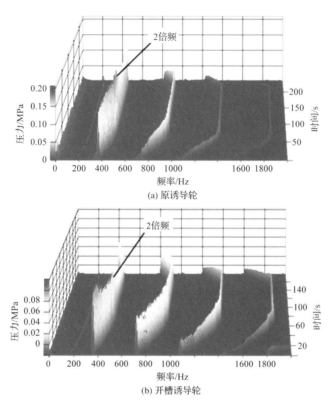

图 8.20　开槽前后诱导轮压力脉动频谱

2019 年,日本东北大学的 Iga 等[12]以某诱导轮为研究对象,进行可视化试验研究,分析了诱导轮叶片开槽的影响,具体开槽结构如图 8.21 所示。

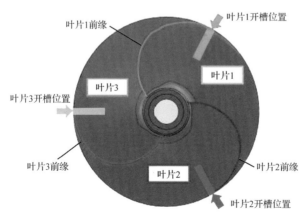

图 8.21　诱导轮叶片开槽结构

通过试验结果发现,叶片开槽后,诱导轮的空化性能有一定程度的改善,诱导轮叶片流道内空化长度明显缩短。对采集的入口压力脉动信号进行频谱分析,同样发现对于开槽叶片诱导轮,超同步旋转空化与同步旋转空化特征频率的幅值和发生范围都显著减小,如图 8.22 所示[12],这表明叶片开槽是一种有效的抑制空化不稳定现象的方法。

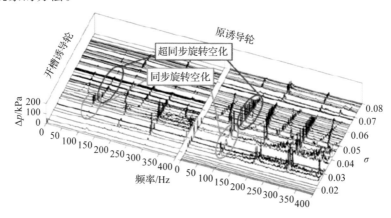

图 8.22   诱导轮开槽前后入口压力脉动频谱

8.2.3   诱导轮结构参数设计优化

我们采用正交优化设计,对入口叶片前缘形状、叶片轮缘的骨线、轮毂的骨线和间隙大小 4 种因素进行分析,并进行非定常数值模拟,得到最佳的诱导轮结构参数组合。

原诱导轮与优化诱导轮径向力分布对比如图 8.23 所示。图中每一点代表某一时刻的径向力,其与原点的连线表征径向力的数值,与坐标轴的夹角表征径向力的方向。相比于原诱导轮,优化诱导轮的径向力分布更均匀,且在大部分时刻均小于原诱导轮。优化诱导轮的径向力平均值为 598N,相较于原诱导轮的 772N 有所改善;径向力数值变化的标准差由 174N 降至 17N,其波动程度大大降低;旋转空化特征频率下对应幅值为 4N,叶片通过特征频率下对应幅值为 24N,相较于原诱导轮(12N 和 74.6N)都大有改善。

西安航天动力研究所为解决涡轮泵空化不稳定问题,进行过大量试验研究,通过对诱导轮结构参数的优化改进,实现了旋转空化的有效抑制。在水力性能试验中,保持来流压力和转速不变,逐步降低流量,获得涡轮泵水力性能曲线以及相应的动态参数。优化前后水力性能试验获得的位移信号频谱如图 8.24 所示[13]。

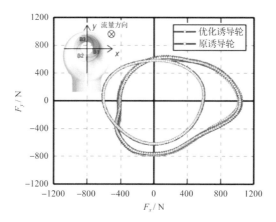

图 8.23　原诱导轮与优化诱导轮径向力分布对比

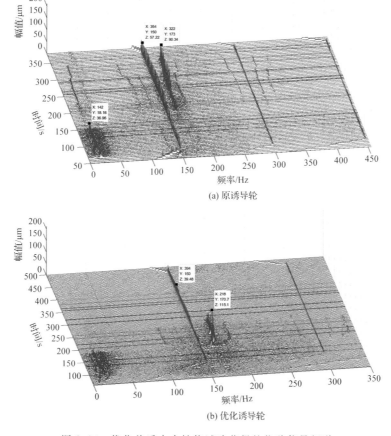

图 8.24　优化前后水力性能试验获得的位移信号频谱

可以看到,原诱导轮在较大流量范围内出现明显的 170Hz(1.13 倍频)的频率峰值,对应着旋转空化现象;而优化诱导轮发生旋转空化的流量范围大幅减小。

在空化性能试验中,保持转速和流量不变,逐步降低来流压力,获得涡轮泵空化性能曲线以及相应的动态参数。优化前后空化性能试验获得的位移信号频谱如图 8.25 所示[13]。可以看到,在原诱导轮中,出现了明显的旋转空化特征频率;而在优化诱导轮中,旋转空化特征频率完全消失,这进一步证实了优化结构的有效性。

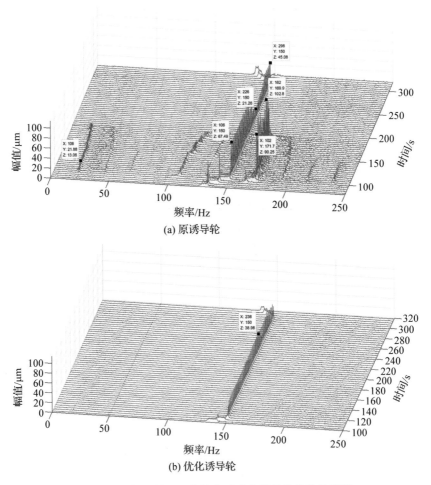

(a) 原诱导轮

(b) 优化诱导轮

图 8.25 优化前后空化性能试验获得的位移信号频谱

8.3　间隙密封阻尼减振技术

通过第 7 章关于涡轮泵非定常流体激励特性的研究可知,对于高压力、高转速涡轮泵刚性转子系统来说,间隙密封的存在能够显著降低涡轮泵转子系统振动响应,其中 1 倍频幅值降低幅度高达 90％以上,该现象主要是间隙密封引入的阻尼效应所致。基于此,我们在本节提出利用间隙密封表面织构技术的减振策略,在密封表面布置深度较浅的织构,寻求一种适用于高压差工况的涡轮泵表面织构间隙密封,在控制液氧泄漏的同时,有效提高密封阻尼特性,以达到密封阻尼减振的目的。

8.3.1　间隙密封表面织构形貌及分布特性

密封表面织构技术是指在密封表面通过激光造型、电子束刻蚀等加工方法布置不同形状、深度较浅的结构,主要用于提高密封润滑特性。目前该技术主要应用于端面机械密封,在液体间隙动密封领域应用较少。对此,作者团队与哈尔滨工业大学合作开展了间隙密封表面织构技术研究[14]。

涡轮泵中间隙密封的主要功能是控制流体泄漏量,在提高密封阻尼特性时,必须保证密封的泄漏特性。对此,我们基于不同表面织构形状(圆形、方形和菱形,如图 8.26 所示)对表面织构对密封泄漏特性的影响进行了数值模拟。以直径 3mm 的圆形织构为基准面积,其他形状织构的面积与之相同,织构深度选为 0.1mm。

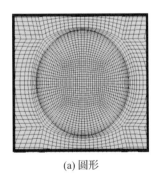
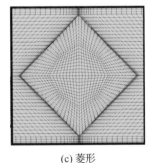

(a) 圆形　　　　　　　　(b) 方形　　　　　　　　(c) 菱形

图 8.26　不同表面织构形状

不同表面织构形状对密封压力的影响如图 8.27 和图 8.28 所示。当流体从远场进入密封时,压力急剧降低;随着流动趋于稳定,压力先回升再逐步降低至出口背压值。由于表面织构产生的流阻,织构前端的压力相对无织构密封较高。当流体经过不同织构时,由于密封间隙突然增大,压力首先增大,随后由于流出织构时的节流效应,静压又立即减小。总体来说,表面织构间隙密封提高了间隙内流体压力。

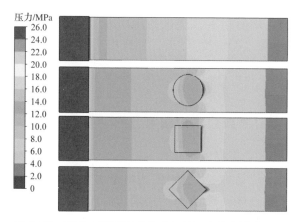

图 8.27　不同表面织构形状对密封压力分布影响云图

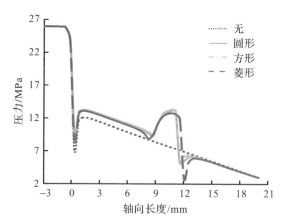

图 8.28　不同表面织构形状下间隙中心轴线压力变化曲线

不同表面织构形状对密封速度的影响如图 8.29 和图 8.30 所示。对于无织构的间隙密封,流体在密封入口处的静止壁面产生低速旋涡,相当于减小了密封入口间隙,阻碍了部分流体的轴向流动。主流区的流体从旋涡下部射入,流体速度急剧增加,但进入间隙内稳定流动后,流体轴向速度沿密封长度方向几乎不变,流动状态基本相同。对于有织构的间隙密封,其入口处流动状态与上述情况相同。但在流经织构时,部分主流区流体射入织构内,由于容积的增大,动能转化为压力能,降低了织构内的流动速度;且织构内流体在流出织构时与主流区交汇,增大了间隙内的流阻,因此相较于无织构的间隙密封,密封间隙内的整体流体速度有所降低。同时在流线图中也可以看出,由于转子的高速旋转,3 种织构在转子旋转方向的边缘均产生了低速的旋涡,这一定程度上抑制了周向流动速度。

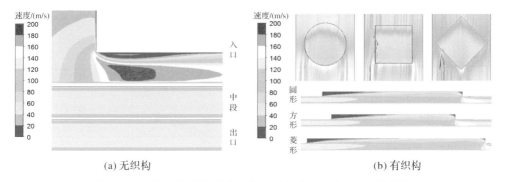

图 8.29　不同表面织构形状对密封速度分布影响云图和流线图

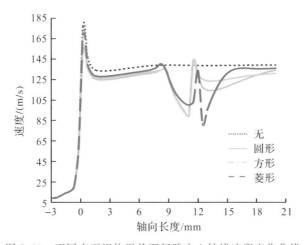

图 8.30　不同表面织构形状下间隙中心轴线速度变化曲线

不同表面织构形状密封泄漏量如表 8.1 所示。有织构的密封泄漏特性相比无织构密封的情形有所提升，并且圆形织构密封泄漏特性更优，泄漏量最小。

表 8.1　不同表面织构形状密封泄漏量

参数	无织构	圆形	方形	菱形
泄漏量/(kg/s)	0.0897	0.0858	0.0864	0.0870

不同表面织构形状下密封泄漏量变化曲线如图 8.31 所示。在不同织构深度下，圆形织构密封的泄漏量均小于其他两种织构形状的密封，并且在织构深度为 0.3mm 时达到最优。因此，后续研究主要围绕 0.3mm 深度的圆形织构密封展开。

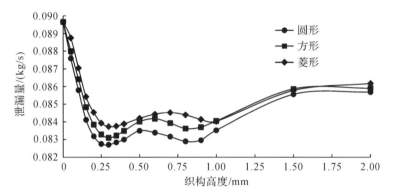

图 8.31　不同表面织构形状下密封泄漏量变化曲线

8.3.2　表面织构间隙密封的阻尼特性

上一小节以降低密封泄漏量为设计目标，得到了较优的织构形貌分布方案，即圆形织构方案。本小节将基于第 6 章建立的间隙密封数值模拟方法，对圆形织构密封的阻尼特性进行研究，并与无织构密封进行对比。

有无织构密封主阻尼 C_{xx}、C_{yy} 和交叉阻尼 C_{xy}、C_{yx} 随密封半径间隙的变化规律如图 8.32 所示。随着密封间隙的增大，两种密封的主阻尼和交叉阻尼均呈现减小的变化规律，且其主阻尼的差值逐渐减小并趋于一致，而交叉阻尼的差值变化不大。其中，有织构的密封的主阻尼和交叉阻尼均较无织构密封有所增加，主阻尼增幅为 1.49%～12.03%，交叉阻尼增幅为 21.94%～48.23%。

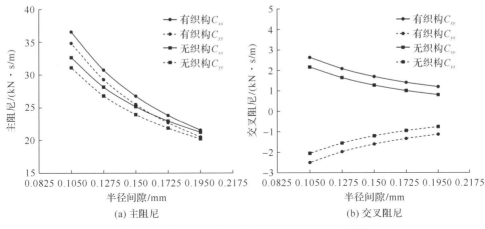

图 8.32　主阻尼和交叉阻尼随半径间隙的变化规律

　　此外,在一定程度上,有效阻尼系数可以表征密封-转子系统的稳定性,主阻尼系数的稳定作用可以与由交叉刚度系数产生的不稳定作用组合,以确定有效阻尼系数 C_{eff},其随密封半径间隙的变化规律如图 8.33 所示。随着密封间隙的增大,两种密封的有效阻尼均逐渐减小,且其差值逐渐减小。其中,有织构的密封的有效阻尼高于无织构的密封,增幅为 $3.08\%\sim21.16\%$,其对于密封-转子系统的稳定性有较好的影响。

$$C_{\text{eff}}=C+k/\omega \tag{8.2}$$

式中,C 为密封主阻尼系数,k 为密封交叉刚度系数,ω 为转子涡动频率。

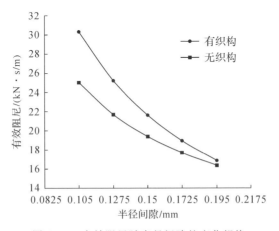

图 8.33　有效阻尼随半径间隙的变化规律

有无织构密封主阻尼 C_{xx}、C_{yy} 和交叉阻尼 C_{xy}、C_{yx} 随密封长度的变化规律如图 8.34 所示,其有效阻尼随密封长度的变化规律如图 8.35 所示。随着密封长度的增大,两种密封的主阻尼、交叉阻尼和有效阻尼均逐渐增大,且 3 个阻尼系数的差值均逐渐增大。其中,有织构的密封的 3 个阻尼系数均大于无织构的密封,其主阻尼增幅为 $1.67\%\sim9.3\%$,交叉阻尼增幅为 $25.69\%\sim49.68\%$,有效阻尼增幅为 $3.47\%\sim16.4\%$。

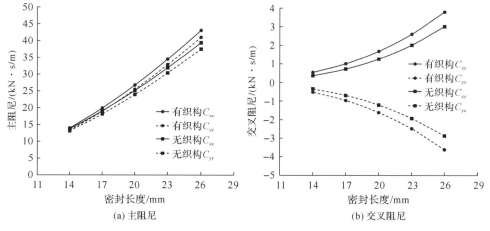

(a) 主阻尼   (b) 交叉阻尼

图 8.34　主阻尼和交叉阻尼随密封长度的变化规律

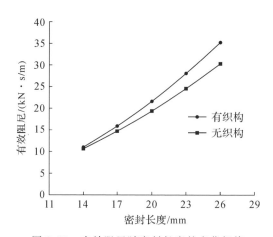

图 8.35　有效阻尼随密封长度的变化规律

　　综上可知,带表面织构的间隙密封不仅能够提高密封泄漏特性,而且能够明显提升密封阻尼特性(密封主阻尼系数可增加 10% 以上),这对于涡轮泵转子系统的减振将起到积极的作用。

参考文献

[1] Arndt N, Acosta A J, Brennen C E, et al. Rotor-stator interaction in a diffuser pump[J]. Journal of Turbomachinery,1989,111(3):213-221.

[2] Shum Y K P, Tan C S, Cumpsty N A. Impeller-diffuser interaction in a centrifugal compressor [J]. Journal of Turbomachinery,2000,122(4):777-786.

[3] Khalifa A E, Al-Qutub A M. The effect of impeller-volute gap on pressure fluctuations inside a double-volute centrifugal pump operating at reduced flow rates[C]//7th World Conference on Experimental Heat Transfer, Fluid Mechanics and Thermodynamics. Krakow, Poland,2009.

[4] 祝磊,袁寿其,袁建平,等.不同径向间隙对离心泵动静干涉作用影响的数值模拟[J].农业机械学报,2011,42(5):49-55.

[5] 初雷哲,杜建一,赵晓路,等.叶片倾角变化对扩压器中非定常流动的影响[J].工程热物理学报,2007,28(5):759-762.

[6] 党政,席光,王尚锦.叶片安装角对动/静叶排内部非定常流动的影响[J].工程热物理学报,2002,23(3):319-322.

[7] 张聘.高速离心泵圆管式扩压器研究[D].西安:中国航天科技集团有限公司第六研究院第十一研究所,2014.

[8] 陈晖.诱导轮空化诱发不稳定性的研究[D].西安:中国航天科技集团有限公司第六研究院第十一研究所,2008.

[9] Li Y M, Chen H, Xiang L, et al. Numerical analysis and suppression of rotating cavitation in inducers[C]//The 3rd International Symposium of Cavitation and Multiphase Flow. Shanghai, China,2019.

[10] 李雨濛.高速诱导轮旋转空化研究[D].西安:中国航天科技集团有限公司第六研究院第十一研究所,2019.

[11] 李惠敏,王晓锋,赵瑞国,等.高速诱导轮离心泵的汽蚀振荡与控制[J].导弹与航天运载技术,2019(2):44-48.

[12] Iga Y, Nohml M, Goto A, et al. Numerical analysis of cavitation instabilities arising in the three-blade cascade[J].Journal of Fluids Engineering,2004,126(3):419-429.

[13] 李惠敏.×××型发动机诱导轮改进方案报告[R].西安:中国航天科技集团有限公司第六研究院第十一研究所,2016.

[14] 赵经明.涡轮泵表面织构间隙密封-转子系统动力学特性研究[D].哈尔滨:哈尔滨工业大学,2018.

第9章 展 望

随着我国航天技术的不断发展,大推力补燃循环发动机成为新一代先进航天运载装置的主动力,也是未来实施载人登月、深空探测等重大航天任务的动力保证。在补燃发动机高压力、高转速等要求下,其涡轮泵内流体激振问题突出,相比传统燃气发生器循环发动机,涡轮泵振动量级增幅可达 10 倍以上,严重影响发动机的运行安全。动静干涉激振和旋转空化流体激振是补燃发动机涡轮泵中最常见的两种激振现象,对其产生机理及抑制方法的研究是未来发展高可靠性大推力火箭发动机的关键。本书针对上述两种激振现象的产生机理、振动特性及抑制方法进行了研究,获得了一些有意义的结果。但由于涡轮泵流体激振现象复杂,涉及学科较为广泛,以下几个方面仍需要进一步开展研究。

(1)复杂离心泵高速剪切流的高精度数值模拟方法及试验技术

液体火箭发动机推进剂泵由诱导轮、离心轮、扩压器、壳体、密封等部件组成,其内部流道形状非常复杂。离心泵运行时,叶轮高速旋转使得泵内流动呈现为强剪切流,并伴有流动分离、二次流等复杂流动现象,加之泵内动静部件的互相干涉,密封和盖板间隙回流,诱导轮空泡云区的产生和溃灭,密封小间隙的湍流特征等相互影响,因而泵内流场处于复杂的三维多相流状态,这对相关数值模拟和试验技术提出了巨大挑战。

数值模拟方面,现阶段常采用 RANS 方法对离心泵内部流场进行研究,该方法对离心泵稳态性能预测具有一定的可靠性,但由于该方法对流场进行时均化处理,因此其在非定常流动数值模拟精度方面受到限制。近年来,LES 方法已逐步应用到一些简单离心泵流场数值模拟中,较好地解决了 RANS 方法的上述缺陷。然而,LES 方法在高雷诺数条件下对近壁面处的网格要求过大的缺陷导致其在火箭发动机推进剂泵这类复杂高速离心泵中的应用受到限制。本书利用 ANSYS CFX 中的 DES 方法进行数值计算,其结合了 RANS 方法和 LES 方法的优点,虽然在动静干涉流动研究中获得了较好的计算结果,但由于该方法并非针对复杂离心泵高速强剪切流动现象,因此其在复杂离心泵流场高精度模拟方面具有一定的局限性。后续可在 DES 方法的基础上,结合复杂高速离心泵内部流动特点,开发出适用于该类型流动的高精度数值模拟方法,这对于涡轮泵内部复杂流体激振现象机理的深入认识意义重大。

试验技术方面,旋转机械内部流动结构的测量是数值计算模型建立与验证的基础,也一直是现代试验技术研究的重点和难点。目前与离心泵内部流动相关的试验研究主要集中于低压力、低转速离心泵,火箭发动机涡轮泵用高转速、高扬程的大功率离心泵受限于现有试验设备及技术,相关研究较为匮乏。因此,后续需要研究和发展适用于火箭发动机的高压力、高转速离心泵内部流动可视化技术和先进试验测量技术,以保证在能够准确测量和观察内部流动状态的同时,又能保障试验人员的安全作业及系统与设备的安全运转。

(2)低温空化流动机理、数值模拟及试验技术

以液氧、液氢为代表的低温介质虽然已作为推进剂广泛应用于液体火箭发动机,但其空化流动特性仍未完全揭示清楚,一直是影响发动机正常工作的隐患。在流动机理层面,现有的大量理论模型大部分是 20 世纪六七十年代建立的,且仅能预测稳态特性。如何建立准确预测现代液体火箭发动机涡轮泵低温空化理论的模型,如何建立适用于不同介质的热效应相似变换准则,如何基于试验结果准确预测热试车甚至飞行状态下的低温介质空化流动特性,能否建立空化热效应与空化不稳定现象之间的量化关系,能否在涡轮泵设计阶段准确预测空化不稳定发生范围等,都是亟须进一步回答的重要问题。

随着 CFD 技术的发展,越来越多学者倾向于采用数值模拟研究低温空化流动现象。针对低温空化的数值模拟,除了两相之间的质量交换之外,也不得不考虑剧烈的能量交换,这大幅提高了数值模拟的难度。目前公开文献中有低温空化数值模拟方法的报道,但还没有适用于所有流动工况的普适性较好的成熟方法。另外,在气液两相流动区域内,声速会大幅降低,介质压缩性可能会对空化的发展有较大影响。目前大部分空化数值模拟方法是基于不可压缩流体框架构建的,如何建立同时考虑介质压缩性和热效应且普适性较好的低温空化数值模拟方法是未来数值层面需进一步研究的问题。

鉴于低温空化流动现象的复杂性,试验一直是最重要的研究手段之一。针对低温空化流动现象,最好能直接以低温介质为工质,改变温度、流速、空化数等工况进行试验,但需要注意区分雷诺数和热效应的影响,注意低温工质的调节、存储、安全性及密封等问题。如果以热敏介质替代低温工质进行试验,则需重点考虑热效应相似的问题,以及如何将试验结果应用于低温介质工况。同时,先进的测量技术(如无线数据传输、光学测量等)和数据处理技术(如先进的时频分析方法、图像处理方法)是值得进一步发展的方向。

索　引